The Light Eaters

食光者

讀懂植物，就能讀懂這個世界

How the Unseen World of Plant Intelligence Offers a New Understanding of Life on Earth

Zoë Schlanger
柔伊．施蘭格——著

陳信宏——譯

震撼世界的最高傑作！

- 《紐約客》年度好書
- 《波士頓環球報》年度好書
- 《出版家週刊》年度好書
- 《圖書館雜誌》年度好書
- 《科學美國人》年度好書
- 《紐約公共圖書館》年度好書
- 《基督教科學箴言報》年度好書
- 亞馬遜書店編輯選書年度最佳非小說作品

- 史密森尼學會年度10大科學好書
- 《時代》雜誌年度10大非小說
- 《紐約雜誌》年度10大好書
- 《華盛頓郵報》50本最值得關注的非小說作品
- 美國國家戶外圖書獎（自然歷史類）得獎作品
- 入圍美國國家圖書評論家協會非小說類圖書獎
- 入圍洛杉磯時報圖書獎

來自世界的最高讚譽！

看完這本令人驚嘆的著作，
我不會再用過去的眼光看待植物或是自然界！

——普立茲獎得主、《五感之外的世界》作者／艾德・楊

本書是對傲慢的一帖解藥，閱讀本書能夠令人心生謙遜，
對於造就這個世界的食光者感到敬重與驚嘆！

——《編織聖草》作者／羅賓・沃爾・基默爾

《食光者》就和其所描寫的主題一樣豐富、生氣蓬勃並充滿驚奇，
這本書你一定要讀！從此以後，你將會以全新的眼光看待世界！

——《在大滅絕來臨前》作者／伊麗莎白・寇伯特

本書震撼並且改變了我！植物的智力比我想像的更加怪異又美妙，柔伊．施蘭格的探究充滿了好奇心，每一頁都帶來新的啓發與洞見！

——《傾聽地球之聲》作者／大衛．喬治．哈思克

每一頁都教人大開眼界，科普寫作的典範莫過於此！

——《出版家週刊》

難得一見的傑作！不僅引人入勝，更挑戰既存的假設，更爲人類帶來啓發！資訊詳盡程度非其他相關入門作品所能企及！

——《科克斯評論》

植物是否具有智力？……在這本書裡，植物學本身有如一篇故事裡的角色，正經歷著極爲激烈的轉變，而植物的變化也爲我們帶來了各種刺激、不安，以及不確定性的感受。

——《紐約客》

用《食光者》爲你的大腦授粉，
今後你將不再以相同的眼光，
看待自己最喜歡——或者最不喜歡——的植物。

——《華爾街日報》

施蘭格引人入勝的探究，
爲我們描繪出一個豐富多彩的植物世界：
怪異的蕨類性生活、山艾的化學溝通、植物智力的科學辯論，
以及其他種種驚人的資訊。

——《浮華世界》

施蘭格對最新的科學研究進行深入報導，
並融合她引人深思的觀察評論，
讓人得以對植物以及它在世界上所扮演的角色，獲得全新的理解。

——《華盛頓郵報》

一本絕妙好書……不只會改變你對植物的看法，
甚至對所有生物的本質也將產生新的觀點。

——《科學美國人》

施蘭格在《食光者》中，
爲我們充分展現了植物王國的驚奇與奧秘……
這些奇蹟飽受忽略，我們卻每天環繞其中，
這本書把這些奇蹟推上了舞台中央。

——《石板》

《食光者》展現了施蘭格的熱情與感染力，
她用充滿好奇的心智引領自己踏上旅程，
並寫下了這部富有啓發性的著作！

——《自然》

揉合科學報導、遊記與內省旅程於一身，
本書探討了植物令人驚奇的能力，
讓我們瞭解植物複雜又活力充沛的本質，
以及人類該如何改變看待自己的方式。

——《科學》

施蘭格以優雅的文字與驚奇、讚嘆的心情，
描寫了植物巧妙的適應技能、溝通能力與社會行爲。

——《基督教科學箴言報》

這本引人入勝、充滿活力又感動人心的著作裡，
分享了植物研究最新的發現，不僅大幅擴展了我們對植物的認知，
還包括植物在生命之網中所扮演的關鍵角色，
以及人類對植物智力的體認，將如何幫助我們翻轉環境的破壞。

——《書單》

柔伊・施蘭格在《食光者》這部引人入勝的作品裡，
提出了許多不可思議的案例，證明植物具有智力，
並深入探究這項認知對於人類（以及植物本身）可能造成的影響。

——加拿大《環球郵報》

本書締造了一項罕見的成就，
也就是讓人看見他者的本來面貌，
同時又擴展並深化了我們身爲人的生活方式。

——「頁邊筆記」網站／瑪麗亞・波波娃

《食光者》是一部引人入勝的革命性著作，
我饑渴般地一次只讀一小段，
以便消化這本書是如何顛覆了我的宇宙。

——《迷路圖鑑》、《男言之癮》作者／蕾貝嘉・索尼特

作者破除了動植物涇渭分明的迷思，
教我們認知植物的複雜性，
只要欣然地把植物視爲具有智力的近親，
植物就不再只是我們生活中的裝飾品，也會爲我們帶來啓發。

——《氛圍》

極少有什麼作品，
能夠讓人讀了之後忍不住想要到處和別人分享，
但《食光者》就是這樣的一本書。

——英國《每日郵報》

《食光者》確實有料！
作者的思考相當嚴謹，並以公正且好奇的態度，
來描寫這些充滿爭議的知識辯論。

——《夜明雜誌》

《食光者》讓人讀到欣喜若狂、欲罷不能，作者的報導不同凡響！

——英屬哥倫比亞園藝高手協會

這是一部對植物智力的秘密世界，進行深入探究的迷人之作。

——《園藝與槍枝》大南方夏季書單／艾咪．內祖庫瑪塔多

作者和我們分享了無數的新體悟，
情節詳細、令人震驚，還伴隨著深富感染力的熱情。

——《查爾斯頓郵報》

《食光者》記述了許多令人大開眼界的植物學新發現，
這些研究觸及了植物的溝通、社會行爲、聽覺、觸覺，以及記憶能力，
並深入探討植物是否擁有智力或意識的爭議性問題。

——《先鋒工作坊》

本書完全沒有模糊人與植物之間的界線，
而是爲我們生動地呈現一個陌生又奇異的植物王國，
還有許多存在於天地之間，我們作夢都意想不到的事情。

——《門廊共和國》

一部了不起的著作……
一旦讀過《食光者》，你將不會再以相同的眼光看待周圍的植物。

——《森林》

一本發人深省的讀物，充滿奧秘、好奇與同理心。

——加拿大《童軍雜誌》

《食光者》是寫給植物界的一封情書。

——《瘋書網》

導讀

像植物一樣思考

作家／盧郁佳

這是一個南京紅姐逆天改命的悲壯故事。農夫種小麥，會拔掉黑麥雜草，於是黑麥就模仿小麥。反覆汰擇的壓力，淬煉黑麥成了擬態之王，終究也成了作物被收編。

這批外星人潛伏周遭，幹著不見光的龐大犯罪事業。而我們卻只像牛一樣木然咀嚼沙拉，對嘴裡的高科技文明懵然不覺。柔伊．施蘭格的《食光者》，行光合作用的人，也就是植物的故事，宛如魔幻寫實小說，光怪陸離，卻千真萬確。他不斷提醒讀者避免把植物擬人化，因為他筆下的植物活蹦亂跳，和環境來往過招，造化的詭奇壯麗令人心醉神迷。

植物有觸覺。野生卷丹，是花瓣翻捲倒掛的百合花，昆蟲沾上雄蕊的花粉，帶到雌蕊的柱頭上受精後，柱頭會閉合，孕育種子。但植物學家示範拿片草葉假裝昆蟲去戳花，花會闔起來。半小時後，花發現被詐騙了！再度打開。

植物有視覺。智利雨林深處，有種變形藤，能模仿至少二十種植物，像《魔鬼終結者》的液態金屬人、《哈利波特》的幻形怪，或《變種人》的魔形女。它是看到對方，還是吸收了對方體內的微生物？謎團令學者傷透腦筋。

植物能互相溝通，還會男性說教。一簇簇白絨球小花開遍沙漠角落的灌木「騾脂肪」，雌株會聆聽雄、雌株發出的訊號，但雄株只聽雄株的訊號。

就像好萊塢超級英雄死而復生、獲得強大異能；植物歷經天敵的摧殘後，也會從傻白甜變成絕命毒師。

赤楊被毛蟲啃禿，死了數百棵。忽然間，毛蟲腹瀉死光，原來葉子私設地下工廠煉毒。警方破獲驚人內幕：赤楊還私訊了遠處的赤楊，一起變毒，守株待兔，舔刀等著殲滅這幫餘孽。毛蟲們！有膽放馬過來。

為了活下去，植物不惜買凶解決麻煩製造者。

葉蚤幼蟲會吃歐白英，所以歐白英會分泌花蜜召喚螞蟻，讓螞蟻把罪魁禍首葉蚤幼蟲搬進蟻窩當晚餐。

為了精準殲滅，自建鑑識實驗室。毛毛蟲啃玉米葉子，玉米分析毛毛蟲的唾液與反流物質，知道該找哪種胡蜂，然後放特殊化學成分的狼煙。不到一小時，特種胡蜂就趕來給毛毛蟲打針，把蜂卵注入毛毛蟲體內，孵化吃掉毛毛蟲。

它們會用績效管理裁員，哪一根枝條吸水最不好，就斷掉它的水。還擅長發包。豆科植物根瘤裡的細菌會為植物固氮，植物以糖回報；監控發現哪個小瘤的細菌翹班擺爛，就不供氧給它。能想像上班逛網拍，隔間馬上被老闆抽真空嗎？

這些驚人能力，都是用時間適應環境的結果。我在河濱步道健走，心思總被業績、人際糾葛盤據，腦子像每半小時響一次的番茄鐘。像《解放時間》引進各地域、文化的時間尺度，來平衡資本主義的時間金錢觀；本書的視角讓人發現，即使腳邊的南美蟛蜞菊，也走著馬雅神話興亡生滅般的悠長時間。入侵物種每一百種大約只活一種，多數水土不服夭折。存活者會蟄伏五十到一百年，然後突然暴增，四處可見。神隱的這段時間，親代植物忙於適應環境，在旱地長更長的根掘地尋水，或在淹水地面上迎空探根，爭取氧氣。它們改變自己的身體，把這些變化傳給子代。

虎杖是濃密深綠的灌木，一簇簇白花清純可愛。作為樹籬引進英國後，英國規定房地產三公尺內有虎杖就必須申報，銀行不給房貸。因為只要看到一點點幼苗，地底下可能已有龐大的地下莖網絡，無法根除。土裡剩一塊指甲大的殘根，就能長到覆蓋半個美式足球場（一個美式足球場是91 × 48公尺）。還會穿透地基、牆壁，卷鬚在室內冒出來。

漫畫《咒術迴戰》中，「詛咒之王」兩面宿儺死後留下二十根手指，有強大的詛咒力量。高中生虎杖悠仁，不慎吞下一根，被附身、獲超強戰力，和各種咒靈格鬥。主角為何取這名字，看了本書才知道，虎杖就是植物界的兩面宿儺，指甲大的殘根就能推倒古城、古堡。

川上和人《鳥類學家的世界冒險劇場》說東大團隊到無人島調查，背包衣鞋所有物品都得買新的，在無菌室打包，人員要淨身消毒，以免沾染孢子、冠毛等，深怕不慎把外來物種帶進來、毀了島上脆弱的生態系。登島一週前，全員就禁吃含種籽的水果；登島後排泄物也要打包回家。如臨大敵令人吃驚，看了本書終於了解，外來物種和環境的對話是決定性的，一旦開啟，無法挽回。人類得尊重島上植物的主權。

孟德爾實驗把我們看成隱性、顯性基因的隨機組合，但作者解釋表觀遺傳學：基因不只是編碼，而像一套有彈性的指令集，由讀者選擇情節發展的小說，多種結局，每種結局都受故事發展過程的千百萬細微變化影響。環境彈奏著一株植物的基因鍵盤，打開這個基因，關上那個基因。

實驗把水移到土壤裡的不同部位，植物的根，會像狗追蹤氣味一樣追蹤水。植物長在乾土裡，下一代也落在乾土裡，就會迅速發育出巧妙適合乾旱的深深長根。像是從裝滿繼承遺產的皮箱裡，迅速找出解決問題的工具，而這些工具都是先人在過同一關卡時創造的。

作者在此展開了深沉宏大的敘事，在我一焦慮、猶豫不決就滑手機轉移注意力的反應模式上，透析出百年來世代面對的問題。環境雕塑了我們，有時受傷的部位就缺了一塊，但大多時候身體、心智都展現了可塑性。與其說狠下心逆天改命，不如說命一直在對我們塗塗改改。

遠在我以期考、月考、週考、晨考架起的焦慮時間之上，另一個堅忍而緩慢的世代時間，令植物成為不同的植物，我們成為不同的人，使我驚訝、感傷、安慰。我以為讀了一本植物科普書，卻從中窺見作為生物的自己，遠比我以為的執拗，如同蝙蝠糞堆上的白色幽靈森林，堅持在陌生乾旱之地活下去。或許從防洪、護岸工程、資源管理到自我成長，可以不求一步到位；而在像植物那樣等待水到渠成的時間裡，養成一種堅實不折的韌性。

它們能夠吞食光線，這樣還不夠嗎？

——民族植物學家／提莫西・普洛曼（Timothy Plowman）

CONTENTS

序

我走在一條陰暗的步道上，周遭的崎嶇地面鋪滿了厚厚一層毛茸茸的苔蘚。我抬起頭，只見一棵棵潮濕黏滑的樹木有如圓柱般高聳參天。我腳下的土壤飽含水分，踩起來頗為鬆軟。步道上的一塊標牌提醒我小心，因為這附近經常有凶悍的加拿大馬鹿（elk）出沒。我沒有看到加拿大馬鹿的蹤跡，所以就繼續往前走。一叢叢有如羽毛般的腎蕨（sword ferns）出現在我面前，蜷曲的嫩葉看起來猶似提琴頭，大小和嬰兒的拳頭相當，裹覆著紅褐色的軟毛。看著這些嫩葉的模樣，實在想不到它們長大之後會展開成為一片弧形的羽葉，就像孔雀的羽毛一樣。苔蘚從頭頂上的樹枝懸垂下來，有如一根根長長的手指。一棵斷木橫臥在地，表面長出的真菌[1]朝著天空昂首挺立。這裡的一切似乎都同時奮力向上、向下以及向外伸展。

我闖入了這一切，但沒有引起任何注意。這裡所有的東西都全神貫注於自己的

1 編註：真菌是真菌界（Fungi）下屬的各種生物類群的通稱，包含酵母和黴菌等微生物、菇類等肉眼可見的多細胞體以及地衣等共生體。

生活，所以我就像是一隻螞蟻悄悄鑽過一塊海綿一樣。地衣攀附在樹木的底部，其圓盤狀身體的邊緣微微翹起，接住落下的水滴，迎接著新的一天以及又一次的生長機會。

我身在美國太平洋西北地區的霍河雨林（Hoh Rain Forest）。這裡彷彿到處都瀰漫著秘密，而且我會有這種感覺也確實有充分的理由。科學對於這個地方在生物學方面所發生的一切雖然有許多理解，卻也有更多尚未能夠解釋的部分。我的四周充滿了複雜的適應系統，每個生物都與周遭的其他生物存在著許多層次的相互關係，包括最大乃至最小規模的生物。植物與土壤之間，土壤與微生物之間，微生物與植物之間，植物與真菌之間，真菌與土壤之間，還有植物與啃食它們以及為它們授粉的動物之間，乃至植物與植物之間。這片美妙的混亂完全無法被分類。

我在思考著這一切的同時，不禁想到陰與陽的概念，也就是相互對立的力量這種哲學。我們知道形塑生命的力量總是不停變動。一隻蛾雖然會為一株植物的花朵授粉，但這隻蛾的毛毛蟲幼體卻也會啃食這株植物的葉子。因此，為了保護葉子而徹底消滅毛毛蟲，並不合乎這株植物自己的利益，因為那些毛毛蟲終究會蛻變成為能夠為這株植物傳播花粉的蛾。但另一方面，這株植物也不能任由自己的葉子全部被吃掉，因為如果沒有葉子，它就無法攝取光線，而終究不免死亡。於是，這株植物會先展現出極大的自制力，忍受一段時間的啃食，為此喪失若干肢體與葉片，然後再審慎地開始在自己的葉子裡注入難以下嚥的化學物質。這麼一來，至少大多數的毛毛蟲都已經吃了足夠的食物，而能夠存活、蛻變，進而從事授粉的活動。這項互動當中的各方都必須陷入死亡邊緣，才終究能夠成長茁壯，這就是互賴與競爭的相互拉扯。從宏觀角度來看，至今似乎還沒有任何一方獲勝，所有的參與者都仍然存活在世界上，不管是動物、植物、真菌，還是細菌。由此帶來的結果，是一種持續不停變動的平衡。我後來理解到，這一切的相互拉扯以及結合，是一種龐大生物創造力的徵象。

要怎麼理解那一切的複雜性，是科學與哲學共有的專業問題，但也值得每一個願意停下腳步思索這些現象的人所關注。那一切不斷翻騰的生命都不願靜止下來讓我們好好檢視。把我們的目光單純聚焦在植物身上，乍看之下似乎是個明智的做法；別的不提，這麼做至少也應該會比較簡單。不過，事實立刻就證明了這是一種天真的想法。複雜性存在於每一種規模當中。

在我這個領域裡的記者，通常都把注意力放在死亡或者是死亡的預兆上：諸如疾病、災難，以及衰退。氣候記者就是以這種方式標記時間，只見地球跨過一個接一個令人擔憂的關卡，持續邁向可以預見的危機。一個人對於這種情形的承受是有限度的。或者，也許我的容忍能力比較薄弱，所以在多年來聚焦於乾旱與洪災之後不免耗盡。近年來，我已開始感到麻木而空虛，我需要一些相反的東西。我不禁納悶，死亡的相反是什麼？也許是創造吧。一種生成的感受，而不是終結。植物正合乎這樣的條件，因為它們能夠持續不斷生長。植物向來都能夠為我帶來撫慰，而且早在被研究證實之前，我們就已經知道了這一點：置身於植物之間，平撫心靈的效果比睡上一覺更好。我住在一座人口密集的城市，而每當我需要理清思緒，我就會到公園裡，漫步於紫杉（yews）和榆樹（elms）的樹蔭下；每當我感到焦躁不已，也會放下一切盯著我的蔓綠絨（philodendrons）盆栽所冒出的新葉。植物是創造性生成的標準代表：它們總是不斷移動，儘管是慢動作的移動，一再探索著空氣與土壤，不眠不休地追尋著一個能夠存活的未來。

在都市裡，植物似乎總是能夠在最不適當的地方打造出自己的家。它們從人行道上破損的裂縫裡冒出來，在滿布垃圾的空地邊緣攀上鐵絲網圍籬。我看到一棵在美國東北部被視為外來入侵種而備受憎惡的臭椿（tree of heaven），從我門廊上的一道裂痕裡探出頭來，在短短一季的時間內就長到將近兩層樓高，而不禁在心中暗自感到一股欣喜。之所以說暗自，原因是我知道這種植物在紐約被視為萬惡的物種，一部分是因為其樹根會對周圍的土壤注入毒素，導致其他植物都無法生長，藉此確保自己需要的陽光不會遭到遮擋；而之所以說欣喜，原因是這種做法雖壞，卻是聰明到了極點。後來，我的鄰居在那一季的尾聲拿了一把彎刀砍倒那棵樹，我完全可以理解為什麼。但儘管如此，我每天早上出門的時候，還是會以欣賞的目光望向那棵樹剩下的樹墩，只見樹墩上已經開始冒出了新的綠芽。這樣的奮鬥不懈，實在讓人不得不感到欽佩。

所以，植物看起來正適合寄託我早已精疲力竭的末世注意力。它們想必能夠讓我重新振作起來。不過，我很快就發現植物為我帶來的好處不僅止於此。在我多年來的迷戀之下，植物已然轉變了我對於生命的意義以及生命的可能性所懷有的理解。現在，我在霍河雨林裡環顧四周，看到的不只是一片令人舒心的綠，而是一堂大師班的課程，教導人怎麼活出最充實、最古怪、最窮盡各種潛力的自己。

首先，這種持續不斷生長但又必須植根於單一地點的生活，帶有極大的挑戰。為了因應那些挑戰，植物因此發展出不少極具創意的生存方式，令其他生物望塵莫及，包括我們人類在內。其中許多方法都巧妙至極，看起來幾乎不可能來自這麼一種生物：畢竟，植物大體上都被我們排擠到人類生活的邊緣，僅僅負責妝點我們這種動物在其上伸展揮灑的舞臺。但雖然如此，植物還是擁有這些令人難以置信的能力，全然超越我們貧乏的預期。我在不久之後將會發現，植物的生活方式極度驚人，以致目前還沒有人能夠確知植物的能力極限何在。實際上，看起來根本也沒有人能夠確知植物到底是什麼。

對於植物學這個科學領域而言，這點當然是個問題。或者，這點也可以說是植物學在過去一個世代以來最令人振奮的發展，端看你對於自己原本信以為真的事物出現巨變的這種情形有多高的接受度。以我自己來說，我對這種情形是無可救藥地深感好奇。一個科學領域裡如果出現爭議，通常代表有某種新發展即將來臨，代表那個領域的研究對象即將受到新的理解。在我們此處的這個案例當中，研究對象包含了所有的綠色生物。我開始把我日益增長的興趣，完全投注於植物科學裡的新興思維。隨著植物學家對於植物的形態與行為所帶有的複雜性，獲得愈來愈多的發現，我們傳統上對於植物所抱持的假設，似乎也就有愈來愈多不再適用。這個科學領域儼然即將遭到大量的矛盾牴觸所淹沒，爭執點的增加速度和未解謎團的增加速度一樣快。不過，我內心的某個部分卻不禁被這種缺乏簡潔答案的情形所吸引，而我猜想許多人一定也和我一樣。面對未知，誰不會同時感到著迷與厭惡呢？

本書將會探討植物科學裡的這些新領悟，以及獲致新科學知識的過程中所經歷的掙扎。我們極少能夠有這樣的機會：窺見一個領域真正落入混亂當中，對於其所知曉的原則辯論不休，而且對於其研究對象即將產生新概念。我們也會思考一項令人匪夷所思的問題，目前正在實驗室與學術期刊裡受到激烈辯論。這個問題就是：植物有沒有智力？植物沒有大腦，就我們目前所知是如此。不過，有些人認為，由於植物能夠做出極為了不起的事情，因此應當被視為具有智力。我們認定自己和其他特定物種具有智力，是透過推測的方式——也就是觀察一個物種的行為，而不是找尋某種生理訊號。所以，這群人主張，動物如果因為某種行為而被我們判定為具有智力，那麼不把同樣的標準套用在植物身上，即是不合邏輯的行為，也代表了一種以動物為中心的不合理偏見。還有些人又更進一步，指稱植物也許具有意識。意識堪稱是人類身上最不受理解的一種現象，更遑論是在其他生物身上。不過，這個陣營認為大腦有可能只是建構心智的其中一種方法而已。

其他植物學家則是比較謹慎，不願把他們認為明顯是以動物為中心的概念套用在植物身上。畢竟，植物是自成一格的一個演化分支群，其演化歷史在許久以前就已經和我們分道揚鑣。以我們對於智力和意識所抱持的概念描繪植物，只會損及它們的植物性。我們在本書裡也會遇到這個陣營的科學家。然而，我所接觸到的每一個人──每一位植物學家──都對自己發現植物所具備的能力感到瞠目結舌。由於新科技的出現，科學家在過去二十年來獲得了令人難以置信的觀察能力，他們的發現正在我們眼前重塑著「植物」的意義。

不論我們對植物懷有什麼想法，它們仍然持續向上伸展，迎向太陽。在全球環境滿目瘡痍的當下，植物可讓我們窺見一種蒼翠的思考方式。我們如果要真正成為這個世界的一分子，如果要確切意識到這個世界激盪翻騰的活力，就必須要瞭解植物。植物為大氣注入了我們呼吸所需的氧氣，也以它們藉由吸收陽光而產生的糖為我們的身體提供營養。造就我們生命的元素，也是由植物生產而成。然而，植物不只是實用的供應機器，而是有它們本身充滿活力的複雜生活──包括社交生活、性生活，以及一整套細膩的感官體驗，儘管我們一般都認為這種體驗只屬於動物所有。不僅如此，植物還能夠察知我們根本無法想像的東西，並且存在於一個我們看不見的資訊世界裡。了解植物將會為人類開啟一種全新的理解：亦即我們與這種陌生又熟悉，而且本身也相當精明的生命型態共享這顆行星，同時我們的生命也拜它們所賜。

在霍河雨林裡，一棵大葉楓（bigleaf maple）高高聳立在我面前，其樹幹完全被草蕨（licorice ferns）、療肺草（lungwort）和卷柏（spike moss）裹覆，看起來彷彿套著一件綠毛衣。樹皮上只有少數的脊線看得見，突出於那些綠色絨毛上方，猶如聳立於茂密樹林之上的山脈，就像是位在此處以東的奧林匹克山脈（Olympic Mountains）諸峰，突出在常綠森林上方。我傾身靠近那棵樹仔細觀察。那件綠毛衣是這個世界裡的另一個世界，一簇簇小巧的植叢與葉片在迷你的規模上呈現出一座森林的結構。三葉酢漿草（three-leafed oxalis）和羽毛般的塔苔（stairstep moss）鋪滿了地面。我迷失在它們的世界裡，深陷其中無可自拔。話說回來，我們所有人都已經在那個世界裡迷失了許久，對於植物真正的計謀一無所知。這樣的無知看來實在不太明智。我想知道，所以我就開始出外找尋。

1 CHAPTER

植物意識的問題

植物是什麼？你大概有些概念。你心裡想到的可能是一株肥碩的向日葵，花朵看來像是輪圈蓋，粗厚的莖有著毛氈般的表面；或者，你想到的可能是祖母的庭院裡一株爬上攀架的豆藤。要不然，你也可能像我一樣，正看著掛在廚房窗戶上的黃金葛，心想自己也許該幫它澆水了。植物是一種已知的實體，是日常生活中的一抹翠綠。

你這麼想當然沒錯，就像人類自古以來也都總是能夠指向章魚而稱之為章魚一樣。不過，我們直到最近才發現章魚能夠以其腕足品嘗味道、能夠使用工具、能夠記住人臉、對於周遭世界的敏感度遠勝過我們，而且牠們體內布滿了神經細胞，有如一個個迷你的大腦。這麼一來，章魚到底是什麼？顯然遠遠不只是我們向來所想像的那種動物。

我們才剛開始意識到這個問題的答案，而且這點也已經在一個關鍵面向，徹底改變了我們對於非人類智力的理解：章魚在演化樹[2]上與人類分道揚鑣，是動物史上非常早期的發展。我們和章魚最近的共同祖先，大概是超過五億年前在海床上爬行的扁蟲[3]。[4]截至目前為止，我們已經在演化上和人類本身接近得多的動物身上發現了智力，像是海豚、狗兒，以及相當晚近才和我們分家的靈長類動物。不過，我們現在已經知道精明靈巧的強大智力有可能完全獨立於人類之外而發展出來。一項類似的認知巨變也已出現在植物上，只是在目前還沒有引起太多注意，而是主要發生於實驗室以及實地研究場域當中，並且還是在生命科學最不引人矚目的一門學科裡。然而，這種新知識的分量已即將打破我們對於植物的理解，最終甚至有可能徹底改變我們思考生命的方式。

所以，植物到底是什麼？我原本滿心認為自己知道這個問題的答案，但我開始和植物學家交談之後，才發現不是這麼一回事。

幾年前，我是個有毛病的環境記者。我大部分的報導都聚焦於兩件事情：氣候變遷持續不斷的惡化，以及遭到污染的空氣與水所造成的健康影響。換句話說，我撰寫的內容都是關於人類持續不斷邁向死亡的步伐。這麼過了五、六年之後，我覺得自己已即將被一股令人毛骨悚然的恐懼感所淹沒，於是我開始表現出奇怪的行為。每當聯合國政府間氣候變遷專門委員會發表最新的報告——也就是向我們指出人類

2 編註：evolutionary tree，一種呈現不同物種或是同物種不同族群的個體之間親緣關係的樹狀圖。

3 編註：flatworm，扁形動物門是動物界的一個門，是一類簡單的無環節兩側對稱動物，屬於無脊椎動物，已記錄的扁形動物約有二萬九千五百種。

4 原註：相較之下，人類與海豚最近的共同祖先是一種陸居哺乳類動物，生存在五千萬年前左右。我們與黑猩猩的最近共同祖先更是距今只有六百萬年而已。

已經剩下不到幾年能夠避免災難的那種報告——我就會懷著一種古怪的興奮感向同事說明報告內容，等著看他們嚇得臉色發白的模樣。我經常會花費一整個上午接收破紀錄野火和颶風的新聞，接著在午餐時間又毫無滯礙地和同事聊起辦公室八卦。我的心理區隔已經到了爐火純青的地步，以致各種環境災難都已引不起我任何的情緒反應。格陵蘭的冰蓋融化，在我眼中看來只不過是另一項能夠造就出精采報導的題材而已。

就是在那個時候，我在自己沒有意識到的情況下，開始從自然科學裡找尋讓人感到美妙而且又充滿活力的事物。我喜歡植物，我喜愛看著我的夜香木（night-blooming jasmine）爬上我的窗框，還有我的琴葉榕（fiddle-leaf fig）在幾個月看似毫無變化之後，突然瞬間冒出三片新葉。我的公寓是一座植物避難所，充滿了令人滿意的植物生長變化，比我電腦裡那些令人沮喪的世事變化好得多。我心想，既然如此，何不把我的記者腦轉向植物身上？於是，我開始在午餐休息時間搜尋植物學期刊，使用的正是我平常用來搜尋氣候論文的那些入口網站。那種系統可以讓記者看到尚未公開的最新研究，條件是不得在其中規定的發布日之前發表相關報導。那些期刊充滿了關於植物的根本發現，包括揭露香蕉的演化起源，以及終於解答了為什麼有些花會滑溜溜的（為了阻撓前來竊取花蜜的螞蟻）。我覺得自己彷彿偷窺到早期的科學，但現在真的還有這麼多根本事實可以被發現嗎？在我產生這項著迷的兩個星期後，我得知蕨類的完整基因組首度被定序，而且有一篇關於這一點的論文將在不久之後發表。我當時還不知道這項發展有多麼值得注意——由於蕨類非常古老，擁有多達七百二十對染色體，遠超出人類的二十三對，所以基因組學革命[5]才會在過了這麼久之後才終於觸及蕨類。在這份尚未公開的科學論文裡，我立刻就被一幅蕨類圖片吸引。那是一張照片，顯示一名研究人員的拇指甲上放著一株微小的扇形植物：一株滿江紅。那株滿江紅極為翠綠，看起來彷彿內部會發光。我不禁愛上了這種植物。

簡稱滿江紅的細葉滿江紅（*Azolla filiculoides*），是全世界最小的一種蕨類，數千年來都生長在潮濕的地方。如同植物常見的情形，你若是以為大小與複雜度成正比，那可就錯了。差不多五千萬年前，當時地球的溫度遠比現在更高，滿江紅就已開始生長於北極海，猶如一席席巨大的蓋毯漂浮在海面上。它們在接下來的一百萬年裡吸收了極為大量的二氧化碳，古植物學家因此認為它們在地球的冷卻過程中扮演了至關重要的角色。現在，有些研究人員正在探究滿江紅是否能夠再度發揮那樣

5 編註：Genomics Revolution，意指二十世紀末到二十一世紀初，因人類基因組計畫（Human Genome Project，HGP）的完成，以及隨後基因組測序技術、生物資訊學和基因編輯技術的飛速發展，所帶來的一場對生命科學、醫學、農業乃至社會各層面的劃時代影響和變革。

的功能。

除此之外，滿江紅還有另一項奇蹟般的把戲：在一億年前左右，滿江紅在其體內演化出一個特化的袋子，裝有能夠固氮[6]的藍綠菌[7]。我們周圍的空氣含有將近百分之八十的氮，而包括我們自己在內的每一種生物，都需要氮才能夠製造核酸這種一切生物的建構單元。不過，我們完全無法吸收存在於大氣裡的氮。儘管我們身旁到處都是氮，卻連一粒分子都不得為我們所用。在一項令人嘆服的轉折裡，植物完全仰賴細菌把氮氣重組成可供植物吸收的型態，然後我們才得以藉由植物攝取氮。於是，滿江紅把自己轉變成為這種細菌的旅館。這種微小的蕨類為藍綠菌提供其所需要的糖，而藍綠菌則是忙著轉變氮。中國與越南的農民注意到了這一點，自從好幾百年前就開始把滿江紅施放於稻田裡。

我找出了蕨類的指南書以及各種傳說。我對自己如此求知若渴頗覺得意，甚至還對這種植物喜愛得忍不住在左臂上刺了一個小小的滿江紅圖案。記者是出了名的雜而不精，經常會突然對一件事物深感興趣，但不久就將其拋在腦後。不過，我認為我這次是真的迷上了植物。對於這類看似毫不起眼地四處冒出的尋常植物，我突然產生了許多問題。還有什麼是我不知道的？

為了這項探究，我把《蕨樂園》（*Oaxaca Journal*）買來一口氣看完。這是奧立佛·薩克斯[8]所寫的一本小書，內容記述了他在墨西哥西南部一趟蕨類考察之旅當中的觀察。和他同行的人員，是坐滿一整輛巴士的狂熱業餘蕨類植物學家，全都來自美國蕨類學會的紐約分會。這趟旅程的共同領隊是羅賓・莫蘭（Robbin C. Moran），四十四歲的他是紐約植物園的蕨類管理者，帶著那一整車的人走遍墨西哥的瓦哈卡州。經過連續幾天走訪村莊與景點、欣賞市場裡的農產品與裝滿胭脂蟲[9]的染缸，當然還有各式各樣的地錢（liverwort）與蕨類之後，薩克斯一度體驗到一個只能形容為狂喜的時刻。當時，熾熱的午後陽光斜照在高高的玉米莖稈上，而一名年老的植物學家暨瓦哈卡州農業專家正站在那些玉米旁。薩克斯只以短短的半句話描述那個神聖般的時刻——那一閃即逝的光輝——但這段文字立刻就深深引起了我的共鳴。

6 編註：fix nitrogen，將空氣中游離態的單質氮（氮氣）轉化為氮化合物（如硝酸鹽、氨、二氧化氮）的化學過程。

7 編註：cyanobacterium 中文稱「藍綠菌」或「藍細菌」，舊稱「藍綠藻」。儘管舊稱帶有「藻」字，但從生物學分類上來說，它們是細菌，屬於原核生物，而非真核生物的藻類。

8 編註：Oliver Sacks，一九三三～二〇一五，英國倫敦醫生、生物學家、腦神經學家、作家及業餘化學家。

9 編註：red cochineal，又名洋紅蟲、墨西哥胭脂蟲或美洲胭脂蟲，是胭蚧科胭蚧屬的一種介殼蟲，原產於美洲。以仙人掌屬植物的汁液為食，身長可達五公釐。

……高眺的玉米、熾熱的陽光，還有那個老人，全都合爲一體。這是那種無法形容的時刻，令人感到一種強烈的現實，一種近乎超自然的現實——然後我們所有人都在一種出神或恍惚的情況下沿著步道走向大門，回到巴士上，彷彿我們剛剛突然見到神聖的異象，但現在又回到了日常的俗世裡。

這種在一剎那間感受到永恆、真實、格式塔式[10]的短暫體驗，貫串了所有的博物學文獻。我不是唯一陷入這種著迷當中的人。在《溪畔天問》（*Pilgrim on Tinker Creek*）裡，作者安妮．狄勒德[11]也在一棵樹前面體驗過類似的時刻，看著光線從那棵樹的枝葉之間穿透而出。一閃即逝的真實。她才剛體認到自己經歷了這麼一個時刻，那個時刻即告消失，但仍令她意識到一種能夠在片刻當中體驗到的開放式專注，和日常的專注相較之下可能是對世界更直接的觀察。

隨著我在下班之後徹夜閱讀愈來愈多這方面的書籍——內容都是關於植物以及那些欣喜若狂的博物學家——結果開始發現這種時刻到處可見。《博物學家的自然創世紀》（*The Invention of Nature*）是安德列雅．沃爾芙[12]為十九世紀著名博物學家洪堡德（Alexander von Humboldt）所寫的傳記，而我從中得知了洪堡德也有過那樣的時刻。洪堡德提到身在戶外為什麼會令人產生一種存在主義式的真實感受。「不論何處的大自然都會與人對話，而且是以人的靈魂所熟悉的語言，」他寫道。「一切都是互動與互惠，」因此大自然「會讓人覺得是個整體」。洪堡德接著向歐洲知識界介紹了地球是個活生生的整體這種概念，其中的氣候系統和緊密交織的生物與地質模式共同構成一套「網狀的細膩結構」。這是西方科學最早閃現的生態思維，亦即把自然界視為一連串的生物群落，每個群落都會和別的群落相互作用。

閱讀植物學論文的某種體驗，也會令我閃現那種感受，窺見一種我還無法充分表達的整體。我意識到我在自己的知識當中發現了巨大的鴻溝。在多麼久以來，我都是伴隨在植物身邊，卻對它們幾乎一無所知？我覺得自己彷彿漸漸拉開一道布幕，而見到了隱藏在布幕後方的一個平行宇宙。我現在已知道那個平行宇宙確實存在，但還不知道其中有什麼東西。

在紐約植物園報名了一堂蕨類科學課，授課教師正是薩克斯那趟旅程上的莫蘭。他在這時雖然已不是當年的四十四歲，看起來卻還是一樣年輕。（我後來得知植物界主要由一群熟面孔組成，相互之間存在著各種恩怨情仇。）我們學到了怎

10 編註：gestalt，心理學重要流派之一，興起於二十世紀初的德國，又稱為完形心理學，認為學習的過程不是嘗試錯誤的過程，而是頓悟的過程，即結合當前整個情境對問題的突然解決。

11 編註：Annie Dillard，一九四五～，美國作家，一九七五年普立茲非小說獎得主。

12 編註：Andrea Wulf，一九六七～，生於印度新德里，成長於德國漢堡，德英史學家、作家。

麼辨識蕨類，學到了蕨類的基本結構，以及其中比較特殊的物種。有一種復甦蕨類（resurrection fern）會生長在橡樹（oak）的樹枝上，而且在乾旱時期能夠幾乎徹底脫水，縮成看似毫無生命的模樣。這種蕨類可以處於這種乾燥狀態長達一百年，只需重新補充水分即可重生。樹蕨可以生長到超過六十五英尺高，而另外有些蕨類則是微小的肥料工廠，例如嬌小的滿江紅就是如此。除此之外還有拳蕨（bracken fern），牛隻只要吃了這種蕨類，就會內出血而死。「總之是一種極度殘忍的蕨類。」莫蘭說。

我得知蕨類的演化歷史比開花植物遠遠古老得多，早在演化作用根本還沒想出種子這種概念之前，蕨類就已經出現在這個世界上，不需靠種子即可繁殖。幾天後，無可救藥地徹底迷戀上蕨類的我，在午休時間閱讀著關於蕨類的文章，而得知這種缺乏種子的構造曾經困惑歐洲人達數百年之久。所有的植物都有種子，種子是植物有性生殖的關鍵，至少中世紀的人是這麼認為的。當時的想法是，如果他們找不到蕨類的種子，必定是因為蕨類的種子無法為肉眼所見。此外，由於當時的另一項主要理論認為植物的實體特性代表了它們的用途，所以一般人也就相信只要能夠找到這些肉眼不可見的種子，即可讓人獲得隱形的能力。

實際上的蕨類交配甚至還遠比這種想像更加怪異。首先，蕨類是藉由孢子繁殖，而不是種子。不過，真正令人訝異的是，它們的精子會游泳。蕨類在成長為我們所有人熟知的羽葉狀之前，先是以蕨類配子體（gametophyte）的形式過著全然不同的生活。蕨類配子體是一種圓球狀的微小植物，只有一個細胞的厚度——看起來一點也不像長大之後的蕨類。你在森林的地面上絕對不會注意到它們。雄性的蕨類配子體會釋出精子，在雨後積聚在地面上的水中游泳，找尋著雌性蕨類配子體的卵以便授精。蕨類的精子形狀有如微小的開瓶器，而且是耐力出眾的運動員，可以游泳長達六十分鐘。你可以透過顯微鏡看到它們扭動著身軀前進的模樣。

精子不是蕨類生殖當中最令人驚奇的元素。二〇一八年，在我剛開始對植物著迷不已的時候，當時新出現的研究顯示蕨類為了和其他蕨類競逐資源，會釋放出一種荷爾蒙，造成附近其他蕨類物種的精子減慢速度。精子的速度一旦變慢，那個物種存活下來的個體數就會減少，於是發動攻擊的蕨類即可享有比較多的稀有資源，不論是水、陽光，還是土壤。

科學家才剛開始理解這項事實。「這是全新的發現，」艾瑞克・舍特佩茲[13]在電話上對我說。他在華盛頓特區的史密森尼國立自然史博物館（Smithsonian National Museum of Natural History）擔任研究植物學家，研究具有阻撓功能的精子顯然是蕨類科學的尖端發展。「我們知道造成阻撓效果的是植物荷爾蒙，可是不曉得背後的

13 編註：Eric Schuettpelz，一九七七～，杜克大學植物學博士。

運作原理。」他說。一株蕨類植物怎麼會知道自己附近有同類的競爭對手？那株蕨類植物又怎麼決定該在什麼時候釋出這種惡意的化學物質？在那個月舉行的一場植物學研討會上，高露潔大學（Colgate University）的一名蕨類研究者剛針對這種現象發表了一篇早期論文。

我細細品味了這項事實：蕨類能夠遠端干擾其他蕨類植物的精子。這實在是小心眼到了極點的植物活動，我開始能夠理解莫蘭的觀點，而且這種行為看來也極度聰明。植物還有其他哪些能耐？

在這個問題的驅使下，我於是開始把目光聚焦於植物科學裡一個相對新穎的領域：植物行為。我發現，被發表的新興研究充滿了不少植物行為論文。對我來說，這又是一道必須跨越的心理門檻：植物竟然有可能被視為具備行為能力，仍是一項令人迷醉的可能性。不過，我發現的幾篇論文又把這種概念再向前推進了一步，指稱植物可能擁有某種形式的智力。我深感好奇，同時也心存懷疑。不過，我不是唯一有這種感受的人。我後來發現，植物智力的論點在近來剛引發了一場全面大戰。

我正在一個極度令人興奮的時刻遇見科學界裡的這個角落。在過去的十五年裡，植物行為研究的復興為植物學帶來了無數的新理解，而這時距離當初一本不負責任的暢銷書，差點徹底扼殺這個領域已經超過了四十年。《植物的秘密生活》（*The Secret Life of Plants*）出版於一九七三年，而在全球各地吸引了大眾的注意。這本書由彼得・湯普金斯[14]與克里斯多福・博德[15]合著，內容混雜了真實的科學、草率的實驗，以及不科學的推測。在其中一章裡，湯普金斯與博德聲稱植物擁有感受力與聽力，而且比較喜歡聽貝多芬，而不是搖滾樂。在另一章裡，一個名叫克里夫・巴克斯特（Cleve Backster）的前中情局幹員把測謊機接上他家裡的盆栽，然後在心裡想像著點火燃燒那株盆栽的情景。結果，測謊機的指針開始激烈晃動，表示那株盆栽的體內湧現大量電流。在人類身上，這樣的測量讀數被認為是代表壓力上升。巴克斯特指稱那株盆栽對他心裡的惡意想法產生了回應，隱含的意思就是說植物不但擁有意識，還有心靈感應的能力。

這本書出版之後立刻大受歡迎，對於一本探討植物科學的著作而言可說是出人意料。派拉蒙電影公司針對這本書拍了一部電影，配樂由史提夫・汪達[16]操刀，第一批上市的電影原聲帶還添加了花朵香氣。許多人讀了這本書之後都深感震驚，而開始以全新的目光看待周遭的植物。在那之前，植物在一般人眼中只是消極靜態的裝

14 編註：Peter Tompkins，一九一九～二〇〇七，美國記者、作家，二戰期間曾為美國戰略情報局駐羅馬間諜。

15 編註：Christopher Bird，美國記者、作家，二戰期間曾為美國戰略情報局駐義大利的軍事情報官。

16 編註：Stevie Wonder，一九五〇～，美國盲人歌手、作曲家、音樂製作人、社會活動家。

飾品，比較近似於石頭而不是動物。此外，這本書也迎合了當時新興的新世紀文化。在那種文化之下，眾人都欣然接受這些故事，認為植物就和我們一樣充滿活力。許多人都開始對自己的盆栽說話，也會在出門的時候繼續開著家裡的音響，讓他們的榕樹盆栽能夠聆聽古典音樂。

不過，那本書實際上只是匯集了引人入勝的傳說而已。許多科學家試圖再現書中最引人著迷的「研究」，結果都未能成功。一九七九年，細胞與分子生理學家克利佛．斯雷曼（Clifford Slayman）與植物生理學家亞瑟．蓋爾斯頓（Arthur Galston）在《美國科學家》（*American Scientist*）雜誌裡發表了一篇文章，指稱那本書「匯聚了謬誤或無法證實的主張」。雪上加霜的是，前中情局幹員巴克斯特以及聲稱能夠再現「巴克斯特效應」的IBM研究人員瑪瑟．沃格爾（Marcel Vogel），雙雙認為人必須先和一株植物建立情感關係，才有可能得出任何效應。在他們看來，這樣就足以解釋其他實驗室為何無法複製書中提及的結果。沃格爾表示：「植物與人之間的共鳴是**關鍵**所在，」所以「靈性發展不可或缺」。

根據當時的植物學家所言，《植物的秘密生活》對於這個領域造成的傷害無可言喻。向來都是保守機構的科學資助委員會與同儕審查委員會這兩大把關者，因此對植物學關上了大門。和我談過話的幾個研究者都說，在後續的幾年裡，國家科學基金會（National Science Foundation）都不太願意補助關於植物對周遭環境反應的研究。研究提案裡只要稍微觸及植物行為，就會遭到拒絕。這個領域能夠獲得的資金原本就已不多，這時更是徹底斷絕。在這個領域裡身為先驅的科學家於是紛紛轉換跑道，甚至就此脫離科學界。

不過，還是有少數人堅持了下來，一面從事其他方面的探究，一面等待轉機。

在過去十五年間，這樣的轉機終於出現。部分的植物行為研究再度開始獲得資金，儘管補助款在一開始還是很難取得。植物期刊雖然有許多仍然是由植物智力領域的反對者擔任主編，但已開始刊登少數這方面的論文。這項改變很有可能是諸如基因定序，以及更先進的顯微鏡這類新科技所帶來的結果，因為現在已有可能以真正嚴謹的方式，得出先前被視為荒唐的結論。或者，也許是《植物的秘密生活》一書引發的政治訕笑已經過去了夠久的時間。許多那些論文的作者都沒有使用「智力」這樣的詞語形容自己的發現，但他們得出的結果仍舊顯示，植物遠比任何人膽敢想像的還要複雜得多。

在我的閱讀當中，我發現研究人員近來發現了頗具可信度的指標，顯示植物可能擁有記憶。另外有些人則是發現許多不同種類的植物都能夠辨別他我，而且還能夠辨別那些他者是不是自己的遺傳近親。這類植物一旦發現自己生長在自己的同胞手足旁邊，就會在兩天內調整自己的葉子，以避免遮蔽對方的光線。豆苗的根似乎能夠聽見密封管道裡的流水聲，而朝著那個方向生長。另外，包括皇帝豆與菸草在內的幾種植物，則是能夠對昆蟲的啃食做出反應，而召喚那些昆蟲的掠食者前來捕食牠們。（其他植物——包括一種特定的番茄——還會分泌一種化學物質，促使毛毛蟲不吃它們的葉子，而是互相吞食對方。）探究其他非凡行為的論文已從原本的寥寥無幾成長至數量頗豐。看來植物學已即將出現新發展，我想要留下來觀察。

回到有著冷氣空調的新聞編輯室裡，我在辦公桌前細細品味著日常生活結構當中的這些小裂縫。植物行為研究的這項復興，喚起了我兒時的回憶。在我的弟弟出生於我九歲那年之前，我原本是家裡唯一的小孩，即便在他出生之後，一個新生兒對於一個九歲大的女孩而言也沒什麼用，尤其是當時我真心相信自己是個被困在兒童身體裡的成年人。意思就是說，我頗為孤單，而且生性就愛幻想。這種性格的女孩通常會建構繁複的內心世界，並且把這個內心世界套在周遭的現實世界上。成年人如果不明白這種傾向，通常會認為這種孩子的言行過於小題大作。不過，我討厭這種說法，因為其中隱含的意思就是我眼中的現實不可信。我認定自己只是看見了周遭事物的真貌而已。在大部分的情況下，我看見真貌的那些事物都是樹木和松鼠，有時也包括岩石，而這些東西都充滿了活力，對於這個世界懷有知覺。兒童本來就是先天的泛靈論[17]者。

注意到其他人（也就是大人）似乎都沒有注意到的事物，更進一步加深了我與眾不同的感受。我在春天看著紫色番紅花（purple crocuses）的硬芽從冰冷的土壤底下鑽出，就像是從蛋裡破殼而出的小雞一樣。一隻紅腹啄木鳥奮力啄著我臥房窗外那棵高大的白橡木。我每次只要看到一隻生物從事著毫不拘束的生物行為，就覺得自己彷彿窺見了幕後的景象，窺見了牠們的世界，也就是真實的世界。

我童年的家有個最棒的地方，就是屋子後面的樹林往內走一百碼左右，地面上有個不大不小的凹陷處。每年春天，那裡都會蓄積兩、三呎深的雨水，而且那些積水幾乎一整年都不會消散，到了十二月就會在水面結起一層薄冰。每到夏天，我會檢查我的橡膠靴裡有沒有蜘蛛，然後漫步走到那個凹陷處，踏在深陷至腳踝的軟泥裡，在半埋於土壤中的石頭頂端輕撫著有如海綿般的苔蘚，並且對臭菘（skunk cabbages）打招呼，彷彿它們是我的朋友。就某方面來說，它們也的確是。那片沼澤裡還住著一對綠頭鴨，但我沒有對牠們說話。牠們看來早就已經有社交對象了：因為牠們有彼此。至於植物，看起來則是沒有別的事情可以做。

倒不是說我把那些植物想像成不同型態的小型人類。在我的記憶當中，我從來不曾認為它們會回應我說的話。不過，我也覺得它們不是全然沉默的生物。它們有它們自己的想法與生活，和我一樣。它們就像是兒童，也同樣遭到了低估。

在《童年想像力生態學》（*The Ecology of Imagination in Childhood*）裡，作家暨

17 編註：Animism，也稱萬物有靈論，認為所有物體、地點和生物都具有獨特的精神本質。

研究者伊蒂絲・科布（Edith Cobb）投注了二十年的時間，調查大自然在兒童的早期思維當中所扮演的角色。她發現兒童擁有一種「開放系統態度」，因而能夠對自然界懷有一定程度的情感親近性。「對於幼童而言，針對真實的本質所從事的恆久質問，主要是自我與世界之間一種沒有言語的辯證。」她寫道。她提到許多藝術家與思想家都把自己的創造方法形容為基本上是仿效他們兒時擁有的觀點。二十世紀藝術評論大師伯納德・貝倫森（Bernard Berenson）在他的自傳裡寫道，他人生中最快樂的時刻，也許是兒時站在一座樹墩上的體驗：

那是初夏的一天上午，椴樹（lime）上方飄盪著一片閃現微光的銀色薄霧。空氣中彌漫著那些樹木的香氣，溫度就像輕柔的撫觸一樣宜人。我不需要回憶，就能夠記得我當時爬上一座樹墩，而感到自己立刻就沉浸於那個東西當中。我沒有以任何詞語稱呼那個東西。我不需要言詞，那個東西和我是一體的。

誰沒有過像這樣的回憶？此處的「那個東西」，和薩克斯、狄勒德與洪堡德所呼應的「真實」極為相似，也非常近似於我小時候蹲著觀看番紅花所得到的感受。我納悶這類時刻究竟是什麼，以及這類時刻能夠產生什麼效果，又能夠為思維開啟什麼空間。

搬離那棟樹林邊的住宅幾十年後，我成了都市裡的居民，成天待在辦公大樓裡與外界隔絕。我九歲之時懷有的那種通曉感受，覺得自己能夠理解人類劇場以外的世界，在這時早已鈍化成了一片死寂。不過，我後來開始對蕨類著迷，接著又一頭栽入植物智力的辯論，某種熟悉的感覺開始在我的內心悄悄復甦。

午餐時間的植物學閱讀，成了我在一天當中最期待的活動。我在科學期刊裡看到的爭辯，可說是我多年來擔任記者所見過最尖銳的辯論，譴責植物智力這個新興領域的回應，和探究植物智力的論文差不多一樣多，而且最常聚焦於用字選擇上。許多植物科學家都難以接受把「智力」一詞用在植物身上，至於認為植物具有「意識」這項更加大膽的推測，更是不見容於他們。他們的論點確實相當合理：植物沒有大腦，更遑論神經元。而且，植物在演化過程中面對的挑戰也和我們極為不同。它們哪裡會需要大腦和神經元？有八名資歷雄厚的植物科學家合寫了一篇論文，發表在《植物科學新趨勢》（*Trends in Plant Science*）這本期刊裡，論文標題是〈植物沒有意識，也不需要意識〉（Plants Neither Possess nor Require Consciousness），結果引發了一連串激烈的正反辯論。那群作者寫道：「由於植物沒有任何解剖結構足以和最低限度的大腦相提並論，因此非常不可能擁有意識。」他們指出，植物所做的任何事情都可以歸因於「先天設定」，而那樣的設定乃是來自於「經由自然汰擇而獲得的遺傳資訊，並且在根本上不同於認知或知曉，至少是就一般對於這類用語的理解而言」。

那群作者承認指出，植物意識的擁護者確實「發表過一些出色的論文」，其中並未提出真正具有爭議性的主張——甚至是植物體內的電訊號所扮演的角色，他們也承認可以比擬為動物的神經系統（但他們也謹慎地指出，這兩者並不同源）。他們寫道，之所以會出現爭議，原因是有些研究者把結論推演過頭，為了替自己的主張賦予可信度，而對「學習」或「感受」等用語的意義做出「可笑」的過度簡化。「擬人論為什麼會在當今的生物學裡出現復興的情形呢？」他們感嘆道。

科學之所以是一種保守的體制，是有原因的。保守是阻擋偽知識的重要元素。不過，這篇論文感覺起來有個自我挫敗之處。科學對於生命、死亡、智力，以及意識並沒有各方一致認同的定義。用語確實重要，但這些用語的定義並非確切無疑，因此包含範圍非常廣泛。植物難道不可能擁有某種智力，只是看起來和我們的智力頗為不同而已？實際上，不論他們談論的那種傳遞電訊號[18]的偽神經系統是什麼東西，總之聽起來還是極度引人入勝。

科學雖然非常強大，卻侷限於只能用科學方法回答的問題，生命的意義或定義可以說不算是這種問題。由於科學從來就不是為了因應「存有」與「非存有」這類倫理學問題而建構出來的結果，因此在交給科學決定的情況下，植物在概念上就只能被視為像無生物一樣消極靜默。然而，現在卻有這些科學家英勇地試圖探究最困難的問題，也就是能夠察覺外界這種能力的本質，也就是意識這項艱困問題。他們畢竟是科學資訊的掌管者，而植物歸屬於哪裡的倫理學結論，以及我們可能可以怎麼和植物互動，就有可能由那些科學資訊得出。允許或者不允許特定實驗被從事以及發表，完全都掌握在他們手中，所以我想要仔細聆聽他們的論點。

反植物智力的陣營顯然希望明確指出植物和動物不一樣，不過他們卻是採用人類中心的智力與意識定義，而主張植物不可能擁有智力與意識。在我看來，這個論點敗在一項內部矛盾，也就是採取了套套邏輯[19]。穆爾西亞大學（University of Murcia）的認知科學哲學家帕可．卡沃（Paco Calvo）以及愛丁堡大學知名的植物生理學大老安東尼．特瓦伐斯（Anthony Trewavas）也同樣這麼認為：「這無疑是循環論證[20]。」

除此之外，我也不禁納悶其中是否涉及恐懼。我看得出那些反對植物智力概念的人，為什麼不希望這種敘事過早脫離他們的掌控而逸入主流文化，因為這麼一來，

18　編註：electrical signal，以電壓、電流或電磁波的形式，隨時間變化來傳遞資訊的物理量。它是一種能量的表現形式，能夠承載數據、聲音、影像、控制指令等各種訊息。

19　編註：tautology，同義反覆，意指把同樣內容換個方式說。

20　編註：circular reasoning，論點的真確性最終由自身支持的推理方式。

敘事裡的複雜性恐怕不免遭到捨棄，從而淪為一種遭到稀釋的幻想式論點，說不定還會被用來支持新世紀概念，就像《植物的秘密生活》在當初造成的情形一樣。在一定程度上，我了解這樣的顧慮。通俗文化總是帶有一種極端的傾向，喜愛把簡單的人類敘事套用在其他物種身上，一如我們在童話或動畫電影裡看到的那種情形。儘管如此，這種顧慮感覺起來仍舊是明顯低估了人類的思維能力。在我的眼中看來，大眾的想像力極為廣博，只要獲得機會，大有可能把非人類的智力類型容納進來。當然，這不是一件容易的事情。要騰出心理空間想像真正不同的智力，而不落入簡單的人類結論，是相當困難的工作。我們大多數人都不曾受過這麼做的要求。不過，思索複雜性是一種擴展心智的練習。只因為害怕更廣大的科學探究可能會引起什麼樣的反應，就直接加以遏阻，看來對於我們其他人而言並不公平。我們在不忽視複雜性的情況下所造就出來的那種世界，就是我想要生活於其中的世界。

看來我接觸到植物智力的辯論之時，是在這項辯論的初期形成階段，但時機也恰到好處。這項辯論當中有許多議題尚未被探討，但其背後確實有真實的科學基礎，而且出現的結果也極為誘人，令人捨不得置之不理。重點在哪裡呢？一次又一次，我看到這項辯論被框架為對於句法的爭論。不過，我認為這項爭論的重點其實在於世界觀，在於真實的本質，在於植物究竟是什麼，尤其是對比於人類而言。

人家說，了解一套文化就像是觀看一座冰山：其中有極為巨大的部分藏在水面下無法看見。我認為植物學家的世界以及他們的文化——他們所探究以及奠基於其上的那些觀念——比較像是地下莖植物[21]。藉著列印以及翻閱論文，我可以看到其中長出的嫩芽，包括種種名稱以及概念。但不久之後，一位植物學家就懇求我找另一位植物學家談話，然後這第二位植物學家又把我指引向第三人。知識的網絡開始浮現，我開始看到實驗室與期刊之間許多表面上看不見的地下連結，諸如誰與誰互相信任，而誰又不然。嫩芽與走莖[22]——shoots and runners.

我每次打電話訪談科學家時總是會再度意識到，他們大多數人都完全沒有興趣把植物侷限在為人類服務的角色裡。在我最棒的訪談經驗當中，受訪者都是全心熱愛其研究對象的研究者，而且那種愛會讓人忍不住想要昭告天下。他們只要一認定我是真心想要知道，就會毫不保留地展現出他們洶湧的熱情。他們對我述說自己剛揭開了世界上哪個角落的神秘面紗，如何細細篩選世間萬物，在生物學這面龐大而

21 編註：rhizomatic plant，地下莖是植物的一種變態莖，其外觀似根但具有節的構造，節上可生芽或不定根。大多在地下水平蔓生，少數在地下呈直立型態，極少數根莖會匍匐於土壤表面。

22 編註：runner，另稱為匍枝，由具短縮莖植物的基部或冠狀莖處葉腋發育的特化地上莖，即長形匍匐莖，具有長的節間，在其先端可長出新植株，如草莓。

混亂的拼圖當中，發現屬於他們自己的一小片圖塊，拿在手上翻來覆去地檢視，然後經過多年埋首於閱讀、實驗，以及痴迷鑽研裡，才終於明白這片圖塊帶有什麼意義，並且應該擺放在何處。

我知道，以這種方式看待自然，只是一種局部的觀點。大自然不是一面等著我們拼湊的拼圖，也不是一部等著我們解密的天書。大自然是不停變動的一團混亂，而生物則是各種迴旋擴散的可能性，豐富繁茂又零碎不已。每個生物體，特別是每一株植物，都是演化網當中的一個碎片，和網裡其他長有綠葉的個體互相碰撞之後，而出現進一步的變異發展。這些碎片當然都仍然在持續演變當中，因為這種演變永遠沒有盡頭，除非是遭遇了滅絕。那種多樣性感覺起來永無止盡，而且根本不可能理解。我訪談的那些科學家都懂得這一點，但還是不斷努力。這樣的態度更是增添了我對他們的喜愛。

我逐漸學習到該使用哪些詞語——說得更精確一點，是不該使用哪些詞語——才能讓一名科學家願意繼續和我交談。「植物感知」（plant sensing）通常沒問題，屬於中性詞語。「植物行為」（plant behavior）就比較危險，而「植物智力」（plant intelligence）更是可能直接換來閉門羹。我學到的一點是，只有在提出了以上這幾個詞語，而發現我沒有遭到對方掛電話或者破口大罵的危險之後，才可以提起意識。每當我提到一個敏感字眼，我立刻就可以感受到氣氛的變化。接受我訪談的研究者會因此變得謹慎起來，不再那麼坦率，尤其是我們當時如果還處於互相摸索對方的階段，也就是受訪者還在納悶著，自己究竟該不該和我說話的時候。

不過，我偶爾會感覺到對方的軟肋，也就是對方本身的好奇心，明白可以感受到他們也想知道行為可能代表什麼意義，或是什麼現象有可能算是智力的表現。在這種時候，他們會審慎思考我的問題，而在經過一番遲疑之後提出經過深思的回答。這樣的回答經常會揭露內在的矛盾衝突。對於我所訪談的許多人而言，「智力」確實感覺起來像是個危險的用語，但只是因為大多數人都直接聯想到人類智力而已。以人類認知能力衡量植物是沒有道理的事情，這樣只會把植物變成比較低等的人類、比較低等的動物。擬人論之所以危險，原因是這種觀點貶抑了這些綠色的個體，而無法讓我們體認到植物能夠運用某些感官——或者，也許可以說是智力？——而且遠遠超出人類在這些類別當中所具備的能力。我們就算擁有這些感官，比起植物也是弱得可憐。這些研究者難以談論植物智力，因為他們擔憂這會是個陷阱，導引出扭曲的結論，而無法代表他們獲得的發現所真正帶有的驚奇之處。

從我開始一頭栽進這些問題，到現在已經過了一年以上。現在是二〇一九年八月，紐約市的空氣中瀰漫著垃圾與人行道在高溫之下散發出來的刺鼻氣味。每一天，我都從我位於弗萊布希社區（Flatbush）的悶熱公寓裡出門，行走六個街區的路程前往展望公園（Prospect Park）。我有時候會在中途停下來，向一個在街角擺了一張牌桌充當貨架的攤販買個水椰（water coconut，一顆種子），或是幾吋長的甘蔗（一根草）。我只要一越過公園的石柱，就會放慢腳步。公園裡的陽光被遮蔽，氣溫也有所下降，原因是有數以百萬計的植物在同時吐氣。我記得，在發現光合作用是製糖的反應之前，博物學家曾經認為光合作用的目的在於擔任大自然的空調系統。涼爽的空氣輕撫著我的肌膚，我於是深吸了一口氣。空氣中帶有潮濕葉子的氣味，感覺潔淨又令人精神一振。我以摻雜了驚嘆與懷疑的目光看著大車前草（broadleaf plantain）與野櫻莓（chokeberry）。我現在有了新的體認，知道我經過的每一株植物都過著我從來不曾想像過的複雜生活，包括在地面上與地面下都是如此。在這一整片明亮與陰暗的翠綠當中，我開始看見許多不同的物種，也開始看見遠遠更多的個體。我知道我不論把目光投向何處，那裡都上演著扣人心弦的生命劇場，儘管我的眼睛看不見，也不完全了解其本質。

我藉著觀看植物而在物質層面上重拾了與自然界的親近，我不是藉此忽略環境災難，而是藉此讓自己重新體認到環境災難所涉及的後果。每一株植物都是一個我們有可能會喪失的具象世界，每一套生態系統都有如一座星系。儘管如此，閱讀植物智力論文還是讓我覺得，有如只憑著一個放大鏡就想看清一整座山一樣，而近來的眾多發現只是進一步突顯了這一點。研究者剛發現植物具有記憶能力，但不曉得那些記憶儲存在哪裡，他們發現植物能夠辨識同類，但不曉得是怎麼做到的。這些發現比較像是提示，比較像是零碎的片段資訊，指向某種更大的整體。

植物是什麼？至今似乎還沒有人知道。我在那樣的漫步當中決定辭掉工作，以便全職思考植物。我服務的那個新聞編輯部遭遇了困境，隨著營收下滑而解雇許多員工，也嚇得投資人紛紛縮手，團隊的士氣也降到了谷底，我再也看不出自己在那裡工作有什麼意義。我覺得自己隨時都有可能被裁掉，所以就連全職工作的保障也開始顯得不再可靠。我有一些儲蓄，生活也可以過得簡單一點。該是做出改變的時候了。我的一個兒時好友在他家的老農舍裡有個空房間可以讓我住，他從小就在那個農場長大，而且我們小時候也曾經在那裡的麥田裡奔跑嬉戲。我可以在那裡安頓下來，然後前往更多的地方去觀察植物，在它們的原始棲地，在它們經過演化而適合生長於其中的那些地方。

這麼做一定值得，因為植物學裡已經出現明顯可見的重要發展。科學正朝著一道懸崖的邊緣邁進，屆時將再也不可能回頭：而那道懸崖就是，我們認為植物是靜默而沒有感覺的生物這種想法似乎大錯特錯。時機感覺已然成熟。這是一則精采的故事，不該繼續被埋沒在學術界裡。我開始覺得這則故事有可能改變世界，至少我自己的世界已經受到了改變。我逐漸感到，這則故事的重要性遠遠大過於我個人的著迷；或者，也許這兩者其實是同一件事，我心想。我愈是把時間投注於思考植物，就愈是想要把時間投注於思考植物；這樣的思考感覺對我非常有好處，我覺得我對一切事物都能夠看得更加清晰。

我步行回家，抬頭望向懸掛在我廚房窗戶裡的那株巨大黃金葛，它所有的葉子都朝向上方。在我出門的這段時間裡，它的葉子全都轉為面向窗玻璃，幾乎是貼在玻璃上。我環顧了我的其他盆栽：蔓綠絨把一條細長的褐色氣根伸進隔壁的玉樹盆栽裡；我看著我的印度榕（rubber plant），這是從我爸爸的印度榕插枝而來的結果，而他的印度榕又是從他父母的印度榕插枝而來的結果。至於原本的那株印度榕，則是他父母在六十年前的婚禮上收到的禮物。現在，那株印度榕已長成了一棵頗為碩大的樹木，而且仍然擺在他們客廳裡的平臺鋼琴旁邊，形成視覺的焦點。那株印度榕曾經差點死掉，但是我祖母的媽媽把最後一根還活著的枝條砍下來，將切口端泡在水裡，直到冒出白色的細根，然後藉著那根唯一健康的枝條重新長出一棵完整的樹。這株植物在我家已經歷經四代，至今依然健在，持續默默地生長出新的組織。這本身難道不就是一種記憶嗎？

不理解這些現象已經令我感到無法忍受。我一定要走入大自然親自觀察。

2 CHAPTER 科學如何改變想法

事實背負了眾多理論；
理論背負了眾多價值觀；價值觀背負了眾多歷史。

唐娜・哈拉維（Donna Haraway）
〈生物理論的起源〉（In the Beginning Was the Word: The Genesis of Biological Theory）
一九八一

向人類提出身在世界上代表什麼意義的問題……
只會複製出一幅非常褊狹的宇宙圖像。

艾曼紐勒・柯奇亞（Emanuele Coccia）
《植物的生活》（*The Life of Plants*）
二〇一九

太陽不停翻滾流動的電漿表面射出一團光。那些粒子[23]——數以億計的光子[24]——飛過九千三百萬英里的黑暗太空，而像麵包與蜂蜜一樣灑落在地球上為數最龐大的生物所伸展出來的肢體上。植物以光為食。對植物而言極為基本的光合作用，是地球上絕大部分的其他生命型態能夠存在的先決條件。透過光合作用，植物為大氣灌注了我們所呼吸的氧氣。

當今的世界是怎麼出現的？在十億五千萬年前，一顆似藻類細胞吞食了一個藍綠菌。那顆似藻類細胞就是後來演化成動物與真菌的早期有機體，至於當今充斥於世界上的那些多樣程度令人無法想像的細菌，其祖先之一就是那個藍綠菌。不過，那兩者的結合開創了生物的一個全新分支。[25]漂浮在前寒武紀[26]的渾濁海水裡，這個新王國的單一先鋒開始行起光合作用。它吸收陽光，並且將周遭環境裡的多餘物

23 編註：particle，最小的物質構成單位，可以自由存在於空間中，並具有物理和化學性質。

24 編註：photon，一種基本粒子，也是電磁輻射的量子。它是電磁力的力載子，靜止時無質量，在真空中以光速傳播。

25 原註：其中還涉及另一種有機體，也就是一個扮演中介角色的寄生菌，負責把食物從受到馴化的藍綠菌運給身為宿主的似藻類細胞。

26 編註：Precambrian，前寒武紀是地史學中對在顯生宙寒武紀之前的地球地質歷史的非正式統稱。開始於大約四十六億年前地球形成，結束於約五億四千二百萬年前開始大量出現生物實體化石的寒武紀早期。

質——水、二氧化碳，也許還有幾種微量礦物——轉變為糖。

最早的植物是一種嵌合體，一種由基因各自相異的細胞組成的有機體。地球上每一株綠色植物的葉子，至今都仍帶有最早那項結合的遺傳印記。當今在光子從太空落下之際予以捕捉的那些植物細胞，本身即是微小的嵌合體；它們內部還是存在著最早的那個藍綠菌，至今仍然持續不斷把光線轉變為食物。

在最早的那項創造發展過了十五億年之後，植物已演化並且繁衍成為五十萬個不同物種，生長茁壯於地球上的每一個生態系統裡。植物居於絕對的霸權地位，以重量而言，植物占了全球生物體的百分之八十。

植物在五億年前左右爬出海洋之後，來到的是一片貧瘠的陸地，籠罩在由二氧化碳與氬所構成的一團不宜生命存活的氣體當中。不過，雖說不宜生命存活，對於植物而言卻不是問題。它們早已學會怎麼從溶解於海水裡的二氧化碳當中釋出氧氣，這時則是把這項技術應用於它們所處的新世界當中。就某方面而言，它們等於是把海洋帶到了陸地上。藉著不眠不休地吐氣，那群早期的陸地植物大軍把氣體的平衡朝著氧化的方向傾斜。它創造了我們當今呼吸的大氣，若說植物孕育了適合生物居住的世界，也絕不為過。如同義大利哲學家艾曼紐勒．柯奇亞[27]所言，植物建立了我們的宇宙，「這個世界最主要是植物所造成的結果。」

藉由同樣的過程，植物也製造了我們從古到今所攝取過所有的糖。在我們已知的世界裡，只有葉子能夠藉由完全無生命的物質（光線與空氣）製造出糖，其他所有生物都是二級使用者，回收植物所製造出來的產物。我們的重組也許是天才之舉，但使用的材料並非原創。原創材料的製造過程如下：來自太陽的光子落在植物向外伸展的綠色部位之後，葉細胞裡的葉綠體就會把光粒子轉變為化學能量。這樣的太陽能會被儲存在特化的儲能分子裡，也就是植物界裡的可充電電池組。

在此同時，葉子會透過底面的氣孔，也就是有如毛細孔的微小開口，抽取出空氣裡的二氧化碳。在顯微鏡底下，氣孔看起來有如張開的小嘴巴，有如一開一闔的魚兒嘴唇。畢竟，植物是以它們自己的方式在呼吸。氣孔吸入二氧化碳，然後二氧化碳遇到儲存在葉綠體內的太陽能，以及隨時流動於葉脈內的水。接觸到純粹光能之後，水與二氧化碳的分子就會被分解開來。這兩者當中都有半數的氧分子會從這項接觸當中飄離，透過氣孔張開的雙唇被吐回這個世界，而成為我們呼吸的空氣。至於留下來的碳、氫與氧，則是會被轉化成帶有甜味的葡萄糖。精確來說，必須要有六個二氧化碳分子和六個水分子被太陽的能量分解之後，才能夠形成六個氧分子與一個珍貴的葡萄糖分子——而且那個葡萄糖分子才是這整段過程的真正目的。植物利用葡萄糖建造新的葉子，再利用那片新葉子製造更多葡萄糖。此外，植物也會

27 編註：Emanuele Coccia，一九七六～，佛羅倫薩大學中世紀哲學和文獻學博士。

在體內把葡萄糖輸送到地底下的結構，用於生長更多的根，然後這些根就會把更多的水吸入植物體內，而那些水則是會被分解以製造更多葡萄糖。藉由這樣的方式，生命因此得以開展。

我們也是由葡萄糖構成，如果沒有植物糖的持續供應，我們的維生功能很快就會停擺。想想看：每一個動物器官都是由來自植物的糖所建構而成。我們骨頭周圍的肉，乃至骨頭本身，都帶有植物分子的印記；我們的身體是由植物生產出來的材料所構成。同樣的，你的大腦所浮現的每一個想法，也都是因為植物才有可能出現。

這點的確是真實無虛，大腦尤其是一部主要依賴葡萄糖運作的機器。如果沒有葡萄糖的持續來源，神經元之間的溝通就會逐漸減緩，然後徹底終止，記憶、學習與思考都會停擺。如果沒有葡萄糖，你的大腦就會萎縮，然後你也會跟著萎縮。世界上所有的葡萄糖，不論是儲存在被你吃下的一根香蕉還是一片小麥麵包裡，原本都是在太陽發出的光子灑落於植物身上之後，由植物無中生有而來。

就這方面而言，我們其實無時無刻都在與植物對話，而它們也在與我們對話。我們的想法，以及那些想法所造成的產物（包括我們的文化結構、我們的發明所追求的方向），背後都可以追溯到數以兆計的植物體，每一株都藉著努力轉化而造就出這個世界。

然而，植物雖然能夠做到這些事情，卻沒有辦法跑來跑去。植物在移動性受限的情況下，竟然能夠散播得那麼廣，也許是生物界裡數一數二的偉大成就。要能夠占居全世界的七座大陸，需要創新、適應，以及運氣。不過，抵達各個不同地點只是其中一項成就而已。要生存、繁殖，以及建立複雜的群體（同時還要抵抗掠食者、季節、資源稀少以及枯萎病所帶來的壓力），更是完全不同的另一回事。

最明白這一點的，莫過於一名在偏遠島嶼上研究稀有植物的植物學家。史蒂夫・佩爾曼（Steve Perlman）是夏威夷植物絕種預防計畫的首席植物學家，我和他見面的時候，他六十九歲，有著壯碩的身材與一頭白髮。我在一頭栽進植物智力研究這個充滿棘手問題的領域之前，想要先看點直截了當的老式植物學研究。我來到這裡是為了看他的研究，但這時身在車上的我們卻是聊著彼此的感受。我們搭乘一輛老舊的小型廂型車，隨著車輛在考艾島（Kaua'i）西北端一條蜿蜒的泥土路上奮力爬坡而搖來晃去。他沒有像他認識的其他稀有植物學家那樣服用百憂解[28]，而是寫詩。佩爾曼對我說，你認識已久的一種植物一旦絕種，你總之必須想辦法排解情緒。每一種植物一旦在那種特別孤單的情況下死去，都標誌了一項歷時數百萬年的演化計畫就此終結，那個物種的遺傳大實驗已然劃下句點。在那株植物所屬的世系裡，它

28　編註：Prozac，一種治療憂鬱症的精神用藥，於二〇二四年底全球停產。

是最後的一株。

考艾島是夏威夷的第四大島，也是佩爾曼的居住地，而這座島上的每一種原生植物，都是難以想像的運氣和偶然所造就的結果。這裡的每個物種，當初都是一顆顆外來的種子，也許是隨著海水漂流而來，不然就是被鳥兒吃進肚子裡而帶到這裡來，並且是來自數千英里外，因為考艾島與最近的大陸之間就隔著超過兩千英里的大海。植物學家認為，每一千年都有一、兩顆種子達成這項壯舉。

考艾島在五百萬年前由一座火山形成，然後因為板塊運動而被推離那個火山活動的熱點。直到今天，這座島嶼仍然每年朝著西北方緩緩漂移。一座接一座的島嶼都是以同樣的方式冒出於這個地質誕生地，然後緩緩朝左漂移。由於考艾島是夏威夷的第一座島嶼，歷史最為悠久，因此有最多的時間能夠收集漂泊而來的種子。一顆新種子一旦在這座島嶼的年輕土壤裡扎根，那株植物就會演化成一個全新的物種，甚至更常會演變成多個不同的新物種，在這座島嶼的理想氣候條件所提供的舒適環境裡各自嘗試不同的生活方式。這種發展過程稱為輻射適應，會造成少數幾個物種出現數千種變異的結果，而且每一種變異都會成為僅存在於這座島上的特有種。

我一面試著充分認知這項事實的宏偉壯闊，一面在晃動不已的車上望著窗外的景象。佩爾曼駕駛著車子，茂密的枝葉掃過車側，彷彿一隻隻戴著手套的手。道路的外側是深達幾千呎的懸崖，底部的峽谷滿是淺綠色的植物。隨著我們的高度愈來愈高，車子周圍的霧氣也愈來愈濃。不久之後，窗外的茂密植被已變成了一片潮濕模糊的綠。道路的坡度趨於平緩，於是佩爾曼停了下來，開門下車。我們現在的海拔已經非常高。他邁開腳步往外走，直到他的工作靴前端突出於懸崖邊緣，然後探頭下望。被蕨類包覆的垂直峭壁看來有如一件毛茸茸的毛皮大衣，其中有些小棕櫚樹以奇特的角度生長，在霧氣當中探出頭來。峭壁的底部形成一座小小的半月形谷地，而谷地的另一側即是太平洋。在我們腳底下，各種色調的綠延伸達數千呎深。一股潮濕的珠光，猶如蜘蛛絲一般黏附在一切的東西上面。

就許多方面而言，考艾島為植物主宰之下的世界會是什麼模樣提供了一個終極範例，這整座島嶼都被完全植物自由的超現實產物所覆蓋。植物如果能夠在毫無恐懼的情況下演化，其獨特性就會達到一絲不苟而又浮誇的程度。以 Hibiscadelphus 屬為例，這種木槿的近親植物只生長於夏威夷，擁有長形的管狀花朵，專為替它們授粉的蜜旋木雀（honeycreeper）這種鳥兒的彎曲狀嘴喙量身打造而成。除此之外，還有火神棕櫚（Brighamia insignis），在夏威夷語當中稱為「歐魯魯」（'Ōlulu），又被人暱稱為「棍子上的甘藍菜」，而這個暱稱就極為生動地形容了這種矮小的樹木。經過好幾萬年的時間，這種樹木演化成為只由一種極度稀有的昆蟲授粉，稱為「絕美綠色獅身人面蛾」（fabulous green sphinx moth，這是那種蛾的真實名稱）。

火神棕櫚在野外仍屬極危物種，但因為佩爾曼在絕種預防計畫初期的努力，而得以免於滅絕的命運。當時他以繩索打結自製安全吊帶，而懸垂於納帕里海岸（Nā Pali Coast）的峭壁上。懸空在四千呎的高度，他利用向太太借來的一支小型化妝刷模擬那種蛾，而小心翼翼地把花粉從雄花轉移到雌花上。「你的授粉如果成功，你就會知道，」佩爾曼說：「因為事後回到那裡，你會看到爆開而露出種子的果實。」（現在，火神棕櫚在荷蘭被當成室內盆栽培植，有不少溫室都種滿了這種植物。我不禁納悶，那些在窗臺上擺著火神棕櫚盆栽的阿姆斯特丹居民，不曉得知不知道這種植物之所以能夠傳到荷蘭，背後其實有這麼一段驚險故事。）其他植物則是經過適應演化，而只生長在特定的高度。舉例來說，有些植物會藉此受惠於生長在它們上方的蕨類，因為霧氣在蕨類的葉片上凝結而成的水珠會滴落下來，為它們造就完美的濕度平衡。

在考艾島之外，在地球上其他的大部分地區，植物則是擁有非常不一樣的演化軌跡。帶有種子與花朵的植物最早出現於兩億年前左右，從那時以來，它們已然分支演化成數以萬計的不同物種，必須適應各式各樣從它們發芽開始就不斷襲來的威脅。

一顆種子一旦決定生根，其實就是下了一個很大的賭注。種子是包覆在營養素裡的胚胎，一名種子科學家曾經對我說，種子就是一株「和午餐一起打包在箱子裡的植物」。整株植物的藍圖都存在於種子內，雖然處於蟄伏狀態，但一直都存在。

一顆種子有可能四處漂泊十年之久，耐心等待適當的條件以便紮下第一條根。第一條根一旦長出，這顆種子即是放棄了一切的移動機會。固定不動之後，這顆種子長成的植物即必須在自己的扎根之處面對各式各樣的威脅，不管是強風、大雪、乾旱，還是動物的嘴巴。

這顆種子的幼根一旦冒出，就必須在四十八個小時內找到水和養分，然後長出一兩片葉子開始行光合作用，否則這顆種子就會耗盡本身內含的資源而死亡。任何植物最早的綠色部位都是預先組裝完成，而摺疊於種子裡面等待時機。這個預先組裝完成的幼苗，和長大的植物看起來幾乎毫不相同。幼苗有一根綠色短莖，莖上有一個或兩個猶如卡通般的綠色隆起，簡直就是植物表情符號的化身，而且這種幼苗的存在時間極為短暫。這株幼苗會展開而膨脹，以那條率先冒出的根所吸收的汁液充塞於自己體內，然後展開光合作用的工作。如果一切順利，這株原型植物在突入於充滿空氣與光線的世界之後，就會像火箭推進器一樣被拋棄，而由形體變化萬千的真實葉子加以取代。只有經過了這段試驗期，嘗試了什麼做法有效之後，這株植物才會呈現出原本該有的形象，展現其世系的特徵，然後再改變這些特徵以適應新環境。

即便在這個時候，這株植物也才克服了其年輕生命中眾多威脅的最初幾項而已。任何一顆種子都只有微乎其微的機率，能夠長成完整的植物型態。有許多威脅來自於草食動物：這種生物能夠奔跑，也能啃食大片土地上的植物，而且其基本功能包含了中樞神經系統。植物完全沒有這些優勢。植物無法逃跑，因此必須針對自己的加害者發展出巧妙而複雜的自衛方式，也發展出各種方法從自己最初以種子樣貌落腳下來的那個地點汲取一輩子的養分。

不能行動所帶來的危險成了一項動力，驅使植物開發出自然界裡某些最引人注目的適應發展。植物最大的成就，也許就在於解剖結構上的去中心化。植物是以模組[29]方式構成，摘掉一片葉子，植物可以再長出另一片。由於沒有中樞神經系統提供保護，植物的重要器官因此分散分布，而且都有副本，這也表示植物演化出了協調自己的身體，以及自我防衛的非凡方式。它們會以不可置信的精確程度，針對可能是其主要威脅的哺乳類動物或者昆蟲而長出相對的棘刺、尖突與刺毛，藉以刺穿對方的皮肉或者外骨骼。它們可能會分泌具有黏性的糖，藉以引誘然後困住自己的敵人，把對方那張飢餓的嘴黏住。它們的花也可能會特別滑，藉此阻擋想要竊取花蜜的螞蟻。不論是什麼樣的適應發展，通常都帶有合乎經濟效益的專一性。每一項微小的變異都有其目的。植物生理的所有領域都是如此：植物身體結構的每一個部分都有其存在的理由，都是為了執行特定任務而經過調校，不多也不少。

你如果認為不可動隱含了消極的概念，那麼只要看看植物在製造化學武器方面的強大能力，想法一定就會立刻改變。植物本身是合成化學家，它們合成出來的化學物質在細膩複雜的程度上是人類技術所不能及的。一片葉子一旦察覺自己遭到啃食，就能夠散發出一團由空氣傳播的化學物質，通知同一株植物上距離比較遠的枝條啟動免疫系統，製造驅退力更強的化學物質，以便嚇阻後續前來的蚜蟲[30]以及其他植食昆蟲。有幾個物種的植物已經被發現能夠辨識毛毛蟲的物種，方法是偵測其唾液裡的化合物，然後再合成出一模一樣的化合物吸引毛毛蟲的掠食者。於是，寄生蜂[31]就會欣然前來解決掉那些毛毛蟲。

不過，考艾島的植物完全沒有這些防衛機制，或者至少是遠遠少得多。一株植物的祖先不論有過棘刺、毒液，還是驅趕氣味，這些特性都在這株植物抵達這座島嶼之後徹底被捨棄。沒有任何大型陸地哺乳類動物、爬蟲類，還是其他潛在的掠食者從大陸來到這個偏遠的島鏈。實際上，夏威夷唯一的原生陸地哺乳類動物，就只有一種毛茸茸的小型蝙蝠。（這種蝙蝠的祖先從北美洲來到這裡的旅程實在難以想像；牠們很有可能是被一場風暴捲來的。）從植物的演化觀點來看，既然沒有需要

29 編註：modular，將一個系統細分為許多小單元，稱為模組（module）或模塊（block），可以獨立於不同的系統中建立與使用。

30 編註：aphid，一類植食性昆蟲，也是地球上最具破壞性的害蟲之一。

31 編註：Parasitic wasps，膜翅目中營寄生性生活的蜂類，絕大多數為食蟲昆蟲。

抵抗的掠食者，自然沒有理由要把能量浪費在防衛功能上。於是，薄荷失去了薄荷油，原本有刺的異株蕁麻（stinging nettles）也沒了刺。科學家以語帶不祥的口吻，把這種過程稱為物種變得「素樸」（naive）。

威脅一旦出現，這種無憂無慮的天真素樸經常會帶來致命的後果。如同夏威夷其他地區，考艾島現在也備受入侵物種所擾。那些物種在其他地方，在比較不那麼舒適的環境裡演化而成，所以牠們具有比較強的攻擊性——以比較不帶負面情緒的用語來說，則是比較足智多謀——原因是牠們不得不如此。在考艾島上，牠們很容易就能夠占據生態棲位[32]，島上的原生植物根本毫無招架之力。於是，夏威夷的植物正以一年滅絕一個物種的速率快速流失，遠高於自然滅絕率的約一萬年消失一種。佩爾曼就是著力在這一方面上。連同他的實地研究夥伴肯恩・伍德（Ken Wood），他專門挽救只剩五十株個體以下的植物——許多案例當中的數字更是遠少於此，也許只有兩、三株。在我造訪考艾島之時，共有兩百三十八個物種的植物被列入這種處境，而其中有八十二種生長於考艾島。

如果沒有佩爾曼，稀有的夏威夷植物將會永遠消失。有他在，它們至少還有存續下去的機會。

為了接觸這些植物，佩爾曼必須援繩攀下懸崖，有時還得從直升機上垂降下來，就只為了接近一叢也許只有五株的植物，生長在這座太平洋島嶼的一面偏遠峭壁上。

有些植物僅存的雄株和僅存的雌株相距太遠，以致無法自然授粉繁殖，這時佩爾曼就會採集雄株的花粉，小心翼翼地帶到雌株所在處，而以水彩刷把花粉沾在它們的生殖器上。要找到這些植物，經常必須跋涉多日，而且為了騰出背包裝那些占空間的植物學工具，所以一路上只能吃燕麥棒和鋁箔紙包裝的鮪魚充飢。有時候，他找到那株植物的時間可能會太早——例如那株植物尚未達到性成熟，以致還沒開花——於是這整項工作就必須延期。

由於這種過程必須花費大量時間，因此佩爾曼不免對他意圖挽救的植物產生感情。他不是每次都成功，那是不可能的事情。「我已經目睹了二十個左右的物種在野外滅絕。」他說。他曾經坐在一個物種的最後一株個體旁邊，陪伴著它迎向生命終點。一如人類，植物的死亡也涉及生物學與哲學兩方面。一個人是否心臟不再跳動就算死了？還是大腦停止運作才算死亡？就技術上而言，一株植物可以憑著少數幾個活細胞而在實驗室裡複製出來。不過，一株只剩下幾個活細胞的植物，不是一株能夠成長茁壯的植物。佩爾曼認為，一株植物如果有一定程度的組織陷入衰敗，以致不再有機會能夠在野外生長茁壯，那麼這株植物就算是死了。這麼一株植物會

32 編註：ecological niche，又稱生態地位、生態龕、生態位、生態龕位，生態棲位是一個物種所處的環境以及其本身生活習性的總稱。

脫水、枯萎、轉為褐色，然後倒斃。

佩爾曼認為，單是一株植物的演化發明將因此終結，就足以做為挽救那株植物的充分理由。一個物種就算是生長在一面偏遠崎嶇的峭壁上，只要還能夠接觸得到，就不該直接放棄那個物種。或者，就像伍德說的：「我們盡力，因為我們不會不盡力。」可嘆的是，失敗畢竟是這種工作當中無可避免的一部分。佩爾曼曾經在一種原生花卉的最後一株已知個體枯萎死亡之後，把那株植物挖起來帶到酒吧去。他懷著激動的情緒，向那株植物的生命舉杯致意。

大多數人對稀有植物想必不會懷有什麼情感，更不可能會知道為了把它們從絕種邊緣救回所從事的奮鬥。一般人雖然能夠辨別幾種不同的狗兒，卻很可能分辨不出櫸木（beech）和樺木（birch），也分辨不出小麥和黑麥的麥穗。這種情形不難理解，因為植物在演化上和我們的距離遙遠得多，原因是它們的演化環境和我們極為不同。植物以光為食，並且是扎根生長於一個定點，在數十年乃至數百年的時間裡探索周遭環境尋求養分。植物的生活方式對我們而言極為陌生，以致在我們對於生活方式的想像裡，經常都把它們排除在外。

植物遭到忽略的這種狀態，已經嚴重到具有專門名稱，並且深受植物學家所感嘆。這種問題稱為「植物盲」（plant blindness），也就是傾向於把植物視為一團不可辨的集體，一抹模糊朦朧的綠，而不是數以千計在基因上各自相異而且又脆弱的個體，彼此之間的差異就像獅子與鱒魚的差異一樣大。這個詞語經常出現在研究論文與研討會裡，只見滿懷擔憂的科學家焦慮不已，而原因就只是他們難以促使大眾看見他們投注終生研究的對象。對於植物學家而言，植物盲造成的後果就是基礎研究的資金總是難以爭取，也難以說服任何人認為某一種特定的植物值得挽救。畢竟，一般人只重視會被人類經濟活動利用的植物，像是澱粉含量最高而可以用來餵食牛隻的玉米種類，或是我們會沖泡來喝的兩個咖啡品種。

整體而言，對於妝點了所有地貌景觀，並且覆蓋了我們周圍每一塊未鋪砌地面的這種嫩綠生物，人類其實所知極少。面對我們這個根本無意關注的物種，植物王國充分隱藏了自己的秘密。不過，植物擁有至高的權力，能夠影響我們的生物構造與文化。應當指出的是，具有這種影響力的還有細菌和真菌，而這兩者也同樣備受忽略。我們似乎遭受拙劣的判斷能力所苦，對於自己應當效忠什麼對象錯得一塌糊塗。

對於我們這種欠缺興趣的表現，一個常見的解釋是植物的動作很慢，它們的世界存在於和我們極為不同的時間尺度上。我們的確通常不會看到它們的日常活動，例如一株年幼的黃瓜植物在一天裡可能會數度捲起以及伸展其卷鬚，並且前後晃動，這種移動的速度極為緩慢，所以必須要有極大的耐心才有可能注意得到。然而，緩慢是相對的。一棵四十歲的樹木會比一個四十歲的人高出許多；一株豆類植物在不到一個月的時間裡，就能夠長到十歲兒童的高度；野葛（kudzu）只要兩個星期就可以吞沒一輛車。

在我看來，植物盲是個更深層的問題，與價值體系密切相關，而價值體系當然是文化觀點的產物。實際上，不是所有的文化都有這個問題。在世界各地，幾乎所有的原住民群體都對植物擁有更加親密的認知，和植物的關係也更為緊密。許多文化都會對植物賦予人格，認為人只是人格個體的其中一種而已。人類人格個體與植物人格個體經常具有實際上的親屬關係：身為巴西原住民族之一的卡內拉人（Canela），就把植物納入他們的家族結構裡。園丁是家長；豆子與南瓜則是園丁的兒女。《植物能夠為我們提供許多好處，我們只需開口就行》（*Plants Have So Much to Give Us, All We Have to Do Is Ask*）這本書收集了阿尼希納貝人（Anishinaabe）針對植物所提出的許多傳統教誨，而作者瑪麗·格紐希（Mary Siisip Geniusz）也在其中寫道，要了解她所屬的這個大湖區民族，就必須要知道植物所具有的首要地位。植物是這個世界的「二弟」，創造於風、岩石、雨、雪以及雷電等「大哥」之後。植物一方面必須依賴那些大哥才能活命，另一方面又負責支持其他所有創造於植物之後的生物。非人動物是「三弟」，必須依賴天氣等自然力量以及植物。至於人類，則是「小弟」，是所有的實體當中最晚創造出來的一群。人類本身需要其他那三位哥哥才能夠生存下去。「人類不是地球的主人，」格紐希寫道：「我們是這個大家庭的小寶寶。我們是最弱的一群，因為我們的依賴程度最高。」

格紐希談論連結、依賴與親屬關係，但大部分的歐洲思想卻都執著於距離和淡漠。最明白彰顯了這一點的，也許就是「vegetable」（蔬菜；植物人）一詞的變化。現在，這是一個粗鄙的字眼，意指腦死的人，但其原型「vegetabilis」來自中世紀的拉丁文，意指正在生長或者茁壯的東西。動詞「vegetāre」意為賦予生命或生氣，而「vegere」則是指活著以及活躍的狀態。明顯可見，人與植物的關係並非向來都是當今這種情形。

我想到理論家珍・貝內特（Jane Bennett），她對於我們使用什麼樣的語言談論非人類個體的活力深感興趣。她說，我們太執著於一項古怪的做法，也就是在主體與客體之間畫出虛幻的分界線。「指出主體性始於何處又終於何處的這種哲學探究，太常都是與人類獨特性的這種幻想綁在一起。」她在《活躍物質》（*Vibrant Matter*）這本著作裡寫道。要不然，那種哲學探究就是基於我們認為自己對於大自然所握有的支配力，或是基於我們在上帝眼中的優越地位，抑或是基於其他某種立論薄弱的主張，因此那種探究根本是一廂情願，實質上也毫無用處。我心想，我們的能力應該不只有這樣。

所以，歐洲白人對於人類在世界上的地位所抱持的觀點，究竟怎麼會和我們對於植物的依賴這項毫無疑問的事實偏離得這麼遠？

這個問題的答案背後有非常深遠的根源。在古希臘哲學裡，「靈魂」的概念開始被用來區別生物與無生物之後，植物幾乎立刻就被納入了擁有靈魂的陣營。恩培多克勒[33]在他對世界的陳述裡，為植物賦予了靈魂，並且把它們稱為動物，原因就是植物是有生命的生物，而他不覺得有任何理由應該在這個類別當中再做區分。後來，柏拉圖把植物描述為擁有具備「渴望」與「感受」能力的靈魂，而此一靈魂雖在各種不同靈魂當中等級最低，卻也還是擁有智力，純粹是因為柏拉圖認為沒有智力就不會有感受，沒有意圖就不會有渴望。人類的靈魂雖然同樣具備渴望與感受能力，但又因為理性與道德的大幅提升，所以人類——尤其是自由人——才會成為特例。理性已然成為一種標誌，彰顯了更優越的感受力，而柏拉圖認為只有男人能夠掌握理性，至於女人、兒童與奴隸則是通常不具備這種能力。因此，理性的用處在於讓男人支配其他比較劣等的人，乃至整個自然界。

過了幾年後，亞里斯多德又進一步強化這套階級體系。他描述了一道「自然之梯」（scala naturae），把植物放在底端，人類則是在頂端。他主張底端的植物沒有智力，甚至也沒有感受力，比植物高一階的動物有感受力，但沒有理性。到了這個時候，希臘哲學已明確轉向熱切信奉理性因果，而捨棄了古希臘人認為必須和其他生物維持互相尊重的關係這種觀點。人類想要維護和平，不再需要藉由儀式向天地之間的自然力量以及非人類生物表達恭敬，而只需要在理性上理解自然現象是由什麼力量造成。亞里斯多德剝奪了植物的渴望與感受能力，把植物視為純粹只是人類的工具。

這時出現了一條岔路，我初次發現的時候吃了一驚。這條岔路名為泰奧弗拉斯托斯（Theophrastus）。他為這則故事提出了另一個不同的結局，雖然沒有被西方思想採用，但這並非必然的結果。亞里斯多德在去世之前，把自己的學校交給了在他的學生當中極為出色的泰奧弗拉斯托斯。泰奧弗拉斯托斯對於植物特別感興趣，曾經發表過我們所知最早針對植物本身所寫的著作，而不是只談植物對人類的用途。他描述了植物的行為：植物的生長方式、植物追逐的事物，以及植物明顯可見的好惡。他寫道，植物一點都不消極被動，而是持續不停活動，追尋著它們渴望的東西。他發現被栽種的植物在壽命長度上似乎比野生植物來得短，但他認為植物也許會認為這是一項合理的交易，雖然壽命減短，卻能夠換得不受掠食者侵擾，又可以獲得

33 編註：Empedocles，西元前四九〇～前四三〇，西元前五世紀的古希臘哲學家、自然科學家、政治人物、演說家、詩人，相傳他也是醫生、醫學作家、術士和占卜家。

自己需要的所有食物和水。[34]泰奧弗拉斯托斯似乎完全願意把植物認真看待為一種具有自主性的個體，不但擁有慾望，也有滿足慾望的意志。

同樣引人好奇的是，泰奧弗拉斯托斯述說了植物在哪些方面與動物和人類完全不同，卻絲毫沒有像亞里斯多德那樣，藉此評論植物在一套想像階級體系當中的地位。他也指出人與植物之間的一些類似之處，例如他曾提出知名的說法，把流動於植物體內的液體等同於動物的血液，指稱這兩者都流動於體內的管道，並且將樹木的核心稱為「心材」（heartwood），而這個字眼直到今天也仍然廣受使用。不過，他立刻就澄清自己並不認為植物單純只是比較低等的類人生物。它們完全是自成一格的個體，不該被拿來與動物比較。把樹木的核心比擬為動物的心臟，只是一道用於促進理解的橋梁而已。「我們必須藉著比較廣為人知的事物理解未知，而比較為人所知的事物即是比較大、又比較容易被我們感官察覺的事物」，他寫道。這項論點在我看來深具人道精神。他迎合了自己的讀者，使用他們能夠理解的隱喻，因為他們深受自己的人類觀點所蒙蔽。簡言之，在針對植物的複雜性從事書寫之時，他也看出人的侷限所在。泰奧弗拉斯托斯主張的這種模式要是得以盛行，現代歷史不曉得會變成什麼模樣？

不過，在時間與流行趨勢的某種把戲之下，在自然科學以及西方道德當中留存下來的，卻是亞里斯多德的階級體系，而不是泰奧弗拉斯托斯的觀點。結果呢？這項傳承帶來了很多後果，但最具象徵性的也許是在環形教室裡，對於意識清醒的狗兒從事外科解剖的行為，而且這種做法還一路延續至二十世紀前夕。

亞里斯多德認為人類擁有「理性的靈魂」，可是其他所有動物只有「運動的靈魂」，在沒有思想的情況下驅動著牠們追求繁殖與生存。這種整體觀念支配了西方世界達兩千年之久，並且在十七世紀被法國哲學家暨科學家笛卡兒（René Descartes）重申。他認為動物的身體只是能夠被破解的物理學與化學謎題，從而普及了「動物機器」的概念。

如同生物學家赫胥黎[35]在兩百年後的一八七四年指出的，這種想法認為「生命現象就像物理世界的其他一切現象一樣，能夠受到機械觀點的解釋」。時間的過去只是更加強化了笛卡兒思想對於科學的影響，原因是那個時代出現的每一項新進展都似乎支持了他的這種觀點。生理學與解剖學對於身體的運作方式得到了極為重要的發現——包括我們怎麼消化食物、呼吸，以及移動肢體。這些運作的每一

34 原註：植物有可能會「接受這些內在改變，認為這些改變適合自己；因此，植物如果要求並且追尋這樣的改變，也是合理的做法」，泰奧弗拉斯托斯寫道。《植物之生成》（*De Causis Plantarum*）1.16.12。

35 編註：Thomas Henry Huxley，一八二五～一八九五，英國生物學家、人類學家，因捍衛查爾斯·達爾文的演化論而有「達爾文的鬥牛犬」之稱。

項都被證明頗具機械性。歐洲的科學界人士覺得自己已即將發現生命力本身，而且屆時必然會證明生命力也不過是另一項機械成分，就像血液或骨骼一樣。那是科學怪人[36]的時代：只要以正確的方式把各種零件拼湊起來，你說不定就可以創造出粗陋的生命。

不過，人類雖然身體帶有機械性的本質，卻也擁有言語難以形容的理性和靈魂，而把他們和其他動物區分開來。當時的人認為狗沒有這些東西，一條狗知覺周遭環境的方式，或甚至是感受的方式，都不是真正有意識的經驗，而是機械式的反應。狗表達痛苦的行為，例如吠叫，也同樣不過是一種反射。這一切都被視為是科學事實，於是人類為了科學研究而解剖活生生的動物之時，動物的機械本質就消除了他們的罪惡感。

在十九世紀，所謂的活體解剖再度蔚為風潮，從而帶來了新的科學理解。英國生理學家威廉．哈維（William Harvey）之所以能夠成為第一位精確描述血液循環方式的歐洲人，就是藉由解剖活生生的動物。（伊本．納菲斯〔Ibn al-Nafis〕這位大馬士革的阿拉伯醫師，比他遠遠早了三百年就針對肺循環提出了精確的描述。）著名法國生理學家貝爾納（Claude Bernard）據說在一八六〇年代活體解剖了自家養的狗。普遍流傳的說法是，他的太太和幾個女兒外出回家，發現他所做的事情之後，就離開他而加入了一個早期的反活體解剖組織。活體解剖後來之所以不再風行，不是因為科學改變了想法，而是因為反對這種行為的動物福利團體開始出現——當時大部分的這種團體都是以女性為首。

直到最近之前，省思動物的處境都被視為對於理解植物很有幫助，因為動物的處境充分例示了科學意見的變動。此外，動物的處境也顯示了哲學與道德如何能夠干預非人類生物被看待方式。如果完全交給科學，那麼我們可能要花上更長的時間才會認為，動物值得受到任何算得上是人道的待遇。我們現在已至少認為部分動物擁有性格與智力，並且把這種想法視為理所當然；我們也認定傷害動物是殘忍的行為。當然，關於個人應該或不該對動物做什麼事情的道德規範還是相當寬鬆，更遑論我們會依照自己的喜好對於不同物種給予不同待遇。不過，重點是現在的這種人道待遇道德觀在以前並不存在，而且我們完全把現在的這種情形視為理所當然。

實際上，科學家認為動物擁有意識是極為晚近的發展，歷史甚至比網際網路還短。一九七六年，一位名為唐納·格里芬（Donald Griffin）的動物學家出版了《動物知覺釋疑》（*The Question of Animal Awareness*）這本書，主張動物認知應該被認

36 編註：*Frankenstein; or, The Modern Prometheus*，英國女作家瑪麗·雪萊於一八一八年出版的科幻小說，故事描述一名滿懷熱情的科學家，為了研究生命起源，將無數屍塊組合成人造人，進而賦予活動能力。

真看待。他在一九四四年和一名同事發現蝙蝠藉由回聲定位[37]辨別方向，而經過一輩子觀察這些動物之後，他開始認定牠們也有內心世界。他說，牠們的行為具有彈性，也能夠因應外在環境而改變自己的行為：這是擁有真實智力的正字標記。他看過蝙蝠發展出找尋食物的巧妙技巧；牠們顯然能夠依據當下的情勢做出決定，也展現了許多和人類一樣的問題解決能力。他主張動物的思想與理性應當被合理研究。畢竟，神經科學雖然蓬勃發展，卻還沒有人發現大腦裡有哪個部位屬於人類獨有，而可能為人賦予神聖的「意識」。我們是不是應該要放棄這種想法了？

格里芬因為犯了擬人論的罪過而廣遭批評，以致他的論點經過多年之後才開始被認真看待。但儘管如此，他的著作還是把動物意識變得廣為人知。

經過一九六〇年代的神經科學革命[38]，研究人員才開始認為科學家對於「心智」的研究能夠藉著觀察人的行為，而不是直接觀察人的大腦。到了一九九〇與二〇〇〇年代，充滿抱負的動物學家已將這些技術運用在海豚、鸚鵡和狗兒身上。他們發現大象能夠認得鏡中的自己、烏鴉能夠製作工具，貓也會展現出和人類幼兒一樣的依附類型。

今天，距離格里芬向他所屬的領域提出那項呼籲才短短四十年之後，談論動物認知、研究個別動物的行為以及主張動物具有人格，已不再是異端邪說。實際上，這種觀點已趨近於主流。二〇一二年，一群科學家聚集在劍橋大學，正式為所有的哺乳類動物、鳥類，以及「包括章魚在內的其他許多生物」賦予意識。非人類動物擁有意識狀態的一切生理標記，牠們的行為也明顯帶有意圖。「因此，明顯的證據顯示人類在擁有能夠產生意識的神經基質這一點上並不獨特」，他們宣告指出。

那是一份很短的名單，只有哺乳類動物、鳥類和章魚。然而，研究人員不論把目光投向何處，所有動物的內在生活所帶有的內涵，顯然都遠遠超出我們原本認為有可能的範圍。在我們對於物種的次序所抱持的概念當中，排在哺乳類動物與鳥類之後的物種是什麼？也許是爬蟲類，還是昆蟲？蜥蜴已經被證實能夠學習如何在迷宮當中找尋出路，顯示牠們具有行為彈性這種經常受到使用的智力標記。蜜蜂在近來被發現能夠辨別不同風格的藝術品，而且個別的蜜蜂會跳一種複雜又充滿象徵意義的「搖臀舞」，藉此向蜂巢裡的夥伴傳達訊息，讓牠們知道食物位在與太陽呈什麼角度的方向，而且距離多遠。新研究顯示蜜蜂可能擁有某種形式的主體性——這是有些人用來代表意識的標記。那麼，繼昆蟲之後，我們還可以進一步朝哪裡觀察

37 編註：echolocation，一些動物會向周圍環境發出聲波，這些聲波遇到物體就會反射，藉此對物體進行定位和識別。

38 編註：在一九八〇年代之前，神經科學與認知心理學這兩個領域之間幾乎沒有互動，直到裂腦研究先驅葛詹尼加（Michael S. Gazzaniga）與認知心理學大師米勒（George A. Miller）的合作，才促成了「認知神經科學」的誕生。

呢？植物如何？

現在，有一個陣營的植物學家主張我們絕對應該擴張我們對於意識與智力的概念，把植物涵蓋在內，而另一個陣營則是主張這種做法不合邏輯。另外還有更多植物學家則是不置可否，一面默默從事著非凡的研究，一面等著看這項辯論的結果如何。我和這些植物學家一樣，也不知道這項辯論的結果會是什麼。不過，我確實認為我們已即將對植物生命獲得新的理解。科學有可能感覺起來像是一個不可挑戰的巨大權威，所以科學現在聲稱的真實就是永久不變的真實。不過，事情的改變有可能出現得很快。

維吉尼亞州的鄉下有一間收藏植物學善本書的圖書館，我曾經在那裡接觸到一個不同時代的植物學理解所造就出來的產物。徒手繪寫於手工紙上的植物學文本，曾經一度是植物學科技的顛峰。那些文本教導讀者怎麼用植物藥膏療癒傷口，或是讓讀者得以窺見一座遙遠大陸上的草木；那些文本經常只單純傳達地位，而且是奢華物品，是作者投注了好幾百個小時的時間，在檯燈下用難以操控的顏料塗寫於脆弱的紙張上而產生出來的作品。維吉尼亞州那間圖書館是一位已故富裕慈善家的私人收藏，必須事先預約才能入館閱覽，而且在善本界以外似乎沒什麼人知道那間圖書館的存在。因此，那裡有著秘密花園般的靜謐氛圍，有著高達天花板的金色木書架，書架上擺滿了數千本來自十五到十九世紀的書籍。那裡的圖書館員名叫東尼（Tony），知識非常淵博，他扮演了有如侍酒師一樣的侍書師角色，會先評估你的興趣，然後抽出他認為你可能會喜歡的書。

翻閱古老的植物學文獻是一大樂趣——其中的色彩、古老手工紙的重量，還有令人難以置信的仔細描繪，使得那些植物看來就像黑豹一樣生動，彷彿隨時可能會從書頁上跳出來。不過，讓我感受到最多樂趣的書籍，是明顯可見出自作者本身熱情的寫作計畫，而不是委託的作品。這些書籍不傳達地位；有時候，其中介紹的植物都是在當地極為尋常的植物，而沒有什麼外來的品種。書裡的插畫甚至可能顯得有點幼稚；水仙看來也許有點肥大，或者番紅花的莖也許有點太粗，從而打破了視覺的第四道牆。這些都是非常個人的作品，有時會被作者保存在自己手上長達一輩子，並且不時添加內容。東尼認為我可能會想要看這樣的書。他從書架上抽出一部以皮革裝訂的厚重書冊。那是一本沒有文字的個人記事。夏傑曼．德．聖歐班（Charles Germain de Saint-Aubin）在還是青少年的時候於一七二一年開始繪製這本書，一次畫一頁，在一生當中陸陸續續添加內容，直到他在一七八六年去世為止。他的畫風與畫工隨著時間過去而有所變化，作畫技巧愈來愈進步，但這點在我看來並非重點所在。他筆下的每一張圖都帶有相同的情感性質，可以看出他全心喜愛這些植物，覺得有必要把它們花朵盛開的模樣記錄下來，畫成一張張小插圖。藉著繪畫永久保存這些植物的形貌，顯然能夠為他帶來極大的樂趣；聖歐班筆下的這些花朵與葉片，都是他生活中的一部分。對他而言，植物顯然不只是裝飾性的物品，而幾乎有如是他的同伴。

植物學這門研究植物的學問，歷史和人類思維一樣久遠。然而，關於植物實際上如何生活的問題，則是比較晚才開始出現在文獻裡。植物所帶有的奧秘，向來都對生存至關重要，所以在最早的文字記載當中就可以看到關於植物做為糧食與醫藥的資訊，而這樣的知識在那之前無疑已經口耳相傳了數千年之久。在製藥產業出現之前，植物與真菌（真菌是自成一格的一個生物王國，而且經常與植物合作）曾經是我們用來治療一切病痛的藥物。

針對植物本身（而不是關於植物對人類的用處）所寫的文字，最早在西元前三五〇年左右出現於泰奧弗拉斯托斯的《植物史》（*Historia Plantarum*）裡。這本書依據結構、繁殖方法與生長方式對植物分類，經常被視為史上第一部植物科學著作。不過，植物行為還要再過兩千多年後才終於進入西方文獻。到了維多利亞時代晚期，研究植物在富裕的知識階級當中已成為一種熱門嗜好，但當時的知識階級仍然抱持著以往的那種假設，認為植物是全然靜態的生物，猶如會生長的石頭。他們關注的焦點，幾乎完全集中在分類以及植物繪圖上。

接著，在一八六〇年代，達爾文[39]開始深為植物著迷。這時候的他已經廣為知名，距離他出版《物種起源》（*On the Origin of Species*）已經過了幾年的時間，所以島嶼航行、異國動物以及火山地質看來已經不太適合他的年齡。隨著年紀增長，他逐漸把關注焦點轉向自身周遭，就在他腳邊的東西：在《物種起源》之後，他出版的著作幾乎全部都是關於植物。因此，我們在本書裡將會一再看到他的名字。

在造就了幾本著作的數十項實驗裡，達爾文觀察到植物如何以驚人的運動能力活動，儘管速度非常緩慢（《攀援植物的運動與習性》〔*On the Movements and Habits of Climbing Plants*〕，一八六五）；以及植物如何有時候會產生出不同版本的自己，而且是奇特又偏離常規的版本（《動植物在馴養下的變異》〔*The Variation of Animals and Plants Under Domestication*〕，一八六八；《同種植物的不同花型》〔*The Different Forms of Flowers on Plants of the Same Species*〕，一八七七）；此外，食肉植物還會採用詭計引誘以及捕食昆蟲（《食蟲植物》〔*Insectivorous Plants*〕，一八七五）。他把植物視為具有活動與意圖的主體。

他出版的倒數第二本書是《植物的活動力》（*The Power of Movement in Plants*），

39 編註：Charles Darwin，一八〇九～一八八二，英國博物學家、地質學家和生物學家，其最著名的研究成果是天擇演化，解釋了適應（自然選擇，適者生存的原理），並指出他認為所有物種都是從少數共同祖先演化而來的。

內容探究植物為什麼會那樣移動。這本書記錄了許多他和兒子法蘭西斯（Francis）針對植物的根所從事的實驗。他們得出的結論令人震驚。他寫道，植物的根部末端包覆著不起眼的角質層[40]，但似乎是指揮中心。只要戳刺或者燒灼這片角質層，植物的根就會朝著避開傷害來源的方向生長。如果在根的兩側分別放置潮濕與乾燥的土壤，根就會轉向潮濕土壤那一側。如果在根的兩側分別放置石頭和比較軟的黏土，根在還沒碰觸到石頭之前就會偏向另一側，直接生長伸入黏土裡，而且屢試不爽。

潮濕、養分、阻礙、危險：根冠能夠感知到這一切，並且藉此進行選擇以及調整方向。達爾文稱之為「根腦」（root brain）。如果把這一小塊根冠[41]切掉，根雖然還是會繼續生長，卻是從此呈現出盲目生長的狀態——也就是朝著根冠被切掉之時所朝向的方向生長。不過，接著會發生一項奇蹟：被切掉的根冠將會在幾天內再生，而且長得和原本一模一樣。植物的一大強項，就是幾乎不論什麼部位遭到砍除都能夠再生。然而，再生的葉子總是會與原本的葉子不一樣，只有根冠再生的結果會與原本一模一樣。

「我們認為，就功能而言，植物最奇妙的結構就是胚根的尖端」，達爾文父子在那本書的最後一段以毫不遮掩的興奮之情寫道。不論他們怎麼對待根冠，根冠都會做出相應的反應。「如果說胚根的尖端具有這樣的天賦，而且因為能夠引導鄰接部位的活動，所以表現得就像是低等動物的大腦，絕對不算是誇大；只是動物的大腦位於身體的前端，能夠接收感官提供的印象，並且引導各種動作。」

我們通常認為科學是朝著真理持續不斷邁進的進程。你也許會認為，這項根腦假說如果是真的，那麼這種看待植物的激進新觀點必定會被確立，並且立刻促使科學把植物主導自己生活的能力視為近似於動物。不過，科學最大的缺陷與最大的長處，就是幾乎總是不免把一致的意見誤當成真理，而當時並沒有人同意達爾文的觀點。他慘遭當代的植物學家嚴厲譴責。根腦假說隨即在後續的一百二十五年間遭到遺忘，而且我們至今仍然不知道這項假說究竟是否真實。

在《科學革命的結構》（*The Structure of Scientific Revolutions*）裡，孔恩[42]描繪的科學史圖像不是新發現建立在舊發現基礎上的線性進展，而是特定領域裡出現一連串驟然的典範轉移，也就是一組條件共同引發一項科學危機，促使眾人從既有的思考體系轉向另一套全新的思考體系。此處的重點在於危機。「常態科學」是在危機出現之前所盛行的科學從事方法，它必然對任何遠遠位在其範圍之外的東西抱持敵

40 編註：cuticle，覆蓋於陸生植物地上器官外部的連貫保護層。

41 編註：root cap，植物根尖端的數層細胞。

42 編註：Thomas Samuel Kuhn，一九二二～一九九六，美國物理學家、科學史學家和科學哲學家。

意。我們可能會想到哥白尼[43]與伽利略[44]提出地球繞著太陽旋轉的主張，以及達爾文在上帝意旨的時代提出演化概念之後的下場。巴斯德[45]對於細菌致病說的支持，也遭遇醫學社群的極度抗拒。知名科學家在自己提出的理論廣獲接受之前遭受懲罰的例子，可說是族繁不及備載。「常態科學的目標絕不是要揭露新現象；實際上，不合乎常態科學規範的現象經常會遭到徹底忽略。」孔恩寫道。

一套典範無法針對自己看不見的事物提出問題，科學家對科學發現的抗拒是已知的事實，這種傾向能夠阻擋胡拼亂湊的庸說，但也經常會導致錯失或者延後實際上的新發現。認知到一件事物是重要的異常現象，並且需要被解釋，是一種「複雜的歷史事件」——這是伊恩・哈金[46]在他為孔恩的著作所寫的引言當中提出的說法。但即便如此，也還是不足以引發科學革命。一套典範要被揚棄之前，必須先有另一套能夠讓人接受的新典範。「揚棄一套典範的同時如果沒有以另一套典範取而代之，將等於是揚棄科學本身。」孔恩寫道。

認為植物是擁有智力的個體，甚至就某方面而言具有意識——接受這樣的想法無疑相當於一項典範轉移。然而，要是搞錯了這一點，將會等於是揚棄科學本身，跳進虛無當中。首先必須累積相關的證據，然後再得到廣泛的贊同。植物學當前的狀態，可說是一項個案研究，能夠讓人看到一場尚未成功的科學革命。而且，這場革命甚至也不保證一定能夠成功。[47]科學社群正處於重組的過程中；植物學的基本典範正處於過渡狀態。我們有機會可以看到科學知識是怎麼產生的。

一旦發生了典範轉移之後會怎麼樣？孔恩說，所有人都會回歸常態。發生了典範轉移之後，很快就會變得難以相信曾有其他任何想法占據過支配地位。原本僅是幾顆鬆動的石頭，接著卻引發一場雪崩，於是其他人在此之後也就別無選擇，只能跟著潮流而走。實際上，此一潮流將會成為唯一標準。原本心存遲疑的人，絕大多數都會轉為積極擁抱新典範，彷彿這項發展向來都是明顯可見、自然而然，並且預先注定的結果。我不禁納悶，這樣的現象是不是也會發生在植物身上？我們不曉得會不會在四十年後回顧現在，而認為我們原本對於植物的觀點，就像是我們以前看

43 編註：Nicolaus Copernicus，一四七三～一五四三，文藝復興時期的波蘭數學家、天文學家，他提倡日心說模型，提到太陽為宇宙的中心。

44 編註：Galileo Galilei，一五六四～一六四二，義大利物理學家、數學家、天文學家及哲學家。

45 編註：Louis Pasteur，一八二二～一八九五，法國生物學家、化學家、微生物學、免疫學和發酵工藝等領域奠基人之一。

46 編註：Ian Hacking，一九三六～二〇二三，加拿大哲學家、加拿大皇家學會會士、英國國家學術院院士，專業領域為科學哲學科學史教授，曾獲得加拿大勳章。

47 原註：孔恩寫道，置身於危機當中的科學社群會從事「非常」研究，而不是「常態」研究，並且會「大量出現互相競爭的表達、願意嘗試任何做法、表現出明確的不滿、訴諸哲學，以及針對基本問題進行辯論」。我初次讀到這句話的時候大吃了一驚，因為這句話極為符合植物學的現狀。

待活體解剖一樣那麼荒謬而且錯誤？

孔恩表示，終究只會有少數幾個老頑固堅守原本的立場。「而且，就算是這些人，我們也不能說他們錯了。」孔恩寫道。畢竟，在他們仍然緊抓不放的那個科學史階段當中，他們曾經是對的。只不過，現在已經進入了新的世界。「他頂多也許想說的是，在自己所屬的那整個行業都受到轉變之後仍然持續抗拒的那個人，已經實際上不再是一位科學家。」這樣的人沒有參與新發展、與時代脫節，已然被拋在後頭。

二〇〇六年，一群植物科學家試圖刻意引發一場規模不大但無可忽視的雪崩，希望能夠藉此改變典範。在一篇備受爭議的文章裡，他們指控科學家在有意或無意的情況下從事了「自我審查」，被《植物的秘密生活》投下的漫長陰影嚇得不敢發聲。那本書留下的污名，阻礙了後人針對神經生物學與植物生物學（plant biology）之間可能有的相似之處提出良好的問題，並且導致對於傑出學術研究的「長久無知」——他們所指的是達爾文的根腦假說，也希望重新審視這項假說。[48] 這個主要由已有相當資歷的科學家所組成的新群體，呼籲探究植物是有智力的個體這種想法，亦即認為植物能夠處理多種型態的資訊，並且做出充分知情的決定。他們每一個人都觀察過植物的這種表現，對於一再迴避事實的那種言語顯然也已經感到厭煩：所謂的事實，就是植物能夠做出有智力的行為。他們自稱為植物神經生物學協會（Society for Plant Neurobiology），創始成員包括波昂大學的細胞生物學家弗蘭提塞・巴魯斯卡（František Baluška）、華盛頓大學的植物生物學家伊莉莎白・范沃肯堡（Elizabeth Van Volkenburgh）、紐約植物園的分子生物學家艾瑞克・布倫納（Eric D. Brenner），以及佛羅倫斯大學的植物生理學家司特凡諾・曼庫索（Stefano Mancuso）。他們說，我們對植物的理解仍然極為粗淺，可說僅及於皮毛。「我們需要新概念，也必須提出新問題。」

援引神經科學是一項大膽的舉動——而在超過十年之後，我找上的許多植物學家也仍然認為這項舉動太過大膽。不過，他們當時是想要申明一項論點。植物當然沒有神經元或者大腦，但研究已顯示它們可能擁有類似的構造，或者至少是有些生理功能可以達到類似的效果，也擁有值得認真看待的認知能力。植物會產生電脈衝[49]，根部尖端也似乎有充任局部指揮中心的節點。麩胺酸[50]與甘胺酸[51]這兩種在

48 原註：我又想到了孔恩：「在危機尚未發展太久，或是還沒受到明確認知之前，新典範經常就會浮現，至少是其初期樣貌。」

49 編註：electrical impulse，生物體內由特定細胞產生的電信號流動，通常用於傳遞訊息或觸發生理反應。

50 編註：Glutamic Acid，天然蛋白質中的一種胺基酸，同時也是γ-胺基丁酸（GABA）的前體，由於人體可以自行合成，所以屬於非必需胺基酸。

51 編註：Glycine，即胺基乙酸，是二十個蛋白胺基酸中分子量最小的一個。

動物大腦當中最常見的神經傳導物質，也存在於植物當中，而且似乎也在它們經由枝葉傳送資訊的方式裡扮演了極為重要的角色。植物已被發現能夠形成、儲存，以及取用記憶，也能夠察覺環境裡微小至極的變化，並且對周遭的空氣散發出高度精妙的化學物質做為回應。植物會對不同身體部位傳送訊號以協調防衛工作。植物神經生物學的「目標是研究植物在感官與溝通方面的完整複雜性」，他們寫道。

實際上，大腦不就是一堆特化的可興奮細胞[52]，而且有電脈衝在其中流動嗎？「植物神經生物學」當然是一種比喻式的說法，但不算誇大，其支持者表示。我們不需要以新名稱指涉功能上相似的事物——只需要添加新的前綴詞即可。植物大腦、植物突觸[53]、植物思維。他們說：看，達爾文早在一個世紀以前就這麼做了。

在洪堡德與達爾文這種哲學博物學家的時代過去之後，科學成了一種追逐專業化的學問。晚近雖然有些學者試圖跨越學科界線，但我們仍然生活在專家的時代裡，每一位專家都只看見自己在生命運作方式這個大問題當中所鑽研的那一小部分。這樣的做法造就了知識的巨大躍進，因為專業化能夠帶來深入的理解。但大體上而言，每一位專家仍是見樹不見林。在對於植物的探究上，這種做法也許只會帶來無知：植物是一種多層面的生物，隨時都與形成其世界的周遭環境、細菌、真菌、昆蟲、礦物質以及其他植物進行著生物對話。因此，難怪植物有些最具開創性的發現是來自於動物學家與昆蟲學家，而且經常是因為那些研究者以看待動物與昆蟲的目光看待植物。這麼說不是要指責植物學家，但在遺傳學居於支配地位的時代裡，許多人已不再把植物視為一個活生生的整體，而是將其視為眾多基因開關與蛋白質閘門的集合。當然，我們也可以用這種方式看待人類。可是，這種看待方式會錯失些什麼？

植物神經生物學協會終究捨棄了這個頗具挑釁意味的名稱，而改名為植物訊號與行為協會（Society of Plant Signaling and Behavior）。然而，即便是「行為」一詞也還是不免引起某些植物學家的反對。潘朵拉的盒子已經打開，接下來出現的即是反駁，而且是極度尖銳的反駁。

由於學者的知識過人，因此他們一旦意見相左，說起話來也有可能極為惡毒。在《植物科學新趨勢》裡，我讀到了抱持懷疑態度的研究者拋出幾乎不加掩飾的凶惡學術攻擊。一名研究者對我談到這整件事，而將其形容為「《植科趨勢》大亂鬥」，並且提及有些同僚所寫的投書並未受到發表，另外有些投書則是在發表之前經過修改，降低了原本的語氣所帶有的敵意。不過，在反植物智力陣營所寫的一封投書裡，有一段文字在我看來尤其具有揭示性。「達爾文在很多方面的觀點雖然沒錯，但他

52 編註：excitable cells，能夠產生動作電位的細胞，它們在受到刺激後會發生膜電位的快速變化，並引發一系列的生理反應。

53 編註：Synapse，「突觸」是神經元之間，或神經元與肌細胞、腺體之間通信的特異性接頭。

的大腦類比根本禁不起檢視。」《植物生理學》（*Plant Physiology*）這部教科書的作者林肯・泰茲（Lincoln Taiz）在他與另外幾名同僚合寫的一封投書裡指出：「根部尖端如果是像大腦一樣的指揮中心，那麼嫩枝尖端、子葉鞘尖端、葉子、莖和果實就也同樣都是如此。由於受到規範的互動能夠發生在植物的各個部位，因此我們可以把整株植物視為一個像大腦一樣的指揮中心。可是這麼一來，大腦的隱喻就會失去原本應當帶有的任何啟發性價值。」

這段話雖然意在駁斥，但我卻認為其中揭露了想像力的欠缺——也許整個地球都**可以**被視為一個像大腦一樣的指揮中心。那又怎麼樣呢？我想到章魚，牠們擁有像大腦一樣的觸手，神經元遍布於全身各處。我們現在才開始能夠想像世界在牠們眼中看起來是什麼模樣，而且無疑和我們眼中的世界看起來完全不同。此外，牠們之所以有能力從事高度智力的行為，又得以在極為晚近終於被我們勉強同意為牠們賦予意識，部分原因就是那些分散於全身的神經基質[54]。以這種方式看待植物，將會把它們納入剛開始興起的這項，針對不同形式的分散式智力所從事的討論；這種觀點認為，真菌和黏菌[55]建構的分散式網絡有可能具有智力，甚至正因為其分散性質而更能夠靈活因應新的挑戰。

即便是人類的大腦，在我們體內雖是一個中央集權的處理中心，但其內部似乎也不帶有明確的中心化結構。神經科學家窺探大腦內部，結果發現了一套分散式網絡，其中沒有一個明白可見的指揮所。我們本身的智力似乎是產生自一套網絡，由特化的腦細胞構成，並且在其中交流著資訊，但那些細胞看來並沒有遵循某種支配力量。我們做出的明智決策，不是產生自一個特定的地方，而是產生自一種網絡，由我們頭骨內許多彼此相連並且互相溝通的部位集結而成。[56]如同記者麥可·波倫（Michael Pollan）曾經說過的，簾幕後面可能沒有巫師的存在。

54 編註：neuronic substrates，指的是在中央神經系統中，與特定行為、認知功能或心理狀態相關的特定神經結構和回路。

55 編註：slime mold，指一群在陸地生態系統中不相關的真核生物，可以單核或是多核的變形體呈現，也可聚集而形成多細胞的繁殖體，常被誤認為是黴菌。

56 原註：這項事實在意識方面引發的問題又帶有更加深遠的影響。這麼一來，是否表示也根本沒有機器裡的靈魂？人類意識的問題主要是兩個陣營之間持續不斷的辯論。第一個陣營認為我們的意識來自一股超越於大腦實體運作之外的力量——例如靈魂，或是一種尚未被發現的性質，超越於我們的實體大腦物質之外，或是與我們的大腦物質不同。泛心論者就屬於這個陣營。另一個陣營認為意識純粹只是一種由演化產生的生物現象，就像自然界裡的其他一切事物一樣，而其來源很可能就位於大腦無可估量的複雜性當中，我們只是還沒發現那項機制而已。這個陣營有時被人稱為唯物論者。不過，這兩種廣泛理論嚴格說來都不需要大腦，至少不一定要我們所擁有的這種大腦。實際上，在這兩種理論當中，生物都不是只能區分成有意識和無意識，而是可以有不同程度的意識。意識如果是宇宙某種自由飄浮的超驗性質所造成的結果，那麼一個生物難道不能擁有比其他動物更多或更少的意識？另一方面，意識如果單純只是生物演化的一種新興性質，那麼這項特質在每個生物的演化進程當中難道不能夠單純受到不同程度的強調嗎？至於植物，當前的問題是意識究竟有沒有可能出現在除了我們和少數幾種動物之外的其他生物身上。

科學裡的新觀念會引發新方法以及新理論，如果沒有革命，科學就會衰退。我們必須正確看待這一點。孔恩說，科學典範轉移能夠改變我們如何看待自己生活於其中的世界。「當然，世界本身並沒有變。」孔恩寫道。植物仍然會是植物，不論我們決定怎麼看待它們。不過，我們決定怎麼看待它們，卻可能對我們造成徹底的改變。

3 CHAPTER

植物的溝通

我開始黎明即起，原因是我近來注意到這是世界生氣最蓬勃的時刻。我以前怎麼會不知道這件事呢？在黎明時分，萬物都閃耀著繁忙的活動。相較之下，日出之後的白晝時光則是一段死寂的時期。在房屋底下的鹽沼裡，鳥兒喧鬧啼鳴，彷彿喝了咖啡一樣。我沒有喝咖啡，至少還沒，但我喜歡自己還沒把心思轉向人類事務之前的這短短幾分鐘睡眼惺忪的時間。我當時在加州雷耶斯岬（Point Reyes）參與一項駐地寫作活動，持續針對植物進行思考與寫作。我想要釐清該問哪些問題，如何整理我的好奇心。我們一小群人就住宿在聖安地列斯斷層邊緣，在一個巨大板塊的邊緣上望著鹽沼對面的另一個板塊。院子裡種滿了在唇形花科當中最具代表性的鼠尾草屬植物，在我心目中是芳香植物的王者，而它們也全都散發著樟腦與辣油的氣味。其中有巨大的沙漠鼠尾草（desert purple sage）、帶有銀色光澤的藍鼠尾草（silvery blue sage），以及一叢開出千百朵金黃色花朵的芳香萬壽菊（Copper Canyon daisy）。閃耀著光澤而生長濃密的迷迭香，在其草葉之間冒出眾多的淡藍色花朵，到了夜晚就會將其翼狀花瓣闔上。

我走到門廊上。附生在我身邊一棵白樺上的長松蘿（beard lichen），看起來彷彿懷著明確的目標爬上那棵年輕的樹木，像是套著樹幹的一隻襪子。那叢長松蘿也蔓生於低處的樹枝上。我有一種如在夢中的感受，覺得那叢長松蘿彷彿刻意定住不動好讓我觀賞。地衣的時間比人類的時間緩慢，所以我猜那叢長松蘿的確是定住不動——它就和所有的地衣一樣，雖然處於生長的運動當中，但在我們注視的眼光裡看來就像是靜止不動。我像鹿一樣走出戶外，嗅聞著空氣，緩步穿越那片草木茂盛的草地，彷彿任何突然的動作都有可能攪擾瀰漫於空氣中的香氣。實際上沒有這回事——當然沒有，因為那些香氣並不是為了我而散發。我在前一晚剛讀過植物語言的新理論，所以我對那些理論所留下的印象無疑影響了我在當下這個黎明時分的心思。那些理論指出，氣味的語言是飄散在空氣中的訊息。我開始理解到我的身旁正上演著一場帶有許多層次的戲劇，其中的角色和劇情線比一齣俄國史詩劇還要多。有些我可以聞得到，但有更多是我笨拙的鼻子根本察覺不到的。

我決定以此做為起點：植物是不是會互相溝通？而如果會的話，又有什麼會因此改變？溝通隱含了此一個體能夠認知自我以及自我以外的事物——也就是其他自我的存在。溝通就是在不同的個體之間形成連接線。這種做法能夠讓一個生物對其他生物有所助益，讓一個自我對其他自我產生重要性。這種做法能夠把個體轉變為社群。如果一整座森林或者一整片草地當中的植物確實會互相溝通，那座森林或者那片草地的本質將會因此改變。這樣也會改變植物是什麼的概念。沒有方法能夠溝通的植物是什麼？一個空殼。如果沒有對話，森林就不成其為森林。

我在前一晚閱讀了一篇徹底改變植物學的論文。那篇論文在當今已遭到大多數人遺忘，似乎也不存在於數位紀錄當中，還得由戴維斯加州大學植物暨昆蟲生態學家理查・卡爾班（Richard Karban）把一份影本寄到我的住處。我得知這篇論文引起許多爭執，終結了至少一位科學家的職業生涯，並且把植物溝通的問題攤開在後代所有的植物學家面前。不過，擺在我面前的這篇論文雖然促成了那麼多改變，其內容卻是溫和得近乎卑屈。其中的文句保守至極。這樣的做法很合理，原因是這篇論文處境危殆。其中提出的結論非常新奇，以致難以博得認同，而是極易遭到摒斥。此外，在這篇論文寫就的那個時代，遭受摒斥乃是常態。植物生物學領域裡的氣氛非常緊張，大衛・羅德斯（David Rhoades）必須謹慎行事。

當時是一九八三年，《植物的秘密生活》所造成的影響仍然餘波盪漾。被大多數人暱稱為戴維（Davey）的大衛・羅德斯是華盛頓大學的一位動物學家暨化學家，以研究昆蟲為主。他是英國人，性好交際、身材圓胖、菸癮很重，而且說起話來手勢很多。他濃密的鬍鬚蔓延至嘴角之外，笑起來總是會瞇起眼睛。他看待資料的態度嚴肅至極，並且熱愛設計能夠把開支壓到最低的實驗，以超市買來的東西製作成引誘昆蟲的物品。他的論文改變了一切，而且在後來出現的一項殘酷轉折裡，終結了他的職業生涯。原因是在那個時候，完全沒有人相信他。

他的論文發表於《植物抗蟲性》（*Plant Resistance to Insects*）這本由美國化學學會出版，但頗為少有人知（如果你能夠相信的話）的論文集裡，而將其深具爭議性的論點包裝在大量能夠令學界人士易於接受的科學術語當中。在整整十二頁裡，羅德斯勤勤懇懇地記載了毛毛蟲的蛹重[57]以及樹木損失的葉子。他解釋指出，他看著大學裡的實驗林遭到入侵的天幕毛蟲摧殘已有數年之久。不過，突然間卻發生了改變，只見那些毛毛蟲陸續開始死亡。他問道，那些貪吃無饜的毛毛蟲為什麼會突然停止啃食，讓那些樹葉得以保持完整？牠們為什麼似乎突然間死光了？

羅德斯發現，這個問題的答案令人難以置信、令人深感驚奇，而且又危險：那些樹木進行了互相溝通。尚未遭到毛毛蟲侵襲的樹木已經做好了準備；它們把自己的葉子變成了武器。毛毛蟲後來吃了那些葉子，結果因此中毒死亡。

樹木能夠透過根部互相溝通，這點其實在羅德斯的發現之前就已被證實，但羅德斯的這項發現並不相同。他提及的那些樹木相距太遠，不可能透過根部傳遞資訊。不過，毛毛蟲即將來襲的訊息還是傳播了出去。他對於這一點所隱含的意義感到無可壓抑的興奮。在所有的枯燥描述都已經寫完，再也無法推遲結論之時，羅德斯終於忍不住以歡欣的語氣提出這篇論文真正的要旨，而且還用上了一個全然暴露出他內心感受的標點符號：「由此可見，那樣的結果可能是由空氣傳播的費洛蒙所造成！」他說，那些樹木藉著空氣而相互遠距傳遞訊號。

57 編註：指昆蟲在蛹期的重量。

如同其他許多基本生命過程，溝通也同樣沒有被一致認同的科學定義。對於我們大多數人而言，溝通就是我們為了向其他個體告知對方必須知道的事情而從事的表達。溝通代表了一種形式複雜的意向、預先思考，以及對於因果關係的認知。這麼說也許沒錯，但根據某些定義，生命在比較複雜的存在體出現之前就已經開始從事溝通，至少在六億年前就已發生於最早的多細胞生物之間。生命要迎接多細胞存在的可能性，個別細胞就必須互相協調。截至那一刻之前，所有的生物都是單細胞生物。這些自主性的小小自我漂浮在古老的海洋裡，各自過著自己的生活。要出現形式比較複雜的生物，個別細胞就必須互相分享資訊。

直到今天，生物的細胞為了結合成一個身體，每個細胞就都必須知道自己的身分以及功能。細胞藉由其他細胞而了解自己；舉例而言，如果有三個細胞連成一串，其中的第三個細胞會知道自己排在第三的位置——從而負責專屬於第三個細胞的特殊任務——原因是這個細胞察覺到一號與二號細胞的存在。這是自我組織系統這種凝聚性的整體所帶有的本質。不過，那個細胞怎麼會知道自己排在第三的位置，至今仍是一個未解的謎。我們知道資訊必須由其他合作細胞傳遞給它。這種溝通不論算是什麼東西，總之是始於最早的細胞分裂，在一個細胞分裂為二，接著又分裂成四個的過程中，也就是每個多細胞生物賴以成長的策略。那種資訊的媒介（電力？化學？還是其他形式？）至今仍然未知。溝通的本質至今同樣也是動物胚胎學裡的一大問題；我們很想知道精子與卵子是怎麼自我組織而形成我們。

植物細胞也會這麼做，以最寬鬆的方式來說，植物細胞會互相「交談」。藉著這樣的做法，每個細胞就能夠了解自己的功能何在——換個方式說，則是了解自己的身分。發現玉米的基因能夠轉移位置而獲得諾貝爾獎的遺傳學家芭芭拉·麥克林托克（Barbara McClintock），把這種細胞覺察能力稱為「細胞對於自己所擁有的知識」。

細胞一旦交談，就會發生大事。所有的植物都產生自這類基礎性的互動。二〇一七年，伯明罕大學的研究人員發現休眠的種子內部有一個「決策中心」，能夠整合資訊並且決定什麼時候該發芽生長。這個中心由位於種子胚根末端的一群細胞構成。那些細胞針對種子內兩種荷爾蒙的量互相溝通；其中一種荷爾蒙會促使種子休眠，另一種則是促成發芽。那些細胞會整合周圍土壤溫度變化的資訊而調節兩種荷爾蒙。這群細胞就藉著這種方法決定什麼時候該啟動開關而發芽生長。決定開始發芽的時機拿捏極為重要。為了讓這項高風險的決策能夠更加精確，種子於是仰賴多個細胞的累積反應；藉著把決策奠基在兩個互相對立的變數上——也就是那兩種荷爾蒙相對的量，而且那兩者都對溫度變化相當敏感——植物就有比較高的機會能夠在這個充滿變動的世界裡做出良好的選擇。研究人員指出，這是一種細胞對細胞溝通的方法，類似於人腦內的某些結構。我們大腦裡的細胞也會互相傳遞彼此對立的荷爾蒙，藉此改善我們在充滿變動的世界裡所做出的決策。與其依據單獨一項輸入而做出移動肌肉的決定，大腦的決策方式是累積不同細胞的荷爾蒙資訊，並且在此一過程中汰除不相關的資訊。就其核心而言，這正是一種細胞溝通的案例。

透過細胞之間的交談，植物因此算是自我組織系統。不過，整株植物也有可能被視為互相從事有意圖的溝通（亦即溝通行為可以延伸到一株植物之外，而涉及其他植物），在植物學裡則是一項相對新穎而且仍然深具爭議性的概念。造成這整項概念易於引起辯論的原因，在於一個關鍵問題：何謂溝通並沒有眾人一致認同的定義，甚至在動物之間也是如此。溝通行為所傳遞的訊號是否必須要有明確的目的？這樣的訊號是否必須引發接收者的回應？一如**意識**和**智力**沒有確切無疑的定義，**溝通**同樣也處於哲學與科學的交界處，在這兩個領域裡都沒有穩固的立足點。為了以明晰的觀點進行後續的探討，我把溝通界定為一項訊號受到傳送、接受，並且引起反應的行為。你會注意到我沒有說那項訊號受到**刻意**傳送。意圖比較難以辨識，一部分是因為我們不知道身為植物是什麼感覺。意圖是最困難的問題，因為意圖無法直接被發現。我們只能環繞著意圖的問題建構知識，並且逐漸朝向核心收攏，盼望著能夠在這樣的過程中促使意圖形成我們能夠理解的樣貌。

然而，在一開始的時候，單是植物可能有任何資訊能夠互相傳達的這種想法，也完全不存在於科學界裡。羅德斯所知道的只是一項蟲災發生了，然後又停止了。

在一九七七年春季，華盛頓大學的實驗林連續第三年遭到天幕毛蟲[58]的長時間猛烈攻擊。通常承受得了這些織網食葉的毛毛蟲寄生幾個月的赤楊（Red alders）與錫特卡柳（Sitka willows），這時卻有數以百計因此死亡。毛毛蟲幾乎徹底吃光了那些樹木的葉子，也就是說毛毛蟲對那些樹木造成了饑荒：一棵樹在生長季節如果沒有葉子能夠行光合作用，就會因為無法製造糖而餓死。

不過，在次年的一九七八年春季，權力平衡卻似乎出現了轉變。這時死亡的反倒是天幕毛蟲，其數量大幅減少。牠們在前一年春天到處都是，但這時在剩下的樹葉上卻看不到幾顆毛毛蟲的卵，而且就連那些卵也大多數都沒有孵化。到了一九七九年春季，那些毛毛蟲已徹底消失。樹木不再死亡，它們長滿了葉子，充滿生產力。這兩方的命運出現了反轉。

生態學家都知道，生態系統裡的一切變化都不可能沒有原因。一定有什麼東西驅動那項變化。在有機化學與動物學這兩個領域都擁有博士學位的羅德斯，於是開始找尋解釋。他在多年來一直建構著一項深富爭議的想法，但都沒有得到同僚的太多支持：他認為植物有可能在暴露於某些威脅之後產生抵抗能力，就像動物的免疫

58 編註：tent caterpillar，一類蛾類的幼蟲，牠們最顯著的特徵就是在樹枝上吐絲結成像帳篷一樣的絲巢，並群居其中。

系統在遭遇過疾病之後能夠產生抗體一樣。他注意到昆蟲經常會開始啃食一種植物，但經過一段時間之後停止這麼做，儘管明明還有很多完好的葉子可以吃。同理，自然界裡發生的一切事情必定都有其原因。一定有什麼東西促使那些昆蟲停止啃食。

會不會是植物察覺到入侵行為，而因此發起了某種免疫反應？這樣將可解釋時間的落差。植物的運作時間比昆蟲慢，所以反應自然也會比較緩慢。他在實驗室裡從事的試驗證實了這一點。他發現，葉子遭到大批毛毛蟲啃食了一段時間之後，其中的化學成分即出現改變。植物會改變葉子的成分，降低其營養程度。不過，認為植物能夠積極自衛的這種想法，對於科學家認為植物如何運作的整個前提而言卻是異端邪說。植物不該能夠那麼積極，也不該會有那麼戲劇性而又策略性的反應。羅德斯的假說幾乎得不到任何支持。

不過，大學校地上的天幕毛蟲入侵事件，卻提供了在真實世界裡驗證他那項理論的理想情境。遭受襲擊的樹木終究確實改變了葉子的成分，造成毛毛蟲中毒，導致牠們腹瀉從而餓死。他深感欣慰，他的理論證實無誤。不過，他還注意到了另外一件事情：即便是距離遙遠，尚未遭到毛毛蟲侵襲的樹木，也同樣改變了葉子的成分。那些樹木收到了警告，而且這樣的警告不曉得怎麼傳遞到了長距離之外。他知道植物非常善於化學合成。此外，植物的部分化學物質也會飄浮在空氣中。舉例而言，大家都早就知道成熟的果實會散發出藉由空氣傳播的乙烯（ethylene），而對鄰近的其他果實產生催熟效果。商業水果產業會利用這一點，在即將銷售前才對滿倉庫的青香蕉催熟，於是這種腐爛速度相當快的水果才有可能賣到全球各地。如果說含有其他資訊（例如森林遭到攻擊）的植物化學物質也可能藉由空氣傳播，並非不合理的想像。

羅德斯在許多研討會上發表了他的假說，樹木能夠互相交談的故事因此散播開來，就像樹木流言一樣在植物學家之間口耳相傳。這，有可能是真的嗎？不過，他的同儕都不願冒險發表這麼離經叛道的東西。結果，這項發現終究被埋藏於一本鮮為人知的文集裡。羅德斯在接下來的幾年繼續履行尋常的學術職責，一面授課以及發表客座演說，一面在期刊與研討會裡遭受同僚的無情圍攻。他愈來愈把心力投注於扮演指導者的角色，發現學生與新進教授在思想上遠遠開放得多，也許是因為他們尚未遭到制度性保守傾向所蒙蔽。

羅德斯開始和理查·卡爾班通信。卡爾班在當時剛當上昆蟲學教授，深深著迷於「誘導抗性」（induced resistance）這項概念，也就是遭到昆蟲啃食的植物會改變自己的化學成分，從而降低在日後遭到啃食的機率。在卡爾班眼中，一般認為植物只能聽任環境擺布的觀點不可能是對的。他是研究蟬出身的，而蟬的產卵地點就在樹上。蟬的幼蟲孵化出來之後，會掉落在地上，然後鑽入樹根裡，在那裡待上十七年之久，吸取樹汁維生。對於樹木而言，有那麼多的養分還來不及送到上方的枝葉之前就先在根部流失，是極為懊惱的事情。卡爾班在年輕的時候閱讀了蟬的先驅研究者喬安・懷特（JoAnne White）所寫的一篇論文，她發現有些樹木能夠確知蟬卵在其枝幹裡的位置，而在那些卵的周圍長出癒傷組織[59]，在那些卵能夠孵化之前就先把它們悶死。

如同羅德斯，卡爾班也認為植物不可能全然消極被動。卡爾班邀請羅德斯到他的研究所課堂上發表演說。在那之後，他們繼續保持聯絡；羅德斯閱讀卡爾班的手稿，並且為他的補助款申請書提出建議。不過，羅德斯自己的生活卻逐漸崩解。他持續遭到指責，也難以複製自己的研究。他嘗試了兩年，有時成功，有時失敗。經過一連串的拒絕之後，羅德斯放棄了申請補助——此舉對於研究者而言等於是不再進食。最後，他終於退出科學發現的世界，在一所社區大學接下一份教導有機化學的工作，並且在美國太平洋岸開了一家汽車旅館。他在一九九〇年代診斷出癌症末期，而在二〇〇二年去世。他的研究確實方向正確，只可惜時機不對。

不過，在這一切發生的同時，潮流已慢慢開始轉向，至少對於其他人而言是如此。在羅德斯發表他那篇論文的六個月後，伊恩・鮑德溫（Ian Baldwin）與傑克・舒爾茨（Jack Schultz）這兩位達特茅斯學院的年輕研究者發表了一項非常類似的發現。在科學史的發展過程中，命運女神為什麼垂青某些人而忽略其他人，向來並非都是一件清楚明白的事情。在這個例子裡，原因很可能包括了運氣以及研究設計。

他們的研究是在實驗室的穩定環境裡進行的。對於科學研究而言，戶外是個充滿混亂的地方；實驗室的研究不但簡潔、受控，而且清楚明白。鮑德溫與舒爾茨把一對糖楓（sugar maple）幼苗擺在一個與外界隔絕的生長箱裡。那兩株幼苗處於相同的空氣當中，但彼此沒有接觸。接著，研究者把一株幼苗的葉子撕裂，然後量測另一株幼苗的反應。不到三十六個小時，未受碰觸的那株糖楓幼苗就在其葉子裡充滿了單寧[60]。換句話說，那株幼苗本身雖然沒有遭受損傷，卻還是設法把自己變得極度難以下嚥。

鮑德溫與舒爾茨提及自己不是最早發現這種現象的人，而在他們的論文裡肯定了羅德斯的成就。他們甚至在自己的論文裡使用了「溝通」一詞（羅德斯從來沒有使用這個字眼，而是選擇加以迴避）。可想而知，主流媒體立刻抓住這個用語，而在全國報紙上登出「樹木會交談」這樣的頭條。他們雖然因為使用這樣的人類語言描述植物而遭到同儕指責，但如果說他們的職業生涯得以反彈恢復，可就太過委婉了。今天，鮑德溫是最成功也最多產的植物行為研究者，他手下有一大群研究生與博士後研究員探究著菸草如何溝通、自衛，以及選擇和其他哪些菸草株交配。傑克・

59 編註：callus，植物中由薄壁細胞組成且未形成特定結構的組織，通常出現於植物的傷口處。

60 編註：tannin，一類廣泛存在於植物中的水溶性多酚類物質，以其特殊的澀味而聞名。

舒爾茨在數十年來是植物與昆蟲溝通這個領域的重大貢獻者，並且眾所周知曾經指稱割草後的氣味等於是植物以化學方式發出的尖叫。他們兩人都說自己受到羅德斯的啟發。

在羅德斯去世幾年之後，傑克．舒爾茨說他認為自己知道羅德斯為什麼一直難以順利讓那些樹木再度做出同樣的反應；現在我們已經知道，樹木除了其他許多劇烈的季節變化之外，它們產生的空氣傳播化學物質也是季節性的。羅德斯原本的研究從事於春季，後來試圖複製那項研究的時候卻是在秋季。難怪他得到的結果與當初不同，因為那些樹木處於年度循環裡的不同階段。他的方向沒錯，只是他當時不知道還有其他更多變數而已。

羅德斯讓我想到了奧古斯丁派修士暨遺傳學之父孟德爾（Gregor Mendel），他曾經試圖在毛蓮菜（hawkweeds）身上複製他那美妙的豌豆雜交實驗，但是從來沒有成功，最後在挫折與失落當中去世，以為自己投注一生的研究無法再現，而因此毫無意義。當然，實際上完全不是這麼一回事。他不知道的是，毛蓮菜具有一種奇特的癖性：它們能夠在沒有受粉的情況下隨機產生種子。換句話說，它們能夠定期複製自己，而不是藉由交配繁殖，因此攪亂了整個研究遺傳雜交的過程。大自然從來不是一個單純的平面，而總是有更多尚未被人類發現的縐摺與面向。這個世界是一個稜鏡，不是一個窗口。不論我們把目光投向什麼地方，都會發現新的折射。

差不多在羅德斯與鮑德溫以及舒爾茨忙著為自己的論文辯護之際，一名南非的野生動物管理員卻在植物學的殿堂之外，做出了一項只能說是軼事性的評估。那不是一項經過同儕審查的實驗，但我聽說那項結果被多次重複觀察——包括那名南非野生動物管理員自己也觀察到不只一次——所以值得在此一提，但當然也必須附上一切該有的警告。我對這件事情的看待態度，就是單純將其視為一則故事。

一九八五年，沃特．范霍芬（Wouter van Hoven）在他的普利托利亞大學（Pretoria University）動物系辦公室裡接到一通不尋常的電話，來電者是一名野生動物管理員。過去一個月來，在鄰近的川斯瓦區（Transvaal），有不少座野生動物牧場都出現了大彎角羚（kudu）暴斃的現象，總數超過一千頭。大彎角羚是羚羊當中一個體型特別巨大的物種，身上有優雅的條紋，頭上還有捲曲的長角，而這種暴斃情形在前一年的冬天也發生過，截至當時總數已有三千頭左右。那些暴斃的大彎角羚看來都沒有什麼問題，沒有開放性傷口，沒有罹患疾病，儘管有些大彎角羚看來有點瘦。對方問范霍芬能否盡快過來一趟，因為牧場主人都深感害怕。范霍芬是野生動物營養動物學家，專精非洲的有蹄類動物。他心想自己應該解得開這個謎團，於是答應立刻過去。

范霍芬抵達第一座牧場的時候，只見大彎角羚的屍體四散於地面上，彷彿剛發生過戰爭一樣。不過，除了惡臭之外，他注意到的第一件事情是，以那座牧場的大小而言，現場的大彎角羚數量太多了。一般而言，每一百公頃的土地不該有超過三頭大彎角羚，但那座牧場卻是每一百公頃約有十五頭。他接著走訪的另外幾座牧場也都是如此。野生動物牧場狩獵活動在當時大受歡迎，所以牧場主人為了把握商機，紛紛將土地的承載力逼到極限。

他剖開幾頭大彎角羚，發現胃裡滿是嚼碎但還沒消化的相思樹葉（acacia leaves）。他望向遠方的長頸鹿，牠們散布在莽原的一塊地區裡，啃咬著相思樹，但顯然沒有因此死亡。

過了幾個星期後，一幅圖像逐漸被拼湊出來：相思樹開始在被啃食之後，就會在葉子裡增加單寧這種苦澀化學物質的含量。范霍芬本來就知道這一點，這是一種溫和的防衛機制。一開始，單寧的含量只會微微上升，不至於帶來危險，只是味道不佳而已。這樣通常就已足夠嚇阻大彎角羚。然而，過去兩年的冬天都極為乾燥，導致草全部死光，而且牧場圍欄裡又有太多的大彎角羚，牠們沒有別的東西可以吃，也沒有別的地方可以去。他猜想牠們可能在別無選擇的情況下，只好繼續啃食味道苦澀的相思樹葉。他從一頭大彎角羚的腸道裡挖出幾團嚼過的相思樹葉，帶去實驗室化驗。

范霍芬知道，大彎角羚可以承受一片葉子裡含有百分之四左右的單寧，要是超過這個量，就有可能會產生問題。他猜那些相思樹因為持續遭到啃食，於是也持續提高葉子裡的單寧含量做為報復。不過，大彎角羚還是繼續吃。最後，那些相思樹顯然把單寧含量增加到了致命程度。范霍芬從大彎角羚胃裡取出的那些尚未消化的葉子，經過化驗之後發現單寧含量高達百分之十二。

在他看來，大自然基本上是認定「自己必須減少這些動物的數量」，他說：「然後就這麼做了。」

范霍芬記得自己在幾年前看過一篇文章講述樹木之間的化學傳訊，也許就是羅德斯或者鮑德溫與舒爾茨的論文。范霍芬懷著這個念頭，於是折斷了幾根相思樹的樹枝，然後對空氣取樣。果然，那些受損的樹木釋放出了大量的乙烯，絕對足夠飄到鄰近的樹木。他認定周圍的其他樹木因此收到警訊，而改變了自己的行為。這是一項經過協調的下毒行動。

他回頭檢視那些長頸鹿。牠們也吃相思樹葉，但為什麼沒事？「牠們吃著吃著，然後就會突然停止進食而走開，就算還有很多樹葉也是一樣。」從節約能源的觀點來看，這種行為並不合理。不過，他很快就發現牠們在十棵樹裡只挑一棵樹的葉子吃，而且從不挑下風處的樹木。他猜長頸鹿大概是學到了只能挑選那些尚未收到警告而沒有釋放單寧的樹木進食。

理查．卡爾班不喜歡這則故事，也不喜歡這則故事被轉述的方式。他投注了自己的職業生涯致力於讓不符常規的研究得以出版，但仍然信賴嚴苛的同儕審查程序是避免走上錯誤道路的必要防護機制。如果沒有這種機制，科學將會徹底喪失可信度。每個人都需要同儕的忠告，才能夠遏制人為錯誤的威脅。然而，大彎角羚的故事並沒有經過這樣的審查。其他植物學家不論抱持什麼立場，都對卡爾班極為敬重，就算他們本身不認為植物會做出有意圖的行為也是一樣。他們只要提到卡爾班，總是會使用像是「嚴謹」這樣的字眼，並且對我說我應該去看他工作的方式。

卡爾班看起來瘦高而輕盈，站姿筆直，有著一頭輕柔的白髮。在我們相約的那天，我前往他位在戴維斯加州大學生物大樓三樓的辦公室，只見他穿著一雙亮橙色的網球鞋，坐在一顆充當椅子的瑜伽球上。當時正值中午十二點整，他身後那面牆上的布穀鳥時鐘發出了鳥鳴聲。「那是個很舊的鐘，用的鳥也不對。」他說，藉此解釋鐘裡的雀鳥（finch）為什麼會發出冠藍鴉（blue jay）的叫聲。

卡爾班的辦公室是個小小的長方形空間，從一間寬敞的開放式昆蟲學實驗室裡劃分出來，可以看到裡面裝著死蝴蝶的特百惠[61]容器堆置在一張長凳上，還有兩根比我高的長桿捕蟲網倚在牆邊。我問他這個植物學家為什麼會在昆蟲實驗室裡，他聳了聳肩。「我是研究蟬出身的。」他向我提醒道，而且他目前大部分的研究也仍然是在植物與昆蟲的交會處。他過去二十年來的實地研究地點在加州猛獁湖（Mammoth Lakes）的一片山坡上，那裡有著月球表面般的絕美景觀，由深山裡的亞高山森林（subalpine forest）與山艾沙漠（sagebrush desert）構成。我們於是出發往那裡去。

猛獁湖的瓦倫坦生態研究區（Valentine ecological study area）屬於聖塔芭芭拉加州大學所有，是一片一百五十六英畝的保留區，位在一座古火山的火山口內，海拔八千英尺高。那裡沒有圍籬阻擋遊客，只有一面告示牌警告著外人闖入必受究辦。大多數人根本連這片保留區在哪裡都不會知道，其入口只有一叢參差不齊的松林，沒有林間步道，和幾乎就在隔壁的滑雪區相較之下一點都不吸引人。

不過，一穿越那叢樹木之後，眼前就隨即展開為一片上坡地。在我來到這裡的這個七月天，地面上長滿了看起來彷彿結霜的山艾（sagebrush）以及光滑的熊果樹冠（manzanita crowns）。高大的傑弗瑞松（Jeffrey pine），裹覆在形似鱗片而又帶有香草氣味的鏽橙色樹皮裡，聳立在低矮的植物上方。小鳶尾（corn lily）、淡粉色的福祿考（phlox）、白色的馴蘭花（rein orchid）、騾耳花（mule's ears）、花楸果（serviceberry），以及一簇簇橘色的半寄生火焰草（paintbrush），從滿是砂礫的乾旱地面上冒出。兩頭尚未長角但額頭上已經微微突起的小公鹿，隨著我走近而奔躍

61 編註：Tupperware，一個以其代表產品塑料食品容器知名於全球的美國家居用品品牌，於一九四八年由伊爾・特百（Earl Tupper）創立。

逃開；還有蚱蜢也是如此。在這些地面的奇景上方，高聳著內華達山脈尖峭的群峰。這時雖然已是七月，但豔陽下的峰頂仍有殘雪。

在此同時，卡爾班則是俯身在一叢山艾上方，以鑷子夾起小小的黑色甲蟲。他遞給我一把鑷子和一個紙杯狀的容器——一般用來裝冰淇淋的那種紙杯，只是蓋子上鑽了氣孔——要我開始把蟲夾進紙杯裡，以供他在未來的實驗裡重複使用。身為科學記者，我從來都不會對實地研究帶有的手工藝色彩感到厭煩。他在前一天晚上親自把這些甲蟲放在這叢植物上；而今天這些甲蟲還在不在原處，就可以讓他知道這叢植物有多麼努力驅趕這些掠食者。

不過，甲蟲也有其本身的掠食者。

「啊，一隻瓢蟲在吃一隻甲蟲。」卡爾班說，一時對於自己損失了一個資料點而感到失望。「唉，沒關係！真實人生就是這樣！」

卡爾班的研究顯示，從山艾飄散出來的化學物質甚至可以被鄰近的山菸草（wild tobacco）解讀，於是那株山菸草一旦開始遭到侵襲，就也會召喚掠食者前來捕食啃咬其葉片的毛毛蟲。他還發現，山艾對於自己的遺傳近親所發出的訊號反應比較敏銳。一株山艾如果透過空氣接收到一項化學訊號，例如一項代表附近有危險掠食者的訊號，那麼這項警告如果是由其近親發出，這株山艾就更有可能會依據警告內容做出反應。

在我造訪卡爾班之時，芬蘭演化生態學家艾諾・考斯克（Aino Kalske）、日本化學生態學家塩尻香織（Kaori Shiojiri）以及康乃爾大學化學生態學家安德烈・凱斯勒（André Kessler）剛得到一項發現：一枝黃花（goldenrod）如果生長在不太有掠食者威脅的平靜地區，那麼它們一旦遭到罕見的攻擊，就會發出只有它們的近親才能夠理解的化學警告。不過，生長在惡劣地區的一枝黃花則是會發出附近所有一枝黃花都能夠理解的化學警告，而不是僅以其近親為限。也就是說，這些一枝黃花不使用加密的耳語網絡，而是以擴音器廣播自己遭遇的威脅。這是研究者首度證實這類化學溝通不只對接收訊號的植物有益，也對發送者有益。[62]如果你是植物，那麼一旦遇到真正艱困的時機，你可不會想要在磨難結束後單獨矗立在一塊土地上。這麼一來，你將沒有可以交配的對象，也沒有夥伴幫忙引來授粉者。這是科學家最接近於證明植物溝通帶有意圖的一項研究：這些訊號就是為了要讓其他植物接收而發出的。正如我們所知，以某些標準來看，意圖就是智力行為的指標。

62 原註：在一枝黃花受到這項發現之前，對於植物溝通的一種解讀認為那根本不是溝通，而只是植物學會了偷聽鄰近的植物向其本身的不同枝條所發出的訊息，通知其身體的其他部位展開防衛行動。如同一名研究者所說的，散發揮發性的訊號不是溝通，而是一種「獨白」。不過，針對一枝黃花所寫的這篇論文推翻了那種概念。參與對話的每一方顯然都得以從中獲益。見 Martin Heil and Rosa M. Adame-Alvarez, "Short Signalling Distances Make Plant Communication a Soliloquy." *Biology Letters* 6, no. 6 (2010): 843–45。

卡爾班一再採用各種方式把動物行為研究的方法應用在植物上，而且似乎也一再奏效。卡爾班記得看過一項關於鳴禽的研究發現，而認為也許可以套用在山艾上。他試圖複製那篇芬蘭論文的實驗，以找出這個問題的答案。結果確實有效。在昆蟲威脅機率不高的情況下，山艾如果遭受昆蟲攻擊，就也會以「私密」溝通手段發出警告，對象僅限於自己的家族近親。基本上，它們採用了一種秘密管道——也就是說它們使用的化學化合物相當複雜，並且屬於它們以及它們最親近的盟友所獨有。不過，如果是整個植物社群都遭到猛烈攻擊，那麼山艾就會改採「公開」溝通管道，發送比較能夠被普遍理解的警告訊息。這點完全合乎我們長久以來對於鳴禽所知的一種現象。在少有危險掠食者出沒的平靜地區，鳥兒一旦遭遇狀況，就會以非常獨特的啼鳴聲只對自己的家族近親示警。不過，鳥兒如果面臨了廣大的危險，就會改變鳴聲，發出周遭所有鳥兒都聽得懂的警告，包括其他物種的鳥兒在內。從群體生存的角度來看，這種做法無疑相當合理；在整個區域都遭受威脅的情況下，最好是盡可能拯救愈多的同類愈好，不論那些同類和你是否屬於同一個家族。

我思考了這一點在植物界裡帶有什麼意義。現在，這種現象既然已在不只一個物種身上被發現，想來必定也會在其他物種當中收到發現，甚至可能會遍及整個植物王國。也就是說，植物可以算是擁有不同方言，而且對於自己周遭的環境具有足夠的察覺能力，而能夠知道該在什麼時候使用什麼方言。不僅如此，它們還明白知道誰是誰；誰是家族近親，誰不是。它們密切感知自己周圍的環境，也密切感知自己的天敵變動不定的狀態。它們的溝通並不粗淺，而是複雜又富有層次性，充滿多重意義。

變化的能力使得植物在若干關鍵但仍然原始的面向上更接近我們。當然，我們人生中的不同變化會引發我們不同的反應。我們評估威脅，然後據此做出適當的反應。不過，這點令我不禁思考個人之間的差異：人並非全都一模一樣，而且每個人都有自己對於威脅的反應方式。我們每一個人的勇敢或害怕、大膽或謹慎，都有程度上的極大差異。我不是說像是「害怕」這樣的人類概念可以直接套用在植物上，但有個比較保守的問題看來還是值得在此提出：個別植物是不是也有這種反應上的差異？

令我驚喜的是，卡爾班最新的實驗所探究的就正是這個問題：他想要知道植物是否具有性格。性格研究進入動物學的世界是頗為晚近的發展；過去二十年來，動物科學已開始認真看待個別動物擁有性格的概念——亦即個別動物會以前後一致而且獨特的方式回應外在世界——並且認為這種現象值得研究。

卡爾班經常與研究動物性格特徵的同僚談話，而對於該怎麼從事他自己的研究，得出了一項簡單卻又深具開創性的結論：動物與植物明顯不同，但生存在同一個世界裡。動物與植物在日常生活中面對的艱苦考驗非常相似。牠們都必須找尋食物，也都必須找尋交配對象。此外，牠們做這一切事情的時候，也必須提防其他生物的獵食。「動物如果以特定方式解決了一個問題，那麼如果有人問說，不曉得植物是不是也做了類似的事情，我想應該不算不合理。」

科學家觀察生物的特徵之時（不論是植物還是動物），通常都會觀察整個群體的平均傾向，至少在過去一百年裡，植物生物學都把一個物種當中的個別植物視為複製品。科學不重視個別特質，只觀察全體的平均性質，一個個體如果與平均相差太大，通常就會被視為異數而遭到研究捨棄。「個體的行為被視為只是雜訊而已。」卡爾班說明指出。不過，他對山艾的研究則是捨棄了平均的重要性。性格研究把個別差異視為有價值的資料，每一項差異都是行為光譜上的一個點，雜訊於是成為訊號。「這是相反的做法：把注意力集中在個體之間的差異上。」

經過長期研究山艾如何互相傳遞訊號之後，卡爾班現在對於此一訊號傳遞過程的差異已經非常敏感。他看得出這種交流不會每次都一模一樣。有時候，一株植物會發送遇險訊號，但其鄰居卻不會產生防衛化合物，另外有些時候則是產生的量比較少。卡爾班認為，這可能是因為個別植物對於風險的容忍度高低不一——而這正是性格的一項衡量標準。他說，有些植物展現出來的性格可能會像是先天的膽小鬼；它們只要稍受干擾，就會瘋狂發送訊號。這麼一來，同一家族的其他植物就會把這個膽小的近親視如放羊的小孩而不予理會，所以也就不會產生防衛化合物。

我們在山艾叢裡一面行走，一面談論著我們的人生。我得知卡爾班是個遠離家鄉的紐約人，而他小時候的家，正好就是我媽媽現在居住的那處社區大樓。生長在一九六〇年代的紐約下東區並不容易，男孩更是經常必須和別人打架以捍衛自己，否則午餐錢可能就會被人搶走。不過，那不是卡爾班的行事作風。他把自己形容為「風險趨避者」。他與自己的生長環境格格不入，至少總是覺得自己和世界有某種程度的脫節，對於這個世界對待他的意圖多少抱持些許的懷疑，堪稱是個異類。於是，他大部分的時間都待在家裡，幻想著自己身在別處，在一個比較和善的地方，遠離於城市裡那些冷酷無情的人。他一有能力之後，就立刻搬到美國的另一端，把心力投注於研究非人類生物的複雜性。他幾乎所有的研究至今仍然堅持在戶外進行，在無可預測的生態系統所構成的混亂現實當中。

當然，卡爾班的性格研究屬於植物行為研究的外緣，不過他有本錢從事這種研究。由於他是一位備受敬重的科學家，擁有四十年的科學研究資歷，因此他對植物具備性格的可能性如此深懷興趣，對於關注植物的人士而言就代表了這種思想實驗的時機已然成熟。他的研究結果如果令人信服，而且又可以被重複，那麼就有可能會帶來巨大的影響——而且影響範圍遠遠超出於植物研究者的狹小世界。我們也許可以說，人類對於環境的各種不同反應，使我們全體變得更有韌性。植物說不定也是如此。

二〇一七年，在蒙特婁任職於魁北克大學的行為生態學家夏琳・庫舒（Charline Couchoux），以電子郵件向卡爾班提出一項提議。她修讀的博士學位有一項作業，必須和自身領域以外的人士合作，而她有個在動物當中辨識個體行為差異的方法，可供卡爾班應用在植物上。庫舒投注了好幾千個小時的夏日時光，在佛蒙特州與魁北克省交界處的樹林裡觀察花栗鼠。她為自己觀察的數十隻花栗鼠各自別上一個不同顏色的耳環，但是等到觀察工作完成之時，她對牠們已經極為熟稔，只要藉由外貌與行為就能夠辨識出哪一隻是哪一隻。

花栗鼠會發出明顯不同的示警叫聲。牠們如果發現像是鷹這樣的空中掠食者，就會發出一種叫聲；如果發現陸地掠食者，則會發出另一種叫聲。她說，有些花栗鼠無時無刻叫個不停。「有些傢伙可能吃著種子，只因為有一片葉子掉在地上，就嚇得牠們大叫起來。」她說，原因是牠們以為有一隻猛禽飛了過來。那些是生性害羞的花栗鼠。「有些傢伙則是不管不顧，繼續吃自己的東西。」她控制了性別、社會地位與年齡等變數之後，發現花栗鼠的性格仍然有明顯的差異，而且這樣的差異在長期之下都維持穩定。有些花栗鼠勇於冒險，另外有些則不然。

當然，其他花栗鼠會聽到這些示警叫聲。其他花栗鼠收到這項資訊之後選擇怎麼做，似乎取決於發出叫聲者的可靠程度。「主要概念是，如果有個傢伙總是一再喊狼來了，那麼牠就不該受到信任。」她與她的同事列出一個「害羞與大膽光譜」，然後挑選了幾隻分布於這個光譜上不同位置的花栗鼠，再錄下牠們的叫聲而播放給其他花栗鼠聽。如果聽到一隻大膽花栗鼠發出的示警叫聲，牠們就會豎起耳朵仔細傾聽；但如果是聽到膽小花栗鼠的叫聲，牠們就顯得滿不在乎。

從適者生存的演化觀點來看，我們也許會認為比較害羞的花栗鼠注定完蛋。然而，庫舒發現實際上並非如此。比較膽怯的花栗鼠比較不會冒險，所以吃得比較少，每年產下的幼仔也比較少。不過，牠們的壽命通常比較長。不願冒險就表示比較不會遭到老鷹捕食。在光譜的另一端，則是非常大膽的花栗鼠。「牠們比較早生育，吃得很多，也比較敢於冒險。牠們會生下比較多的寶寶，譬如一年三隻。不過，牠們也比較容易被掠食者吃掉。

「牠們採取不同的策略，但這兩種策略都可能有利於生存，」庫舒說：「這種情形現在已經發現於許多物種當中，包括大角羊乃至魚類。」談到性格，每個個體都有適合自己的位置。

在猛瑪湖以北一百八十五英里處的另一個實地研究站，卡爾班有一塊生長了九十九株山艾的土地，而且他對每一株都瞭若指掌。他和他的研究生建立了每一株山艾的基因檔案，也知道所有個體的親緣關係。他們早已證明山艾對於遺傳近親發出的訊號會有比較靈敏的反應。現在，他們則是把採樣化學物質的技術用來研究植物性格。

為了做到這一點，他和他的研究生先破壞一株山艾，做法通常是剪下幾片葉子。接著，他們用一個塑膠袋罩住那株植物，把那株山艾終究會釋放出來的揮發性化學物質封在裡面，再以一個大型針筒抽出袋裡那些充滿了化學物質的空氣。然後，他們把這樣的空氣噴在另一株植物上，記錄那株植物的反應。下一步則是確立每一株山艾的性格檔案。完成這件工作之後，他們就可以長期追蹤一株植物的反應，以便確認其性格是否在其一生中都維持一致。卡爾班的預期如果沒錯，一株膽怯的山艾確實會長期呈現出膽怯的樣貌，那麼植物性格研究的領域就會真正誕生，連同一項明確的研究方法。

隨著植物溝通的研究持續演變，研究者於是發現新資訊似乎開始冒出於每一個角落。任職於爾灣加州大學的科學家柯琳・奈爾（Colleen Nell），近來發現在俗稱為「騾脂肪」（mule fat）的這種沙漠開花灌木（shrub）當中，其雌株會聆聽雄株與雌株發出的訊號，但雄株只會聆聽雄株發出的訊號。在其他案例裡，植物則是似乎偏好於從家族近親獲取資訊；卡爾班的一項研究發現山艾會聆聽自己的遺傳近親，但不會理會遺傳上的陌生對象。

這項新研究針對我們認知的健康植物社群，以及該如何保護它們提出了存在性的問題。就這些發現來看，單純種植植物並不足夠；溝通如果是植物的一項必要功能，那麼我們對於植物的照顧就也必須擴及保護它們互相「交談」的能力。

回家之後，我一再想著卡爾班的研究，而不禁會在看著我的室內盆栽之時感到一陣毛骨悚然：它們的發聲能力是不是遭到了壓抑？為我的公寓注入更多生氣的這些夥伴，是不是被剝奪了某些根本的植物特性？我現在已覺得很有可能是如此。首先，它們被種在花盆裡。就根部溝通而言，它們和其他植物同類的通聯無疑完全遭到了切斷——更遑論它們通常會與之往來的那套由真菌和細菌所構成的網絡。不過，它們是不是也被隔絕於化學形式的植物溝通之外？它們的野生同類幾乎可以肯定確實會透過化學物質把意義散發到空氣中，那麼它們是不是也一樣會這麼做？我在公寓裡種植的植物，幾乎全都是廣泛栽培於苗圃裡的熱帶品種。它們和自己的野生祖先已經相隔極遠。和它們的野生近親相比之下，這些植物會不會是一種遭到弱化與馴化的版本，和它們的同類生長於其中的那些叢林已經相隔許多世代，以致忘了怎麼發聲，甚至可能從來不曾聽過它們自己的語言？此外，如果暫時把世系擺在一旁，我把它們種植在花盆裡，是不是也導致它們就像籠子裡的動物那樣遭到監禁與壓抑？想到這裡實在讓人不禁背脊發涼。還是說，它們其實不像是狼，而比較像是狗兒，因為已經喪失了完全自立的情境與特徵，所以需要我的照顧？如果是這樣，我也不知道該有什麼感覺。當然，我也知道這只是我一時的胡思亂想。我也許任由自己的思緒游移得太過頭了。思考植物能動性（agency）很容易會落入這種陷阱。然而——我不禁罵自己又把事情搞得更加複雜——我們思考的主題如果是生物的能動性，那麼怎麼樣算是「太過頭」？

回到猛獁湖，這時身穿尼龍卡其服的卡爾班整個人趴在乾旱的砂礫地面上，藉此貼近昆蟲的觀點，而以這樣的姿勢數著甲蟲的數量。他整張臉埋在一株山艾裡，只有頭上那頂鬆軟的遮陽帽突出於葉叢上方。

我坐在一旁的地上，鼻子裡滿是山艾那種樟腦般的招牌氣味，聞起來有如草藥，又略帶辛辣的氣息。這是山艾許多揮發性化學物質當中的、少數幾種所混合而成的氣味，而它們就是利用這些化學物質和自己身體的不同部位溝通，也利用這些化學物質發送訊號以供其他山艾同類接收並且做出反應。卡爾班認為這可能就是它們的「多話」或者「靜默」的表現，前提是我們必須學會怎麼聆聽。

對於人類的心智，我們是以推論的方式加以研究——也就是從一個人的所作所為進行推斷——而不是藉著檢視神經機制；所以卡爾班也是以類似的方式觀察植物的行為模式。「我很喜歡運用心理學在數十年來所學到的東西以及所採用的方法，然後探究那些東西能不能應用在植物上，」他說：「有時候答案是否定的，這沒有關係。」

不過，他在心理學研究領域裡，發現了一種看來極為適合應用在植物上的方法。那種方法把行為分為兩種過程，藉此協助研究者分析行為。第一種過程是判斷，也就是對於原始資訊的知覺；第二種過程是決策，亦即個體衡量不同行動的成本效益，然後選擇其中最好的一項。他說，這個方法非常適合植物。不同植物怎麼衡量掠食者的威脅，並且採取行動對付那些敵人（例如藉著把葉子變苦，或是像菸草那樣，以化學物質召來掠食者捕食正在啃食它們的生物），有可能鮮明代表個體的性格。植物把威脅判斷為多麼嚴重，又怎麼選擇採取因應行動，有可能讓我們對於植物面對生活的方式獲得許多理解。

我們走出那個研究地點，從乾旱的平原往下走入一處陰暗的山溝，底部有一條溪流。這裡的一切都極為蔥綠。卡爾班指向一株野生卷丹（tiger lily），還有一株牛防風（cow parsnip），並發現一簇黃色的溝酸漿（yellow-beaked monkey flowers）。「它們如果認為自己已經獲得授粉，柱頭就會關起來。它們感受到的那個東西如果的確是花粉，柱頭就會保持關閉。就像是說，好，我已經得到我想要的東西了。不過，你可以用一片草葉欺騙它們。」他示範給我看，用草葉戳著一朵黃花。「它會關起來，可是過了大概半個小時以後，它就會發現，咦，不對，然後又再度打開。」

我們繼續往前走。顫楊（quaking aspen），勿忘草（forget-me-nots），赤楊（alders）。

我問卡爾班，他的研究工作如何改變了他看待植物的方式。「常有人問我，植物會不會感覺到疼痛？」他回應道。不過，這個問題其實搞錯了重點。「植物知道自己遭到啃食，它們對於這種遭遇的體驗大概和我們非常不一樣。它們對於自己周遭的環境懷有非常清楚的知覺，它們是非常敏感的生物，而且它們關注的事情和我們關注的事情非常不一樣。我如果在它們上方彎腰而投下一道影子，它們會知道。但是認為它們會比較喜歡古典音樂而不是搖滾樂，那就太荒唐了。」他說：「不過，它們對於聲音的確是敏感的。」

他陷入沉思，而停下了腳步。「我非常敬重它們，認為它們是──我不知道用意識這個字眼正不正確，但它們的確是很有知覺的生物。」他說：「這對我來說是一種新的感受，在過去十年左右以來是這樣。那些事實對我來說並不新，但是世界觀的改變是新的。」我疑惑地問道，為什麼經過了幾十年的實地研究之後才出現這樣的感覺？「我是那種想法改變得很慢的人。」他說。

一八四〇年，一位名叫李比希男爵（Justus von Liebig）的德國化學家出版了一部專著，仔細解析植物生長所需的三種主要元素，也因此解開了土壤肥力這項長久以來令人百思不得其解的謎。在短短幾十年內，那三項元素──氮、磷、鉀──就成了現代合成肥料革命的基礎，而永久改變了農耕活動。不過，我們後來已經理解到植物的健康其實遠遠複雜得多，而且長期大量使用合成肥料恐怕會對生態系統與土壤肥力造成無可消除的傷害。土壤複雜性的新層次更是在近來開始受到注意，其中涉及無數的微生物與真菌等不同物種之間的關係。

植物性格有可能是那種複雜性的又一個層次。植物對於害蟲產生反應的個體差異，在目前大體上是一種無法解釋的現象，就像土壤肥力的基礎概念也曾經是如此。理解到不是所有的植物都一模一樣——以及它們如何各自相異——有可能為研究者提供一個切入點，藉以了解植物各自不同的獨特行為，從而有可能促使我們發展出更具韌性的農業作物。

不過，要尊重那種個體性將會是一項更大的挑戰。自從十九世紀中葉以來，農業研究者就針對單作——也就是在大片土地上只種植一個遺傳品種的作物——所帶有的危險提出警告，原因是有一種微生物造成了馬鈴薯晚疫病（potato blight）這種疾病，對於當時的愛爾蘭主食作物「愛爾蘭白馬鈴薯」（Irish Lumper）特別致命。馬鈴薯收成因此遭到的重創，造成了大規模饑荒以及約一百萬人喪生。儘管如此，由於現代農業的經濟觀點把產量看得比什麼都重要，因此世界上的許多主食仍然持續種植於毫無區別的巨大田地裡。那些作物通常以其生產力做為栽種的首要條件，而且經常不惜為此犧牲其他特質，例如自我防衛的能力。因此，這類作物經常需要以大量的殺蟲劑與肥料維繫健康。我不禁納悶：像是這種單作[63]田地當中的作物，會不

63 編註：農業用語，「單作」（monoculture）就是單純的只種植一種作物，「混作」（intercropping）為沒有固定形式的混合種植，「間作」（mixed cropping）則是一條 A 一條 B 的概念。

會也都只有單獨一種性格？

就植物性格而言，這種田地如果讓比較多的遺傳品種加入，可能會出現什麼變化呢？其中的文化可能會改變，也可能會有更多的生活型態彼此相鄰。許多研究已經證實生物多樣性對於一片田地或是一個生態系統的韌性有益。不過，性格的多樣性也有可能是帶來益處的另一項因素。一片種植多樣植物的田地，也許就是因為其中含有許多不同的生活方式而得以生長茂盛。如同這些初步的研究發現所示，不論是溫順還是大膽的個體，都無法憑藉一己之力確保物種的長久生存。

4 CHAPTER 感受能力

我們只是生物臆測的結果，
坐在這裡，振動不停，
而且我們不知道自己為什麼振動。

放克瘋（Funkadelic）
〈生物臆測〉（Biological Speculation）
創作者：喬治・柯林頓（George Clinton）
一九七二年五月二十二日

電力是一股難以捉摸的力量，電力本身沒有生命，卻經常是生命存在的最佳徵象。電力是存活的代表——也可能就是存活本身。電力與我們生活中的每個面向密不可分。我們移動、思考，以及呼吸的能力，都與電力脫不了關係。電力沒有脈搏，但脈搏裡卻有電力的存在；或者，應該說電力就是我們之所以有脈搏的原因。面對這個算不上是活著，但也絕非毫無生氣的東西，我們該怎麼加以稱呼呢？理論家珍．貝內特稱之為活力，我喜歡這個說法。電力帶有其本身的活力，電力也促成我們的存在。

電力也促成植物的存在，至少在科學上看起來是如此。從特定觀點來看，植物就是一袋水——或者，說得稍微更精確一點，則是一個有如皮膚般的袋子，裡面充滿細胞，而每一顆細胞都被一種不停流動的水狀液體所注滿。（順帶一提，我們也是如此。）這樣的構造使得植物極具導電性，電脈衝在植物體內的流動速度非常快。不過，植物有沒有可能像我們一樣，利用電力對世界獲得理解以及做出反應？植物有沒有可能利用電力移動、生長，以及向相距遙遠的身體部位傳遞訊息？我們體內大部分的電脈衝都會通過大腦，再由大腦吐出成為資訊，但植物沒辦法這麼做。所以，在沒有大腦的情況下，電力怎麼可能會是傳達訊號的手段，怎麼可能從輸入當中發現意義？現在，科學家正競相想要找出這個問題的答案。有幾個人私下向我透露了他們對於這些可能性之所以存在所抱持的猜測，是一種近乎神秘主義的想法。

不然，至少也是近乎一種全新的生命概念——而這樣的概念在剛開始聽起來都會像是神秘主義，不是嗎？

摸一摸你自己臉頰上的皮膚，感受你的手指還有臉上的觸感。那個感覺是電力帶給你的，是一項繁複的連鎖反應造成的結果，由指尖與臉頰上的細胞分別發出訊號，一路傳送到大腦之後再傳送回來。在人體內，電力是這麼運作的：我們細胞的膜電位在靜止的情況下帶有些微的負電，而帶有正電的元素——包括鈉、鎂、鉀與鈣離子——則是漂浮在細胞之間的漿液裡。這些就是你的電解質，一旦被觸碰，細胞膜當中就會開啟管道讓這些離子通過，就像運河裡讓水流進或流出的閘門。

突然間，隨著離子湧入，細胞的電荷就會由負轉正，從而產生一股電流，稱為動作電位。這股突然爆發的電流會促使鄰近細胞的離子門跟著打開，造成那顆細胞也產生電流。這項連鎖反應的傳遞速度非常快，藉由手指裡（以及臉頰裡）被擾動的細胞發出的電流把資訊送到大腦，然後再傳送回來。我們體內幾乎所有的細胞都有能力產生電力。肌肉每次收縮以及放鬆，就是電刺激造成的結果；電力使得肌肉能夠做出這樣的活動。我們靜脈周圍的平滑肌也是如此，藉著收縮與放鬆的活動維持我們體內血液的流動。當然，我們的大腦更是充滿電流，在我們還來不及納悶手指觸碰臉頰的感覺是什麼模樣之前，就令我們體驗到那種感受。

不過，電力要是減弱呢？人一旦被全身麻醉，對於觸碰就不再會有反應。觸碰一名麻醉病患的身體——或者用手術刀切開其皮肉——不會像在正常狀況下那樣產生一大堆的電脈衝，原因是麻醉藥干預了我們的動作電位。同樣的，研究者把捕蠅草（Venus flytraps）全身麻醉之後（做法是把捕蠅草放進玻璃箱裡，再把乙醚灌入箱內），捕蠅草對於觸碰就不再有反應。在這種情況下，捕蠅草不論身上有多少根觸發毛被撥弄，都不會闔上；抽除乙醚十五分鐘之後，捕蠅草就再度能夠正常開闔。

俗稱「含羞草」的 Mimosa pudica 也是如此。在正常狀態下，含羞草只要稍受碰觸就會將其有如扇子般的葉子闔上，如同百葉窗一樣整整齊齊地摺疊在一起。如果繼續觸碰，含羞草的整片葉子就會從與莖的交接處下垂，看起來像是手腕關節一樣。這樣的反應有其目的：你如果是一隻毛毛蟲，那麼你啃食的葉子一旦突然下垂，你就有可能會跌落。不過，含羞草一旦陷入麻醉狀態，不論被怎麼觸碰都不會闔上葉子。

豌豆苗通常會在二十分鐘左右的時間裡擺動其觸鬚，看來彷彿是在跳舞；但只要一被乙醚麻醉，觸鬚就會內捲，搖擺的動作也會戛然而止。沒有了乙醚之後，它們就會恢復活躍，再度開始擺動觸鬚。

植物電學（plant electricity）之謎令人聯想起其他的謎，也就是人類身體之謎。我們自己充滿電力的大腦就是由極度複雜的線路構成，至今還無法測繪出其中所有的路徑。我也想到麻醉藥對我們的影響這個謎，也就是麻醉藥不曉得藉由什麼機制，而能夠如此輕鬆愉快地「關掉」我們的電路，卻又不會完全扼殺我們的生命。我們確實知道，深度麻醉似乎會改變人腦內的電脈衝流動模式，它會讓腦波減弱，造成活動降低。在麻醉的情況下，資訊的流動似乎會減緩或者停止。有些學派認為，意識的存在主要可由其相反狀態證明——也就是陷入無意識的能力。

在我們的大腦內，電力是以一波波的方式流動。在彩色腦部掃描當中，資訊看起來就像脈衝一樣，像是在兩道海岸之間湧動的波浪。這些波浪的複雜性與一致性，就是神經科醫生用來判定大腦健康與心理狀態的標準。在西雅圖的艾倫腦科學研究所（Allen Institute for Brain Science）擔任首席科學家的克里斯托夫．科赫（Christof Koch），則是又更進一步。他非常喜愛神經科學家朱利歐．托諾尼（Giulio Tononi）提出的理論，其中主張這些波浪的複雜與整合實際上為我們造就了一種一致性的現實感，也是我們察覺自身意識的一種方式。托諾尼主張意識就是產生自這種波浪模式的豐富性。科赫、托諾尼以及他們的同僚發展出了一套系統，至少在理論上能夠測量這些波浪的整合程度；整合程度愈高——意思就是說大腦每個不同區域的組織愈良好，各個區域之間的連結也愈緊密——就代表愈高度的意識。藉由這項公式，他相信所有生物都有可能具備意識。這麼一來，他認為生物之間的差別並不在於有無意識，而是在於意識的程度與強度。昆蟲擁有的意識程度比人來得低，但在一定程度上仍然具有意識。這是一種漸變的梯度[64]，關鍵就在於那些波浪。[65]

這種波浪形式在自然界裡到處可見，因為波浪是傳遞生物資訊的極佳方法。黏菌主導自身移動的方式，就是對自己的身體送出波狀脈衝，而其身體本身就是一個巨大細胞，裡面塞滿了數以千計的細胞核。黏菌的一端如果嗅到鄰近的糖與蛋白質的香氣，就會把自己的膠狀形體當中最接近那股氣味的部位軟化，促使體內的液體湧向那個方向。液體的重新平衡會造成那個巨大細胞的整個袋狀體，包括其中的眾多細胞核以及其他一切內容，產生漣漪般的波狀活動，而促使其膠狀身體朝著食物的方向前進。黏菌也可以藉著微小的收縮而脈動，透過其液態身體送出波浪，以便將訊號迅速傳遞到身體的遠端部位，從而能夠做出協同性的行為。另一方面，真菌也利用波浪整合關於周遭環境的資訊，而將其轉化為身體行動。菌絲體是真菌無所不在的地下身體，可以藉著一波波的電力而協調其本身數以百萬計的個別菌絲[66]。藉

64 編註：gradient，幾何學上相同高度之點可連成等高線，鄰等高線間，其高度相距的大小即稱之為梯度。

65 原註：安東尼．特瓦伐斯與兩名同僚寫了一篇文章，主張科赫所謂的整合資訊理論可以用來探究植物的意識。見 Pedro Mediano, Anthony Trewavas, and Paco Calvo, "Information and Integration in Plants: Towards a Quantitative Search for Plants Sentience," in "Plant Sentience: Theoretical and Empirical Issues," ed. Vicente Raja and Segundo-Ortín Miguel, special issue, *Journal of Consciousness Studies* 28, no. 1–2 (2021): 80–105。

66 編註：Mycelium，菌絲是真菌最主要的生長形式和營養體，就像是真菌的「根系」和「身體」。

由這種方式，關於濕度與食物的資訊即可傳送至菌絲體的全身各處，而菌絲體有如髮絲般的觸角則是有可能交織覆蓋廣達一公頃的森林地面。在黏菌和真菌的例子裡，資訊都在不需要有大腦的情況下被接收、理解，以及轉譯成全體一致的行動。而且，這樣的循環經常始於觸碰。

長久以來，科學家觀察到幾乎所有的植物都對任何形式的觸碰極度敏感，而且會因此改變自己的生長狀態。他們甚至有一個專門形容這種現象的術語：**向觸性形態發育**（thigmomorphogenesis）。達爾文在十九世紀末描述了植物對於觸碰的敏感度，但農民在遠遠更早之前就已經知道這種現象。在許多地區的傳統農耕做法當中，鞭打、戳刺，或者以其他方式抽打特定作物，都被認為能夠促進植物的健康生長，或是有助於預防害蟲肆虐。在一九七〇與八〇年代期間，俄亥俄州的一名植物生理學家藉著每天到溫室裡撫摸植物的莖稈，而多多少少證實了這種民俗知識。人稱「馬克」（Mark）的莫德凱．賈菲（Mordecai Jaffe），發現反覆騷擾植物能夠使它們變得更強健。他展開這項探究的方式，是持之以恆地撫摸幾種尋常品種的植物：大麥、黃瓜、菜豆、蓖麻（castor bean），以及瀉根（English mandrake）。他對一株植物如果只撫摸一次，那株植物並不會改變。不過，他要是反覆不斷撫摸，每天一次或兩次，每次十秒鐘左右，那麼植物就會出現相當大的改變。植物的反應很快：他摩挲莖稈不到三分鐘，植物原本不停伸長的活動就會減緩或甚至停止下來。而賈菲一旦停止撫摸，那株植物就會開始迅速開始伸長，甚至比尋常的生長速度更快，彷彿要彌補先前浪費掉的時間。在四季豆植物上，被撫摸過的莖會長得比較粗，而且也會變硬。這點實在讓人沒辦法不開玩笑，可是這也是一件非常嚴肅的事情：賈菲創造了「向觸性形態發育」一詞，於是植物觸摸研究的這整個新領域就此誕生。

賈菲發現年輕的南香冷杉（Fraser firs）與火炬松（loblolly pines）也是如此。這些樹木如果被碰觸，就不會繼續長高，而是開始變得粗壯以及變硬。賈菲猜測這種反應大概是「為了保護植物，使其能夠對抗強風與活躍的動物所造成的壓力」。你如果一再遭到撞擊以及彎曲，那麼長壯也許會是個好主意。在此同時，四季豆似乎還有另一項策略：變得更有彈性。賈菲決定稍微彎曲四季豆，看看會怎麼樣。結果，未受騷擾的四季豆只要稍微彎曲就會折斷，但經過賈菲撫摸的四季豆卻可拗折將近九十度而不會斷。所以，他這下就知道了觸摸一株植物會使其變得矮壯而且更有彈性——在一個充滿橫衝直撞的動物以及強風的世界裡，這些全都是避免自己送命的絕佳方法。

後來，基因組學革命讓我們得以看出，觸碰在另一個更深的層次上對於植物的影響有多大。阿拉伯芥（Arabidopsis thaliana）是芥菜科當中的一種雜草植物，也是植物生物學界裡的白老鼠，而研究者窺探其基因之後，發現觸碰在它們的荷爾蒙與基因表現當中悄悄引發了極為強烈的反應，足以大幅抑制其生長。他們以柔軟的筆刷輕觸阿拉伯芥，然後分析其遺傳反應。在觸碰之後的三十分鐘內，那株植物的基因組就有百分之十出現改變。明顯可見，那株植物為了因應自己受到的干擾而開始調整其優先次序，把長高這項艱困工作所需的能量轉移到其他地方。阿拉伯芥經過多次觸碰之後，就減少了向上生長率多達百分之三十，和賈菲在多年前發現的結果一樣。

一株植物一旦被觸碰，基本上就會啟動其免疫系統。在這方面，人類的觸碰已被證實有助於植物在未來避免真菌感染，原因是那麼一株植物的防衛機制已經被啟動。不論在什麼情況下，只要觸碰一株植物，那株植物就會注意到，而最常出現的反應就是變得極度緊張而且充滿防衛性。我們如果踩到植物或者摘下一朵花，大多數的植物看來似乎都毫不在意。不過，我們現在已經知道它們內部其實會出現激烈反應，就像受到驚嚇的豪豬（porcupine）或者公馬（stallion）一樣。植物對於我們和它們的接觸擁有明確的知覺，也會調整自己的生活以因應這樣的對待。

不過，植物怎麼可能會有這樣的感受？植物怎麼注意到自己被觸碰，又怎麼可能把那樣的感受轉譯為一項反應？答案可能與電力有關。只要觸碰一株植物，或是一隻動物，對方的反應就會呈現在電壓計上。

一位名叫賈格迪什．錢德拉．博斯（Jagadish Chandra Bose）的生物學家、物理學家、植物學家暨科幻作家，在一九〇〇年代於印度加爾各答最早嘗試針對植物體內的電力進行研究。人稱J. C.博斯的他，是無線通訊的先驅，發現了毫米電磁波（millimeter-length electromagnetic waves）——也就是最早實現了無線電的那種微波，當今則是用於遙感探測以及機場安檢掃描儀。實際上，古列爾莫．馬可尼（Guglielmo Marconi）當初製造出第一部實際可用的無線電，所使用的無線電波接收器就是由他打造而成。博斯也許是他那個世代最著名的生物學家；他受封為騎士、入選皇家學會，也是第一位取得美國專利的印度人。然而，除了南亞以外，他在當今已大致上遭到世人遺忘。

在微波方面獲得重大突破之後的幾年裡，博斯心想萬物可能都有某種電力生活，而開始針對蔬菜進行實驗。他以電探針碰觸各種蔬菜，而聲稱記錄到一種「死亡痙攣」，也就是電活動的遽增。他在劇作家蕭伯納（George Bernard Shaw）面前把一顆甘藍菜連接於電壓計，然後放進滾水裡，結果據說蕭伯納因為目睹了那顆甘藍菜的電「抽搐」而驚恐不已。必須指出的是，蕭伯納是素食者。

博斯也觀察到，含羞草在即將闔上葉子之前會產生一道電脈衝。最早在敏感植物身上記錄到「電興奮」現象的人，是英國科學家約翰．伯頓桑德森（John Burdon-Sanderson），他在一八七六年於捕蠅草身上獲得這項發現。然而，他當時只檢視了葉子的表面。博斯進行了更深層的探究，以他自己設計的微電極記錄系統檢視個別植物細胞的電反應，而且比科學家針對動物體內的單一神經元測得微電極讀數還早了幾年。他看到個別植物細胞一旦被攪擾，其內部電壓即出現改變，明顯是針對觸碰做出反應。過了幾年之後，他在一九二五年撰文提及「植物神經」，指稱其運作有如突觸。在那個時候，最早針對動物神經系統提出的解釋已開始被出版，但**神經元**（**neuron**）一詞尚未發明。

博斯認定植物必定擁有神經系統。他確信電脈衝控制了大部分的植物功能，像是生長、光合作用、移動，以及對於環境裡各種事物的反應——包括光線、溫度，以及毒素。「我在過去二十五年間從事的探究所帶來的結果，確立了一項概括性的結論，亦即植物的生理機制與動物一模一樣。」博斯寫道。

他這個說法不完全合乎事實——植物細胞與動物細胞不同，不但有細胞壁[67]，還有像葉綠體[68]這種東西；此外，植物純粹就是沒有突觸。不過，博斯稱之為一項「概括性」的結論，而我們如果真的以概括性的觀點看待這件事情，那麼他的話似乎沒錯。植物與動物的身體運作很可能是依據類似的基本原則，至少就電方面而言是如此。

我不是第一個無意間重新發現博斯那些植物實驗的人。《植物的秘密生活》投注了一整章的篇幅談論博斯，而這一章也是那本書裡後來少數禁得起檢驗的部分。在那本書出版的一九七三年，一個主修生物學的年輕學生剛取得學士學位，她的名字叫做伊莉莎白・范沃肯堡。她當時任職於北卡羅萊納州的杜克大學，擔任一間植物學實驗室的技術員，而利用休息時間閱讀了《植物的秘密生活》。其中談論博斯的那一章特別引起她的注意。不久之後，她就滿腦子都是植物電學的想法。

我第一次看到范沃肯堡這個名字的時候，她是植物神經生物學協會的會長——現在這個協會的名稱已經改為比較保守的「植物訊號與行為協會」——而且我注意到她在多年前研究過向日葵的電脈衝。我在二〇一八年打電話給她，她的語氣聽起來頗為意外。她在這時是華盛頓大學的教授，教導的主要都是醫學院預科學生，根本難以促使他們修習生態學的選修課而對植物稍有關注，更遑論促使他們對於一項探究植物體內為什麼有電流流動的早期研究感興趣。她主持一間實驗室，研究葉子的展開方式。不過，我打電話給她是為了談論植物電學——這是她多年前關注的議題，當時她還會發表這方面的論文，而且當時這種研究還能夠取得資金。

范沃肯堡對於一九七三年的記憶非常鮮明。她剛取得植物生物學的學位，而她之所以選擇生物學，原因是她其他科目的成績都比較差。她在杜克大學實驗室裡的工作根本不必動腦，因為她的職責就是不斷數算實驗植物的葉子數目，以及測量其

67 編註：cell wall，許多生物的細胞在細胞膜外面額外有的一個外層，其厚度常因組織功能不同而異，可以為細胞提供結構支撐和物理保護，同時也做為一種過濾機制。

68 編註：chloroplast，綠色植物和藻類等真核自營生物細胞中專業化亞單元的胞器，主要功能是進行光合作用。

長度與寬度。她不確定要拿自己的學位做什麼工作，但絕對不是這樣的工作。她利用休息時間閱讀了《植物的秘密生活》。

她讀到植物過著有電的生活。她的大學課堂為什麼從來沒有提到這一點？首先，博斯有過一段難堪的時期。他曾經投注一部分的職業生涯探究機器是否具有生命；他的科學儀器經過反覆使用而變得不那麼靈敏之後，他認為那是與人類神經疲勞相似的情形。這件事情讓我聯想起貝爾[69]，他發明的電話雖是現代世界數一數二重要的科技產品，但驅使他發明電話的動力卻是這項信念：他認為自己透過電話線所聽到的靜電噪音是來自亡者的訊息——而且可能是來自他已故的哥哥與弟弟。

貝爾沒有因此被逐出科學正史。愛迪生[70]也一樣沒有，儘管他擁有一些較不為人知的想法，例如相信心靈感應的真實性。他們傳記裡的這些部分，都只是單純地淡化了。當然，他們兩人是白人，而博斯則是有著深色皮膚的印度人。有一位植物學家對我說，他的成就之所以遭到世人遺忘，是直截了當的美國種族歧視所造成的結果。

一九八一年，范沃肯堡取得博士學位而在伊利諾大學擔任博士後研究員之時，開始針對植物電學進行研究。她原本是要利用玉米植物研究另一個完全不同的問題，但她的指導教授研究過動作電位[71]，而教了她怎麼測量動作電位。她切下一片玉米葉，而將其連接於一具會因為電流流過而發出嗶聲的電壓計，接著她以燈光照射那片玉米葉。那片葉子的細胞還活著，所以仍然能夠行光合作用；而光合作用本質上就是一種電程序。電壓計因此瘋狂作動，不斷發出嗶嗶聲。

「我很興奮，電是一種非常難以捉摸的東西。」她說。電力無法為肉眼所見，但只要把探針插進一株植物裡，螢幕上就會突然出現讀數。「那種感覺就像是：哇！感覺幾乎像是植物在對你說話。植物感覺起來很活躍。」

到了一九八三年，她已回到華盛頓大學，而當時在那所大學的另一棟建築裡，大衛・羅德斯剛針對大學實驗林的毛毛蟲入侵發表了他那項惡名昭彰的實驗。樹木會交談的新聞流傳了開來。[72]植物溝通？在實驗室的走廊裡，范沃肯堡與她的同事討論著這有沒有可能是真的。植物如果能夠透過空氣傳播的訊號溝通，那麼是不是也能夠藉由電脈衝這麼做？

69 編註：Alexander Graham Bell，一八四七～一九二二，蘇格蘭出身的發明家及企業家，與安東尼奧・梅烏奇（Antonio Meucci）、伊萊沙・格雷（Elisha Gray）一同被認為是電話的發明者。

70 編註：Thomas Alva Edison，一八四七～一九三一，美國著名科學家、發明家、企業家、工程師。

71 編註：action potential，指的是靜止膜電位狀態的細胞膜，受到適當刺激而產生的短暫、有特殊波形的跨膜電位搏動。

72 原註：七個月後，另一篇發表於《自然》期刊裡的論文，也在楓樹當中發現了近乎一模一樣的現象。獲得《自然》刊登是相當不得了的事情，能夠為一篇論文賦予分量。不久之後，又一篇論文發現訊息能夠傳遞於不同的植物物種之間；一株受損的山艾飄散出的化學物質，能夠促使鄰近的一株番茄植物加強防衛。

我們知道人類的身體在本質上是帶電的，但經常被遺忘的是，我們目前對於電力如何控制人類神經與肌肉的理解其實始於植物。艾倫・霍奇金（Alan Lloyd Hodgkin）、安德魯・赫胥黎（Andrew Huxley）與約翰・埃克爾斯（John Carew Eccles）這三位研究者，因為在一九五〇年代理解人類神經元的電力本質而獲得諾貝爾獎。他們的研究是基於更早之前的研究，當時科學家以輪藻（Chara algae）這種常見的池塘雜草為對象，測量了其巨大細胞當中的電脈衝。就細胞而言，輪藻的細胞非常巨大——長達十公分，直徑達一公釐——因此單純用肉眼就可以看得見。你可以直接把電極插入其中，而且輪藻細胞受到刺激的方式和人類細胞差不多。

過了很長的時間之後，科學才開始對植物提出更多關於電的問題。一九九二年，一群來自英國與紐西蘭的研究者發現，他們能夠阻擋番茄幼苗裡的化學傳訊，但這株植物只要有另一個部位受傷，就還是會累積防禦性蛋白質。他們同時也注意到，他們如果刻意傷害一株幼苗，即可偵測到一陣電活動。他們因此納悶，防衛訊號是不是能夠藉由電脈衝傳遞，而不是化學物質？

在一封發表於《自然》的信裡，這群研究者甚至指稱，那樣的電活動「與部分低等動物在防禦反應當中，用於傳遞刺激的上皮傳導系統頗為相似」。在上皮傳導當中，一項電訊號會藉由能夠讓離子流入鄰近細胞的狹小管道而從一個細胞傳遞到另一個細胞。他們寫道：「植物雖然沒有相當於動物神經的結構」，但植物組織裡的細胞卻被細小的線狀物連接，而那些線狀物帶有幾乎和動物組織「一樣的導電力」。強化防衛的訊號有沒有可能以這種方式傳遞？如果是的話，那又代表了什麼意義？

他們得到的發現，為植物的電訊號與生物化學反應之間的連結提供了第一項確切證據。差不多在同樣這個時候，范沃肯堡覺得自己已接近一項重大發現。首先，她研究了細胞的擴展方式，以及這點如何促成葉子的生長。接著，她發表論文探討細胞的外膜如何對不同波長的光線做出反應，以及這點如何改變植物的生長。她認為，發生在細胞膜當中的事情，遠比她在教科書裡學到的還多。在動物身上，細胞膜負責掌管電的流動。

到了一九九三年，在范沃肯堡開始就讀研究所的二十年後，另一名科學家終於理解到植物的細胞膜是怎麼一回事。植物學家芭芭拉．皮卡德（Barbara Pickard）自從一九七〇年代就開始探究植物體內的電力，而且她的研究不只依據自己得到的資料，也仰賴直覺，而令她的研究同僚頗感惱怒。不過，她發現了一個穿透細胞膜的管道，而且有一道小門；這個管道的用處，在於細胞一旦被機械性的擠壓，也就是受到物理觸碰的時候，即可讓電流流過——基本上就是讓鈣離子流過。皮卡德與她的團隊針對植物裡的機械敏感離子通道[73]發現了第一項確切證據，這是研究者首次得

73 編註：ion channe，一種貫穿生物膜且能通透特定離子的親水性蛋白質孔道。

到一個方法，能夠在細胞層次上觀察植物內部如何體驗觸碰這種物理力量。「我當時剛到這裡的時候，根本沒有人認為植物擁有離子通道，」范沃肯堡說：「電壓開啟的離子通道是神經的基礎。」

在植物裡造成動作電位的離子，和動物神經裡造成動作電位的離子不一樣，而且調節離子的蛋白質也不一樣。但儘管如此，范沃肯堡心想：「你不得不好奇植物是不是具有類似於神經的功能。」這兩種結構之間的相似性不可能忽略。植物如果擁有類似於神經的功能，就會開啟眾多的可能性以及新問題：植物可以說擁有感覺能力嗎？

兩年前來自英國與澳洲的研究，也同樣是環繞著這個概念，但沒有真正觸碰到。現在，離子通道的存在已被證明。這項重要發現理當是個轉捩點，能夠促使其主持者在一個算得上是全新的研究領域裡開創一項璀璨的職業生涯。但在那個時候，植物行為研究的資金又再次枯竭。一九九五年，時任總統的柯林頓（Bill Clinton）得知了美國農業部以納稅錢補助「植物壓力」的研究。他甚至在那一年的國情咨文演說當中嘲諷了這一點，暗示說他認為那種研究的重點在於植物需要心理治療，並且承諾將會削減這類浪費性支出。由於這種整體態度，在植物生理學裡試圖挑戰極限的研究者因此面臨了更多的懷疑眼光，資金也變得更難以取得。皮卡德早就因為公開談論她認為別人的研究有哪些缺陷而激怒了同僚，現在又因為拒絕遵循撰寫補助款申請書的規則而更顯得與眾不同。「大家都覺得她說得太多，」范沃肯堡指出：「可是她其實遠遠超前別人。」她不再發表研究結果，逐漸遭到那個領域排斥，並且被迫捨棄她的實驗室。她在職業生涯裡的最後十年，都是在別人的實驗室裡從事研究。

在此同時，范沃肯堡發現在遺傳學革命（genetics revolution）展開之後，她針對植物的電反應所從事的研究就再也無法取得資金。「一切都轉向了遺傳學。」她說。遺傳學引領風騷，電生理學則是備受冷落。那是非常困難而且經常捉摸不定的工作；微小的細胞膜是名副其實的敏感研究對象。資金提供者偏好在遺傳碼當中找出模式的研究工作，因為這種研究的本質清楚明白。此外，植物有可能具備那麼敏銳的反應這種概念仍然頗受抗拒。「一般人都不接受植物具備電傳訊的能力。我已經厭倦了對抗別人對於這種研究的懷疑。」不論她怎麼努力，都還是得不到資金。最後，她只好放棄申請補助，把注意力轉向別處，捨棄電力而投身於教學。在實驗室裡，她回頭研究葉子的生長方式，這是一項極為重要但比較不那麼引人注目的植物學謎題。她仍然密切關注電學領域的新發展，而成了某種中間人，有如地下走莖，把不同實驗室連接起來，並且在幕後調解它們之間的爭辯。

在三十年後的今天，植物電學已綻放成為自成一格的重要領域，背後的推力除了工具的改善之外，也是因為過去那個比較偏執的時代所殘留下來的一項淪為陳腔濫調的禁忌，在當今已經緩慢消退。科學家開始重拾J. C.博斯那個時代的一些早期電學研究，但改用了比較好的工具。科技的進展幅度極大，現在任何人只要稍微花一點錢，就可以在家中觀察植物體內的電活動。你只需要一個電極，和一個能夠顯示其輸出的儀器就行了。你如果把電極貼附在你的手腕上，就會出現一條上下震盪的線。你如果把同樣的這個電極貼附在室內盆栽的葉子上，接著以任何方式觸碰那株植物，螢幕上就會出現看起來極為相似的線條。這樣的線條代表的就是動作電位──亦即一陣陣的電脈衝。在你身上，動作電位是由心臟裡的神經元以規律間隔發出的脈衝所造成，目的在於促使心臟把血液擠壓出去；而在植物身上，則是至今還沒有人確知它們為什麼會有動作電位，或是為了什麼目的。

這種未知謎題的一個例外是捕蠅草，也就是某些最早期的植物電學實驗所使用的對象。這種植物以其闔上陷阱之時那種幾乎像是動物的表現而著名，因為它們的陷阱滿布尖牙，在闔上之前就像嘴巴一樣大大張著（實際上，捕蠅草的陷阱就是一片能夠對摺闔上的葉子）。捕蠅草除了和其他植物一樣，也擁有近乎魔法般的光合作用能力之外，還會捕食我們心目中認為的「真正的食物」，也就是像蒼蠅這樣的昆蟲。看到這種有如嘴巴的葉子瞬間闔上，是一件賞心悅目的事情，證明這種植物的肉食能力──這種植物怎麼能夠翻轉尋常的規律，而以智取的方式捕食動物？當然，這種情形隨時都以速度比較慢的方式發生著──回想先前提過的毛毛蟲，遭到反抗的葉子緩慢毒死——但我們這些哺乳類動物在時間方面都帶有單一方向的偏見：我們喜愛快速獵殺。

捕蠅草的陷阱內部有幾根如同尖刺但具有彈性的毛，昆蟲被甜甜的香氣吸引，就會為了找尋花蜜而碰觸到這些毛。研究者在二〇一六年發現，這些毛其實是能夠引發動作電位的機械感覺開關，而且捕蠅草實際上可以數算有多少動作電位受到觸發；一根毛如果被觸碰，電壓計就會記錄到一股電脈衝，於是陷阱就會瞬間闔上。為了確認，研究者以電力刺激捕蠅草，但完全不觸碰那些毛，結果陷阱照樣闔上。這是我們對於植物的觸碰感受能力所得到最明確的例子，可以讓我們確知是電力造成了那樣的反應。

在其他的所有植物裡（也包括捕蠅草的其他所有部位），仍然存在許多大謎團。植物身上一個部位發出的電訊號，怎麼在另一個完全不同的部位造成改變？而且，在沒有大腦的情況下，那樣的訊號又怎麼能夠轉譯成行動？必定有某種內部組織使得一個部位發出的電流造成另一個部位的變化。隨著感官開關與近似於神經的結構被發現，植物顯然帶有先前無法想像的複雜度。但儘管如此，科學家還是需要有個方法把這一切的發現拼湊在一起。

在威斯康辛州麥迪遜一間陰暗的顯微鏡檢查室裡，一位植物學教授已開始繪製一份地圖。賽門．吉爾羅伊（Simon Gilroy）思考植物電學已有很長一段時間。二〇一三年，他和同事豐田正嗣（Masatsugu Toyota）率先目睹了電力在植物體內的流動，令他們深感欣喜的是，他們看見植物體內的電是以波狀流動。

我第一次和賽門．吉爾羅伊見面，他身上穿著一件鮮藍色的夏威夷襯衫，布滿了綠色蔓綠絨葉的圖案，植物學家都熱愛主題圖案的襯衫。他有著一頭閃亮的中分白色長髮，垂落在他的雙肩上，長度近乎及腰。

身為英國人而且喜愛開小玩笑的吉爾羅伊，在一九八〇年代期間就讀愛丁堡大學，接受知名植物生理學家安東尼．特瓦伐斯的指導。他們兩人在數十年來都堅信植物體內的電力是以波狀模式流動，並且認為這是合理的推測，因為資訊在其他許多生物體內都是以波狀傳遞，他們只是還沒有能夠證明這一點的科技而已。

近年來，特瓦伐斯已堅決轉向利用挑釁性的語言談論植物，而因此和一群自稱為植物神經生物學家的植物學家站在同一陣線上，在他發表的論文與書籍裡闡述支持植物智力與意識的科學論點。吉爾羅伊本身則是比較謹慎，對於這兩項議題都不願談論，但他們兩人還是繼續合作。他們最近正在發展植物能動性的理論。吉爾羅伊立刻提醒我，他純粹是指**生物**能動性而言，並不是暗示具有思想與感受的意圖。我點點頭，於是他又繼續說下去。「在我們思考動物活動的時間框架裡，植物在資訊處理方面所做的事情和動物非常相似。它們會對於自己周遭的世界做出非常複雜的計算。人類如果從事那樣的資訊處理，而產生和植物一樣的輸出，將會令人嘆為觀止。」植物不論落在什麼環境裡，都會設法在其中生存下去。在他看來，這點就證明了植物的能動性。儘管如此，證據仍是經由推理得到，而不是藉由了解其運作方式。「一旦談到究竟是哪些機制使得那些計算能夠發生，我們沒辦法說，啊，是大腦裡的神經元，」吉爾羅伊表示：「問題是，資訊處理到底發生在哪裡？」吉爾羅伊的研究已開始讓我們能夠看到其發生過程，「但我們目前還不知道資訊處理的運作**方式**」。觀察與理解通常相距非常遙遠。

吉爾羅伊如果不在實驗室裡，就是在教導大學部的生物學入門課，每學期教導的學生超過九百人。他的上課內容涵蓋了所有的基本知識，但特別帶有植物優先的色彩。每當他教到大氧化事件（Great Oxygenation Event）——也就是地球歷史上的一段漫長時期，大氣在這段期間從一個充斥二氧化碳的窒息牢籠轉變為以氧氣為主的生物庇護所——都一定會明確講述一項關鍵細節：這是植物造成的傑作。植物把陸地世界變成一個宜居的處所，可讓其他生物出現，並且終究能夠在其中呼吸。如果沒有植物，我們所知的動物就根本沒有機會踏上演化進程，我們的細胞絕不可能形成。「像是粒線體[74]這樣的東西，在遠古環境裡絕對無法產生效果。」

74 編註：mitochondrion，一種細胞內的胞器，主要功能是產生能量，為細胞提供活動所需的能量（ATP）。

達爾文演化論的基本觀點是：生物會經歷各式各樣的隨機突變，直到某項突變奏效之後，生物就會把這種突變保留下來。這種觀點對於生命的形成方式，採取了頗為被動的想像。不過，植物無疑插手了其本身的演化，還有環境的演化。在吉爾羅伊眼中，這顯然就是重點所在：植物設計了周遭的世界以迎合自己的需求。我們為什麼不懂這一點？要不是因為植物，我們根本無法存在。一旦知覺到這一點，認為植物缺乏能動性的想法就會顯得荒謬不已。

如果能夠解開若干謎題，將有助於我們了解植物如何能夠那麼巧妙地處理那麼多資訊。吉爾羅伊主持一間植物科學實驗室，除了從事各種研究工作之外，也經常把植物幼苗送上國際太空站，並且訓練太空人如何照顧那些幼苗，以便他能夠研究微重力對於植物根部的影響。植物怎麼感知重力，是植物學裡一個揮之不去的謎團，沒有人能夠確知植物是怎麼做到的。不過，我們了解人類以及其他許多動物感知重力的方式：我們的內耳有互成九十度的管道，這些管道的內部長滿了觸發毛，就像捕蠅草陷阱裡的那種構造一樣。這些管道也充滿液體，其中懸浮著晶體，就像雪花球裡的亮片一樣。我們如果彎腰或者轉身，那些晶體就會被重力往下拉，而觸碰到部分的觸發毛。被晶體壓到的觸發毛會彎曲，像是被彈珠打到的軟釘一樣，從而對我們的大腦發出電訊號，藉此告訴我們哪個方向是下方。（你要是旋轉幾圈之後停下來，而覺得世界好像還在轉動，原因是那些管道裡的液體受到這樣的擾動之後還沒恢復靜止，就像雪花球受到劇烈搖晃一樣。在這種情況下，那些晶體會四處碰撞不該碰撞到的觸發毛。等到那些晶體沉澱下來之後，天旋地轉的感覺就會消失。）不過此處的關鍵在於，那些電訊號是送到我們的大腦。只有經過大腦處理之後，那樣的資訊才會轉變為我們的身體能夠理解的東西。

「這是一部美妙的機器，而且我們知道這部機器怎麼運作。」吉爾羅伊針對人類的內耳說道。植物也有一套非常類似的系統：科學家在植物的細胞裡發現了會往下掉的微粒，就像我們內耳裡的晶體一樣。[75]「可是，我們對於接下來發生的事情就不知道了。這部機器沒有觸發毛，沒有任何系統能夠讓你知道這部機器怎麼進行測量。」那些微粒向下掉落之後，沒有人知道接下來發生了什麼事。什麼東西受到了觸發？而被觸發的東西所發出的訊號又是送到哪裡去？是透過電脈衝傳遞嗎？這一切至今仍然是個黑盒子。只要沒有找到觸發器，植物感知那些掉落微粒的機制就是個謎。而在沒有大腦的情況下，我們也許會預期那樣的資訊在植物體內四處彈跳，無法抵達一個能夠理解此一資訊的決策中心。

儘管如此，植物顯然能夠處理上下方向的資訊，藉此決定該怎麼生長——植物的根通常往下長，嫩芽則是往上長。你如果把一株植物顛倒過來，它終究還是會再

75 原註：不過，植物的微粒是由澱粉構成，我們的晶體則是由鈣構成。

度朝上方生長。它們顯然偵測得到重力。此外，植物也把這項資訊整合於，它們早已從周遭環境的其他各個面向所蒐集而得的資訊當中——包括障礙物、鄰近的其他植物、光線來源的方向、土壤的溫度。可是，它們是怎麼做到的？至今為止沒有人知道。「而且不是因為沒有人努力過，」吉爾羅伊說。「這些都是非常非常聰明的研究者，採取了理當能夠解答這個問題的做法——他們的實驗都非常巧妙。可是我們從來沒有找出答案。」

這點其實就是植物智力整個問題的本質：一個沒有大腦的生物，怎麼能夠對刺激協調出一項反應？關於外界的資訊怎麼能夠受到整合、依據重要性分類，並且轉譯成對於植物本身有益的行動？植物如果沒有一個中央核心能夠解析那一切的資訊，怎麼能夠知覺周遭的世界？

幾年前，吉爾羅伊與豐田決定試著解答這個問題。豐田認為，植物如果有個與感知重力有關的電力觸發器，就像動物耳朵裡的那種構造一樣，那麼也許會伴隨著鈣的殘跡。鈣本身不是一種資訊形式，而基本上是電力留下的足跡，是一種「第二信使」。在動物身上，離子通道一旦開啟，細胞內的鈣濃度就會上升。離子通道會在電力通過的時候開啟，所以細胞裡的鈣會緊接在電力通過之後出現。

多年前就有人想出了對於植物細胞裡的鈣加以視覺化的技術，這項技術的運作方式如下：有一個物種的水母在陰暗的水裡能夠自然發光，而研究者就從這種水母身上取出負責製造綠色螢光蛋白的基因，而改造成能夠對鈣產生反應。然後，他們把這種基因植入一株植物的染色體內——也就是細胞當中負責把遺傳資訊傳遞給下一代的部位。一個基因一旦插入染色體內，就會自我複製，而出現在那個生物後代身上的每一個細胞裡。這麼一來，那株植物在未來產生的每一顆種子所生長而成的幼苗，其身上的每一個細胞就都會先天帶有發出綠光的能力。有趣的是，幾乎所有生物都能夠運用那一小段水母 DNA。「水母體內的遺傳碼普世通用，」吉爾羅伊說明指出：「你可以把那個遺傳碼放進任何一個生物體內，都一樣會產生效果。」就連人類也是一樣嗎？我想像著一個人的肌肉組織發出淡淡的綠色光芒。吉爾羅伊笑了起來。「理論上，你可以對人這麼做，可是道德上不行。」

結果，那種水母蛋白質成了觀察鈣足跡的絕佳實驗室工具。到了現在，人類改善這種綠色螢光蛋白已有一個世代之久，使得這種蛋白質能夠在啟動的時候變得更亮，而且這種改善技術在近來已發展得非常先進。另一方面，顯微鏡的可視範圍也已增大到能夠觀察一整株植物，還有一種敏感度極高的攝影機，能夠偵測到相對微弱的螢光。科技終於趕上了科學家多年來一直想要驗證的想法。「這樣的發展真是太棒了。」吉爾羅伊說。

吉爾羅伊與豐田認為螢光蛋白可能是研究重力之謎的理想方法。也許他們可以藉著觀察螢光路徑而看出訊號的去向。不過，在他們把這種做法應用於重力的大問題之前，他們認為應該先要有個對照組，以便確認這套系統確實行得通。最好是某種能夠輕易促成鈣移動的東西。「受傷絕對能夠產生鈣訊號。」吉爾羅伊對豐田說。科學家早已確認植物一旦遭到切割、啃食或者其他傷害，就會在受傷的部位立刻產生一股電流。於是，豐田在顯微鏡底下切割了幾片葉子，預期自己會在切口處看到一陣激烈的鈣移動。不到幾分鐘後，他就快步跑回了他們的辦公室。「你一定要來看，」豐田說：「我想我們接下來要研究受傷。」

一波綠光從豐田切割葉子的地方湧出，並流過整株植物。切割造成的印記向外擴散，只見那波鈣流過植物全身。其視覺呈現明白可見，極度迷人。任何人都可以了解這種現象：無論如何，整株植物都收到了那個部位受傷的通知。

「你如果是植物生物學家，就會知道植物做出反應的速度是以毫秒計算，這點完全沒有爭議。你絕對知道只要對一株植物施加刺激，那株植物的生化結構就會立刻改變。」吉爾羅伊說：「可是能夠讓不是生物學家的人看到這種情形的發生過程，是一件很了不起的事情。在這樣的提醒之下，所有人才會意識到一切生物都能夠對周遭的世界做出非常快的反應。因為生物要是不這麼做，就活不了太久。」

現在，他們已可即時看見植物對於任何類型的觸碰有多麼敏感。豐田先讓一株植物處於不受攪擾的情況下好一段時間（植物如果擺放在桌上，就算只是撞到桌子，也有可能造成一波綠色光芒流過那株植物全身），然後從實驗室拿了一根微量吸管，在其葉子上寫下「touch」（觸摸／聯絡）一詞，發光的綠色波形於是依照這個詞語的輪廓向外擴散開來。後來，吉爾羅伊把顯微鏡下這個時刻的影片當成一場簡報裡的最後一張投影片，就在他的聯絡資訊前方，所以那張投影片呈現了「保持聯絡」的字樣。

在十二月一個冰天凍地的日子裡，我抵達威斯康辛州，以便親眼目睹那種迴盪的綠光。我到吉爾羅伊的辦公室找他，這次他穿著一件亮橘色的夏威夷襯衫，上面有著衝浪板的主題圖案。這時戶外的溫度是零下二十四度。

吉爾羅伊帶我走進他的實驗室。他的團隊裡有一位名叫潔西卡・費南德茲（Jessica Fernandez）的分子生物學家，把她特別為了我這次造訪而栽種的菸草與阿拉伯芥幼苗放在一個托盤上端了過來。這兩種植物都帶有那種螢光水母蛋白質。莎拉・史旺森（Sarah Swanson）也加入了我們，她是學系的顯微鏡中心主任暨吉爾羅伊實驗室的首席顯微鏡學家，也是吉爾羅伊的太太。

費南德茲把托盤放在實驗桌上，結果一株阿拉伯芥幼苗的一片葉子碰到一個盒子的邊緣而對摺成一半。「不要刺激它們。」史旺森說。她希望把植物的反應完全保留在顯微鏡底下。她發現，最好的做法是在植物處於全然平靜的狀態下，對它們施加刺激。「沒關係，我們給它們一點時間恢復，」費南德茲說。「然後我們再來虐待它們。」史旺森接著說。

史旺森帶我們走進一個小房間，裡面有一具顯微鏡連接著一部電腦螢幕。她把燈關掉，然後費南德茲將一把鑷子放入麩胺酸（glutamate）溶液裡沾了沾再遞給我。麩胺酸是人類大腦內最重要的神經傳導物質，近來的研究發現這種物質在植物傳訊當中也扮演了角色，能夠加強訊號。「一定要夾到中脈。」費南德茲說，指著每一片小巧葉子中間那根粗粗的葉脈。我如果只夾葉子的邊緣，而沒有觸碰到那些大葉脈，雖然葉子大概會發光回應，但這樣的訊號並不會傳遞到植物的其他部位。葉脈是植物的資訊高速公路，一旦觸碰葉脈，脈衝就會以波狀流過整株植物。我第一次夾得小心翼翼，然後我們所有人在黑暗中等著螢幕上的影像改變。在那幾秒鐘裡，我可以感覺到房間內彌漫著失望的氣氛。葉子開始發光，雖然令我深感驚豔，但我看過吉爾羅伊的影片，所以知道還可以更精采。我發現自己很難懷著熱切的心情傷害這株植物。不過，費南德茲又把鑷子拿去沾了麩胺酸溶液，然後再遞給我，這一次要求我真正用力夾。我覺得自己彷彿置身於植物版本的米爾格倫電擊實驗裡。[76]由於不想讓房間裡的這群科學家失望，我這次因此用力夾了下去。

結果的差異非常大，那株植物像聖誕樹一樣亮了起來，葉脈發出明亮的光芒，有如霓虹招牌。綠光從傷口處向外擴展，如同一道生物發光漣漪流過整株植物。我目睹著這株植物體驗大量的感受，一波洶湧的感官知覺。在那道光沿著葉脈系統流動之際，那個影像令我聯想到了某個東西。葉脈的分布，看起來完全就像是人類神經的分支樣貌。史旺森歡呼起來。「讚啦，就該是這個樣子。看起來很華麗。」吉爾羅伊也高聲喝采。「把這段影片存起來。」費南德茲拍了拍手，然後把影片儲存在一個檔案夾裡。不到兩分鐘，植物身上相距遙遠的部位都已經收到了那項訊號。

他們對我說，鑷子上的麩胺酸加快了這一切的速度。如果沒有麩胺酸，綠色螢光一樣還是會出現，但添加了麩胺酸之後，電活動似乎會變得更強烈。二〇一三年，一個團隊發現，植物如果遭受傷害，就會有近似於麩胺酸的受體在植物體內四處流動，啟動與防衛有關的基因。現在，吉爾羅伊與豐田藉由他們的螢光植物，而發現添加麩胺酸會造成發光的綠色訊號以每秒一公釐左右的速度移動，對於植物而言可說是像閃電一樣快。單純的傳播，或是化合物在植物維管束組織裡的被動流動，都無法解釋如此快的速度。這種訊號是以電的速度移動。

吉爾羅伊認為每一個植物細胞裡都帶有麩胺酸，而一個細胞一旦被壓碎，例如被我的鑷子夾碎，那些麩胺酸就很有可能「洩漏出來」，而引起鄰近細胞的「驚恐」。破碎的細胞裡流出麩胺酸，在其本身和其他細胞之間形成橋梁，而可讓帶電的鈣離

76 譯註：米爾格倫電擊實驗（Milgram experiment）是美國社會心理學家史丹利・米爾格倫（Stanley Milgram）從事的一項實驗，證明人會因為服從權威而不惜傷害他人。

子直接通過。我的鑷子一夾之下，很可能造就了一場迷你的麩胺酸海嘯。

這一切都有點像是動物神經系統的運作。實際上，愛德華．法莫（Edward Farmer）對我說——他最早發現植物的電傳訊涉及一種基因，和人類大腦裡的麩胺酸突觸帶有緊密關係——他開始探究植物的電傳訊之時，所做的第一件事情就是買一本神經生物學教科書。哺乳類動物利用麩胺酸受體在其身體內迅速傳遞訊號。請想像一名美式足球員在達陣區接到隊友的傳球，那顆球就是麩胺酸，球員則是麩胺酸受體。接著，想像那個球員在接到球的同時也造成球場的燈光突然通電。麩胺酸一旦與麩胺酸受體結合，就會造成正離子流入細胞裡，增加細胞內的電荷。只要談到細胞的電傳訊，指的就是離子穿越細胞膜。一個身體裡的電力總是始於這類化學作用。舉例而言，我們的突觸是由隔著一段距離互相溝通的兩個神經細胞構成，那段距離稱為突觸間隙。在這個情境裡，其中一個神經細胞擁有充滿了麩胺酸的囊泡，而把那些麩胺酸倒入突觸間隙當中，從而觸動另一個細胞，造成突觸放電。這聽起來相當類似於，吉爾羅伊針對植物體內的麩胺酸流瀉情形所提出的猜測。

植物體內存在神經傳導物質，這點本身也會帶來引人好奇的問題。植物如果利用神經傳導物質在體內傳遞電訊號，那麼可不可以說植物擁有神經系統？我還來不及開口問人類神經和吉爾羅伊的植物體內所發生的現象是否有任何相似性，他就先想到了我會這麼問。「有些分子要素可能是一樣的，」他說：「植物體內的麩胺酸受體，看起來就像是動物體內的麩胺酸受體。」但他接著指出：「這不是神經傳導。沒有所謂的植物神經這種東西，植物沒有神經。」儘管如此，他還是承認這兩種系統本身看起來非常相似。可是我們根本不必使用神經這個字眼，他說。他偏好的形容方式是：「一種細胞管道，可供傳播植物當成資訊使用的電變化。」

吉爾羅伊也許不想稱之為神經系統，但他承認這的確是個引人注目的例子，顯示了生物結構如何會複製於不同的物種身上。「生物結構如果有什麼東西的效果很好，就會在許多不同生物身上出現看起來非常類似的東西，因為既然已經有了輪子，又何必重新發明輪子？」

植物雖然沒有神經，但兩名科學評論者仍然在一本期刊裡撰文指出，吉爾羅伊與豐田在植物身上發現了「近似於神經系統的傳訊活動」。這項議題在近來甚至流出植物科學領域之外，於是其他學科的人士也對此表達了意見。就我們所知，植物並沒有神經元或突觸；而動物當然也沒有木質部[77]或韌皮部[78]。不過，電力在植

77 編註：xylem，維管植物的運輸組織，負責將根吸收的水分及溶解於水裡面的離子往上運輸，以供其他器官組織使用，另外還具有支撐植物體的作用。

78 編註：phloem，維管束植物的輸導組織，負責將光合作用的產物葡萄糖，由進行光合作用的器官運輸到植物的其他部位，或由儲存養分的器官運輸到需要能量的器官（雙向運輸）。

物體內傳播而將訊號傳遞到植物各個部位的方式，還是促使不少科學家將其比擬為神經活動，而其中最引人入勝的一位也許是紐約大學的神經科學家羅道夫・里納斯（Rodolfo Llinás），部分原因是他的研究對象是人，而不是植物。

里納斯與瑟吉歐・米格托梅（Sergio Miguel-Tomé）這位任職於薩拉曼卡大學的同僚合寫了一篇論文，標題為〈擴大神經系統的定義，以便更加理解植物與動物的演化〉（Broadening the Definition of a Nervous System to Better Understand the Evolution of Plants and Animals），而基本上在文中提出這項主張：把神經系統界定為只有動物能夠擁有並不合理，而應該將其界定為一種生理系統，有可能以不同的形式存在於其他生物體內。從系統發生學的角度加以定義——意思就是說，把神經系統僅僅歸屬於生命之樹的一部分——乃是忽略了趨同演化這項真實存在的力量，亦即生物會各自演化出類似的系統以因應類似的挑戰。這種情形在演化裡經常發生；一個典型的例子是翅膀。飛行能力在鳥類、蝙蝠與昆蟲身上都是獨立演化而出，但結果非常相似。眼睛是另一個例子；眼睛的水晶體曾經數度獨立演化出來。

里納斯與米格托梅表示，把神經系統想像為趨同演化的另一個案例是合理的做法。自然界裡如果有各種不同的神經系統，那麼植物無疑擁有其中一種。一個東西如果走起路來像是鴨子，呱呱叫起來也像是鴨子，那麼那個東西大概就是鴨子。既然如此，何不把植物的那種構造稱為神經系統？

我理解到，直到我在吉爾羅伊那間黑暗的顯微鏡室裡目睹了那一刻之前，我一直難以把自己對於植物所得知的一切，連結於我面前的實體植物。理論與現實有時感覺相距非常遙遠，或是換個方式來說，植物的能力感覺起來令人難以置信。我無法把我能夠看見的任何東西歸功於植物的能力，那些事實就像是無線電波或者磁極一樣：我接受它們的存在，卻沒有內化它們的物質性。不過，看著綠光流過整株植物改變了這一點。突然間，那一切都變得極為具體。我看著那株植物以其本身的方式，知覺到我的觸碰。

到了這個時候，我思考植物已有幾年的時間，所以我沒能早點獲得這種理解，對於植物能力的消息廣泛傳播開來之後的命運，大概是個不太樂觀的徵象。畢竟，如果連我在投注了這麼多心力的情況下，都還得花上這麼長的時間，那麼一般大眾怎麼可能一看到這種資訊就能夠加以吸收？我意識到，部分的問題在於，那些資訊全都包裝在許許多多拐彎抹角的語言當中，竭盡全力拉開植物與我們的距離。但把植物的維管束組織稱為它的神經系統，就可以改變這種情形。我想到了泰奧弗拉斯托斯，以及他認為人類需要他們能夠理解的比喻這項洞見。他說，樹木的核心應該稱為心材。從來沒有人會看到心材而預期會在其中看到腔靜脈[79]，但這個名稱還是能

79 編註：vena cava，指兩條將來自全身的缺氧血輸回心臟的大靜脈，分別為上腔靜脈和下腔靜脈。

夠讓人想到正確的意義：這是保持樹木活命的嫩肉。此外，傳遞電訊號的管道也位於這裡。

儘管如此，在一個關鍵面向當中，植物體內的電至今仍是個謎：我們的組織與器官也全都是透過電脈衝協調，而且我們知道那些電脈衝的終點就是我們的大腦。在植物身上，則是沒有這種可見的終點。就我們對於擁有大腦的生物在感知方面的動態所具備的理解而言，植物既然沒有大腦，就表示感知所產生的電必然會漫無目標地迴盪於植物體內，頂多只會造成非常局部的反應。但實際上卻不是如此。一株植物如果有一個部位被碰觸，全身都會感受到那項刺激——我們現在已經知道這一點，並且能夠藉由吉爾羅伊的鈣波影片看見這種現象。隨著觸碰的衝擊以波狀流過整株植物的身體，植物本身就會體認到那項觸碰，並且做出適當反應。

從生物結構的觀點來看，觸碰是一件棘手的事情，就算在人類身上也是一樣。理解人體在細胞層次上如何感知觸碰，這樣的嘗試在目前仍處於青少年階段。近來出現了一些重大的躍進；二〇二一年的諾貝爾醫學獎頒給兩位研究者，原因是他們發現了感知冷熱與觸感的機械性受體。不過，我們還不清楚我們的身體如何把物理輸入轉譯為細胞資訊，而能夠滿載著意義傳送到大腦。我們知道離子通道對於人類的觸碰感知相當重要，現在又知道有些相同的離子通道對於植物感知周遭世界的方式也可能很重要。我們知道電解質對於電的傳導很重要；人類主要是利用鉀離子當做電解質，植物主要則是利用鈣離子。我們目前對這個領域的理解還不多，但伊莉莎白・哈斯維爾（Elizabeth Haswell）的研究具有闡明這一點的潛力。生物化學家出身的她，在擔任博士後研究員期間深深著迷於科學至今還不知道植物如何區分上與下的情形——那個揮之不去的重力之謎，不曉得會不會在她的有生之年得到解答。她後來在聖路易的華盛頓大學主持了一間共有七名工作人員的實驗室，致力於找出植物究竟有什麼機械性受體或是其他機制，能夠把物理輸入轉譯為細胞資訊，而滿載著意義傳送到植物全身各處。換句話說，也就是從機械角度而言能夠讓植物理解周遭世界的東西。

哈斯維爾不確定自己在植物智力辯論當中站在哪一邊。「我對這個主題難以提出強烈意見，」她說：「我不喜歡說植物有大腦。我不喜歡把動物當成植物的基礎——動植物的發展並不相同，所以我們必須以不同的方式看待它們。」可是，植物智力的問題還是有什麼東西令她念念不忘。「我休假的時候心裡想著，我一定要針對這個問題發展出我自己的觀點。可是我沒有。」

她正在最微小的層次上從事研究：個別植物細胞如何把機械壓力轉變為化學反應。儘管如此，她還是會思考宏觀的問題——那個黑盒子。「我猜植物對於部分刺激的反應，是發生在比較高的層次上，在器官或者全株植物的層次。」她說。她提及賈菲探討撫摸植物的那些論文，以及捕蠅草只有在兩根觸發毛於一定時間內被觸碰才會闔上陷阱的情形。「它們會計數，」她說。「你如果只摸植物一次，它們不會做出這種巨大的形態變化，」可是你要是反覆觸摸，那麼它們就會。「那一定是某種整合於植物全身當中的某種決策。所有的這些輸入都必須以某種方式整合，可是我完全不曉得是什麼方式。」

看著吉爾羅伊的鈣流動影片，讓我想到了腦部活動的影片，想到那些影片中的大腦部位點亮的模樣。對於大腦，我們有工具能夠看見電的即時活動狀態，而這樣的活動看來有某種頗為相似的地方。我想到哈斯維爾、特瓦伐斯，以及其他許許多多像他們一樣的人，似乎都這麼問著自己：如果重點是整株植物呢？如果我們根本搞錯了重點呢？植物當然沒有大腦——但如果整株植物本身就像是個大腦呢？我甩不掉這個念頭。這個想法很簡單，但看來似乎符合觀察結果。另一方面，這個想法看起來也有可能非常可笑。

令我意外的是，我有一天竟然忍不住向范沃肯堡本身提出這個問題，當時我們身在西雅圖的華盛頓大學校園裡，一同坐在高大老樹的遮蔭下。這時在華盛頓大學擔任學院院長的她，正和我談論著動作電位、動作電位會流向哪裡，以及整株植物為什麼能夠對於只發生在植物身上一個部位的事情做出反應。「整株植物有可能像是個大腦嗎？」我問。她微微一笑。我們已經交談了將近三個小時，這時她還剩下十五分鐘。我把這個問題留到最後一刻才問，以防她對這個問題深覺反感，而立刻終結我們的談話。現在，我終於問出了這個問題，看著她臉上的微笑，而不禁覺得自己說了蠢話。

接著，她微微傾身向我，並且把嗓音壓低至耳語的程度。「我覺得妳的想法沒錯，」她說：「我只是不談這個問題而已。」

5 CHAPTER 貼地聆聽

在古巴東南部雨林的夜裡，一隻長舌蝠（long tongued bat）飛行於樹木之間，在一片漆黑當中高速穿梭於濃密的枝葉當中。牠全身都是輕薄的翅膜和具有隱身效果的絨毛，體重還不到三分之一盎司，堪稱是一架紙飛機。這隻蝙蝠發出音波，然後以牠那雙大得不成比例而且有如豺狼般的耳朵聆聽反射的回音。一連串的噠噠聲幻化出物體與空間的位置，於是這隻體型嬌小的哺乳類動物把翅膀斜向一側，俐落地從一團藤蔓之間劃過。

突然之間，一道回音清晰明白地傳來——並且以相同的方式一再傳來，儘管那隻蝙蝠的發聲角度，隨著其不斷繞圈以及愈飛愈近而一再改變。那道聲音清晰得令人難以抗拒，是夜裡的一股誘惑，一盞明燈。那隻蝙蝠在這裡發現一條藤蔓上懸掛著一圈華美的酒紅色花朵，其滿是花粉的花面垂向下方，朝著底下裝滿花蜜的囊袋。那隻蝙蝠伸出長長的舌頭，把臉埋入花朵與囊袋之間。牠開始舔吸花蜜，身體就這麼懸浮在半空中，而背部則是在舔吸過程中沾上一簇花粉。那圈花朵上方有一串油亮的葉子，其長形凹面的造型相當引人注目，有如直立的獨木舟。那種深拱形的凹面，能夠讓來自許多不同角度的聲音都產生同樣清楚的回音。對於飛行於森林裡的蝙蝠而言，在周遭複雜混亂的回音當中，一道響亮穩定而又來自同一個地點的回音自然會顯得特別突出。對於一種散布在茂密的林木之間，而必須依賴蝙蝠授粉的稀有藤本植物而言，顯得突出則是至關重要。

這種深紅色的聲納反射植物稱為夜蜜囊花（Marcgravia evenia），是科學家發現的第二種在聲學方面專為蝙蝠量身訂做的藤本植物；第一種是生長在中美洲各地雨林邊緣的一種開花藤本植物，稱為血藤（Mucuna holtonii）。血藤會生長出許多小花，並以爆炸性的方式釋放花粉。為了吸取花蜜，蝙蝠必須降落在一朵花上，而把嘴喙塞進兩片翼狀花瓣之間的一個狹小開口。這種硬塞的動作所產生的壓力，會造成裡面另一對合瓣的花瓣爆開。那對合瓣花瓣叫做龍骨瓣（keel），其內部緊緊壓著一根充滿花粉的雄蕊。蝙蝠一旦造成龍骨瓣爆開，那根雄蕊就會把大部分的花粉彈射到蝙蝠的臀部上。

科學家觀察到蝙蝠總是只會降落在龍骨瓣尚未爆開的花朵上，而會避開花粉已經噴灑完畢的花朵。在花朵如此之多的情況下，那些蝙蝠怎麼找得到正確的花朵？還沒爆開的花朵側邊有個小小的凹面附屬物，像是一片能夠開闔的額外花瓣；研究者發現，這片附屬物對於蝙蝠的聲納構成了一面完美的鏡子。他們寫道，這片附屬物對於來自多個角度的聲音，都能夠反射出「振幅高得驚人」的回音，就像夜蜜囊花的葉子所產生的回音一樣。一朵花一旦把花粉噴灑在一隻蝙蝠的屁股上之後，那面鏡子就會垂下，自行退出聲音場域。如此一來，蝙蝠就再也找不到那朵花，而會被引導到還高舉著鏡子的花朵。

植物具有和聲音特別緊密的關係。植物周遭的環境裡充滿了聲音，因此它們在如此龐大又多樣的感官世界裡扮演積極角色自然是合理的事情，尤其是植物必須吸引以及驅逐的生物又有那麼多都會發出自己特有的聲音。為了與這個充滿頻率和振動的世界互動，植物於是改變了自己的身體。若說它們長出了耳朵，並不算是誇大其詞。

二〇一一年，密蘇里州的兩名研究者做了一件瘋狂的事情：他們把吉他拾音器貼附在一株植物上，而證明了植物具有聽覺。

如同許多好點子，這個構想也是意外得來。動物溝通專家雷克斯．考克羅夫特（Rex Cocroft）當時正在研究角蟬（treehoppers）。這種昆蟲的外表極為奇特，擁有色彩斑斕的外骨骼，而且有些物種的頭部還有一支高得誇張的角，像是一匹特別喜歡直角的獨角獸。考克羅夫特觀察發現，角蟬會刻意以極快的速度抖動腹部，透過腳把振波傳到牠們站立於其上的樹枝或者灌木叢。這些振波會透過植物傳遞，而被其他角蟬感受到。角蟬的腳敏感度極高，而能夠發揮有如留聲機唱針的功能。考克羅夫特發現，這是角蟬發布訊息的方式，藉此表達：「嗨，我在這裡。」這種昆蟲基本上是把植物當成鐵罐電話使用。這是很有趣的研究，但後來有一天，考克羅夫特錄下的這些振動卻都遭到另一股噪音干擾。那股噪音相當刺耳，又帶有韻律性，而且不是角蟬發出的聲音。「那是一大堆毛毛蟲嚼食的聲音。」在俄亥俄州的托雷多大學擔任高級研究科學家，並且與考克羅夫特合作的海蒂・艾佩爾（Heidi Appel）表示。她突然想到了一項誘人的可能性。

毛毛蟲是昆蟲界的電動開罐器。「實際上，我喜歡那種聲音。」艾佩爾在我提出這項比喻的時候說道。毛毛蟲的嚼食聲音如果放大到人耳聽得見的音量，聽起來就像是山羊的大顆牙齒咀嚼著乾草，或是把一堆彈珠握在手中摩擦的聲音。我猜這種聲音聽起來可以讓人感到一種奇特的療癒感，就像卡通人物嚼著胡蘿蔔的聲音一樣。不過，如果沒有經過放大，這種聲音其實細微至極；毛毛蟲的嚼食所造成的振動，在葉子上只會傳遞千分之幾十英寸的距離而已。

艾佩爾在托雷多大學的一場研討會上的咖啡點心時間，結識了考克羅夫特。他們兩人以自己研究的系統自我介紹——這是自然科學家典型的社交行為。「我研究植物怎麼能夠知道自己遭到傷害，以及它們能夠做出什麼反應。」艾佩爾記得自己當時這麼說。

「我研究動物怎麼透過植物的振動而互相溝通。」考克羅夫特說。他談及自己的研究在幾天前遇到的問題。「我的錄音行不通，原因是有一隻毛毛蟲在吃葉子。」他說。

他們的談話停頓了下來，兩人互看著對方。

「你該不會認為是那株植物在**利用**那些聲音吧？」艾佩爾說。

「那是個靈光乍現的時刻。」她回憶道。他們共同設計了一連串的實驗，背後的推論是：植物一生中無時無刻都會遭到毛毛蟲啃食；這種啃食活動會發出一種非常獨特的聲音；而且聲音振動透過植物身體傳遞的速度，幾乎比植物所能夠接收的其他任何訊號都還要快；所以，能夠察覺聲音難道不是對植物有益的事情嗎？

不過，他們這項研究已然踏入了棘手的領域。自從《植物的秘密生活》出版以來雖然已過了四十年左右，但那本書投下的陰影仍然籠罩著植物學。探究植物是否有可能演化出聽覺能力——或者至少是能夠解讀我們視為聲音的那種振動——必定會引人側目。就連艾佩爾的丈夫，同樣身為植物科學家的傑克．舒爾茨，也對這種想法不以為然。舒爾茨是最早主張樹木能夠透過空氣傳播化學物質從事溝通的其中一人，而這種論點在一九八〇年代也曾經備受植物科學家質疑。過了許多年的時間，至少要到二〇〇〇年代中期，化學溝通才終於不再被視為荒唐可笑，而是科學事實。「他看著我說：『妳頭殼壞掉了，妳瘋了。』」艾佩爾回憶道。「那是科學固有的懷疑態度。」她寬容地說。那是九月初一個暖和的日子，她站在自己位於俄亥俄州托雷多附近的住宅外面，看著一棵樹。舒爾茨在屋裡處理著他們兩人合寫的最新一篇論文，他們在學術工作上合作已有三十年之久。

艾佩爾對於席捲了他們這個領域的植物智力辯論並不熱衷，她寧可把那項辯論擺在哲學的角落，而希望科學家從事務實的科學研究。科學家使用的字眼很重要，因為他們研究的東西很複雜；使用思考或者溝通這類含糊不清的字眼，只會造成混淆。「發現自己不知道的事情有多麼多，讓我不得不感到謙卑。不過，若是談到該怎麼界定事物，我不認為這點是可以妥協的。」儘管如此，她還是堅定認為植物能夠察覺聲音。

「老天。」她驚呼一聲，回頭望向那棵樹。一個灰白色的巨大紙胡蜂（paper wasp）窩懸掛在一根樹枝上。她站著對那個蜂窩欣賞了一會兒，然後不斷漫步於她的院子裡，那是一片三英畝的氾濫平原，生長著雄偉的橡木林，其中有一條狐狸小徑。她走到一個小小的糖水餵食器，這是她為了蜂鳥而懸掛在這裡的。糖水已經一滴不剩。蜂鳥的吸食速度應該沒有這麼快，但如果是一群胡蜂就合理了。「啊，」她說：「我創造了讓胡蜂在這裡築巢的條件。」

植物與昆蟲整天都不停互動，在它們雙方生命週期裡的每個階段都是如此。其中的昆蟲如果會吸食花蜜或者啃食葉子——也就是絕大多數的昆蟲——那麼這種互動可能就是它們雙方生命中最重要的關係。在地球上的多細胞生物當中，植物與昆蟲共同占了大約一半；如果說植物與昆蟲的關係是地球上最重要的關係之一，絕對不算誇大。考克羅夫特與艾佩爾決定測試植物的聽力之時，他們面對的是紋白蝶（cabbage white）幼蟲，這種胖嘟嘟的草綠色毛毛蟲能夠以相當快的速度吃掉一片葉子。紋白蝶幼蟲啃食植物的方法如下：牠會把自己身體兩側短短的腳黏附在葉子邊緣的兩面，抬起頭來，然後朝著自己身體的方向往下啃食。接著，牠會從後方到前方把自己的每一隻腳依序抬起再黏附於葉子上，往前挪動一小步，然後再抬起頭來往下啃食。經過反覆幾次這樣的動作之後，牠就會把葉子啃出一道新月形的缺口。你只要看到任何一片葉子的邊緣出現像是剪紙雪花一般的新月形缺口，就表示剛剛有一隻毛毛蟲在這裡用餐，現在已經暫時吃飽了。

避免這種帶來不便的啃咬，絕對合乎植物的利益——那麼多有用的葉綠體，那一大堆光合作用的潛力，就這麼被一隻黏糊糊的昆蟲吞進肚裡。對於植物而言的一個好消息，是它們已經建立了許多巧妙的方法，能夠在毛毛蟲進食的過程中遏止牠們繼續進食，或者至少避免其他毛毛蟲加入進食行列。我們先前已經看過，有些植物會釋出苦澀的單寧，使其本身的葉子變得難以下嚥。另外有些植物會製造自己的驅蟲劑，而其中許多都是最受人類喜愛的植物部位——包括牛至（oregano）所富含的牛至油，以及辣根裡辛辣的香料。有時候，植物也會採取比較陰險的做法。一個可怕的例子是不起眼的番茄：番茄植物會在自己的葉子裡注入一種東西，造成毛毛蟲停止啃食，而把目光轉向其他毛毛蟲。不久之後，葉子就不再重要了。毛毛蟲紛紛開始互相吞食。

不過，如同我們在吉爾羅伊的實驗室裡看到的情形，一片葉子遭到啃咬之後產生的反應，並不限於那片葉子本身；只要一片葉子遭到啃咬，就會在整株植物引發大量的荷爾蒙變化，也就是說植物的不同部位有辦法能夠互相溝通。電似乎是一種解釋，但即便是電在植物體內的流動速率——每秒零點零五公尺——也比科學家觀察到的部分反應還要慢。這種威脅有可能被溝通的一種方式，看來是透過我們感知為聲音的振動。聲音振動的傳遞速度極快。在堅硬的木本植物當中，聲音振動的傳遞速率達每秒數千公分。此一速率會隨著植物的柔軟度而下降，但在所有的案例當中還是非常快。植物可以說是能夠聽到侵略者的聲音嗎？

為了找出這個問題的答案，艾佩爾與考克羅夫特決定用紋白蝶幼蟲的聲音測試阿拉伯芥，因為紋白蝶幼蟲必定會吃這種植物。為了這項實驗，他們決定使用吉他的壓電感應拾音器，而把頻率調整到與紋白蝶幼蟲的嚼食聲音相同。至於對照組，他們把壓電感應拾音器貼附在另一批阿拉伯芥上，但不發出聲音。

在他們的第一項實驗裡，他們播放了毛毛蟲的嚼食聲，把細微的振動傳遞到葉子上。可是，要怎麼測試植物有沒有做出反應？「遭到攻擊的植物有可能立刻回應，也可能注意到當下發生的事情，而做好在後續以更快速度反應的準備。」艾佩爾說。於是，他們取下吉他拾音器，而改用真實的毛毛蟲測試。接著，他們必須把葉子送到實驗室等待分析結果，以確認那些植物是否真的產生了防禦性化合物。

「真的嗎？」艾佩爾看見結果之後，對著一個空蕩蕩的房間這麼說道。她走到實驗室，拜託技術員再次確認數據。技術員又把結果送了回來，還是一樣超乎想像。跡象明白可見，那些植物能夠聽見毛毛蟲的聲音。她打電話給考克羅夫特。「你絕對不會相信這個結果。」他們於是聚在一起，想要找出他們有可能犯了什麼錯。

「說不定植物對於任何東西都會做出回應，而不只是特別針對昆蟲。」她猜測道。他們以許多不同的控制條件重複這項實驗。他們使用一個小風扇模擬微風；也許這是造成植物加強防禦的原因？他們播放葉蟬的求偶聲；這種聲音與毛毛蟲的嚼食聲具有完全一樣的振幅，可是節奏模式不同。阿拉伯芥沒有任何回應。畢竟，葉蟬不會吃阿拉伯芥。

這一切的實驗都使得那項結果更加清楚明白：植物確實專門只對自己的掠食者所發出的嚼食聲做出回應。「這點當然令我們忍不住嘴角上揚。」艾佩爾說：「在科學裡，對於事物的理解主要都是漸進增加，而我們大多數人都是花上整個職業生涯……就這麼說吧，實驗失敗是很常見的事情。而實驗一旦成功，其中對於世界的運作方式所揭露的內容，也是一次只揭露一點點。那就像是一道牆壁的磚塊一樣，是慢慢累積起來的。」可是這項發現不是只有一點點而已，而是證明了植物真的聽得見聲音，只不過是以它們那種沒有耳朵的聆聽方式。對於植物而言，聲音就是純粹的振動。它們一旦察覺到一項和自己以往遭受傷害的經驗有關的振動，就會採取行動——例如毛毛蟲的嘴巴啃食葉肉所發出的振動。

一旦確認了植物能夠認得毛毛蟲的嚼食聲，其他考量就會隨之出現。這個世界充滿了聲音，植物還可能聽得到什麼？

就在我寫下這段文字的同時，研究者正忙著開創一個有些人稱之為「植物聲學」（phytoacoustics）的領域。我們一旦試著採取植物的觀點，植物具有聽力的情形就顯得更加可信。聽力是一種極為有用的感官，尤其是你如果扎根在一個地方無法移動。你如果不能逃離或者找尋，至少不能以非常快的速度這麼做，那麼就會需要盡可能多的預警。在更基本的層次上，聽力是生命不可或缺的一種感官，不但極為古老，而且無所不在。植物可以藉著利用聲音資訊而獲得許多效益。一個生物的外在如果發生了可能有益於其生存的事情，那個生物可能就會發展出能夠察覺那件事情的方法。演化總是找尋著對自己有益的事物，所以必然會賦予生物利用自身知覺以促進生存的方式。

只要科學家能夠找到適當的應用方式，這一點對於農業即有可能非常有用。畢竟，在艾佩爾的研究裡，一項聲音提示就能夠促使植物自行產生殺蟲劑。如果單純藉著向植物播放聲音，就能夠促使它們產生殺蟲劑，那麼即有可能減少或者徹底消除合成殺蟲劑在農田裡的使用，在某些案例當中也能夠促進作物產生種植該作物所希望取得的化合物。以芥菜為例，這種植物本身的殺蟲劑就是人類種植這種作物的目標所在——芥子油（mustard oil）。藉著播放適當的聲音而造成一叢薰衣草提高警覺，將會促使它們製造更多的防禦性化合物，而這種化合物也正是薰衣草精油之所以受人珍視的原因所在。

全球各地的研究者都做過實驗，想要看看對植物播放特定音頻是否能夠引發特定行為。他們除了播放不同的頻率，也試驗不同的播放時間長度。音頻的研究在當前仍然頗為零散。一項研究發現，在連續十天的期間裡，每天對阿拉伯芥播放三個小時的一系列音頻，可以增進阿拉伯芥抗拒一種真菌感染的能力。另一項研究發現，對稻米播放一個小時的特定音頻，能夠增進稻米在乾旱情況下生存的能力。此外，研究者以不同音頻對苜蓿芽播放兩個小時之後，發現苜蓿芽的維他命C含量出現增加，也就是說其營養價值提高了。他們後來又針對青花菜芽與蘿蔔嬰（radish sprouts）重複了這項實驗，結果發現其類黃酮[80]含量也出現增加。我們可以想像這樣的未來：農夫不再以小型飛機灑農藥，而是在農田裡設置音響。

艾佩爾的研究在某方面也屬於這類實驗，但與其對植物播放隨機音頻，她比較感興趣的是植物在自然界裡實際上會遇到的聲音。她認為，植物對於伴隨著自己演化的那些聲音比較有可能會做出值得注意的反應。科學家把這種情形稱為「生態相關性」（ecological relevance）。掠食者發出的聲音絕對具有生態相關性。播放會啃食阿拉伯芥的毛毛蟲所發出的聲音，如果能夠促使阿拉伯芥的免疫系統提高警戒，那麼就沒有理由認為，其他與植物互相匹配的掠食者和授粉者不會如此。舉例而言，有些花會受到振動授粉；如果對這類花朵播放蜜蜂的嗡嗡聲，就能夠引誘它們釋放出花粉。喜歡吃植物果實的動物，通常也相當吵雜——例如鸚鵡——所以植物是不是也有可能注意那些動物的聲音，而藉此調整果實成熟的時間？或是注意打雷的聲音，而準備接收雨水？這樣的情形看來相當合理；沙漠植物一定需要做好準備以盡可能吸收最多的水，而花裡有花粉的植物也最好能夠在暴雨來襲之前闔上花瓣，以防花粉被雨水沖走。植物聲學想要找出這個問題的答案。

下一個合乎邏輯的問題，則是植物怎麼可能具備聽力。植物也許沒有傳統意義上的耳朵，但耳朵有各種不同的形式。二〇一七年，中國與美國的研究者所從事的一項合作研究發現，阿拉伯芥葉子上的細毛具有聲音天線的功能，能夠感知外來的聲音，而發出相同頻率的振動。其他許多植物的葉子上也有類似的細毛結構，但這種稱為「毛茸」（trichomes）的結構在其他物種身上是否也具有天線功能，則是還需要更多的研究。研究者已經發現毛茸可讓植物感知蛾與毛毛蟲的腳步，從而做出防衛反應；毛茸顯然是極度敏感的器官。這點不禁讓人聯想起動物的內耳，其中也

80 編註：flavonoids，又稱黃酮類化合物，一種天然存在於植物中的化學物質，屬於「多酚類」化合物，廣泛存在於水果、蔬菜、茶、葡萄酒、種子和植物根部中，是賦予植物鮮豔顏色的天然色素。

布滿了特化的毛細胞，會隨著聲波而振動，並且把那些振動轉變為電訊號，而透過神經送往大腦。這又是另一個例子，顯示演化一旦發現了一個好主意，很可能就會出現在各種不同的生物身上。

目前新出現的研究，顯示聲音對植物的生命而言可能極為重要，甚至會影響植物的形狀。二〇一九年，特拉維夫大學的研究者發現，在海濱月見草（beach evening primrose）這種貼近地面生長的檸檬黃色茶杯狀花朵當中，只要暴露於蜜蜂飛行聲的錄音之下三分鐘，就會提高其花蜜的甜度。不過，只要是蜜蜂翅膀振動頻率以外的聲音，這種植物就完全不會加以理會。這個由演化生物學家萊拉柯．哈達尼（Lilach Hadany）領導的團隊推論認為，花蜜的甜度一旦提高——其中的糖含量比沒有暴露於蜜蜂聲音的花朵來得高——就更能夠吸引授粉者，從而增加交叉授粉的機會。

據我們所知，一個授粉者只要造訪了一株植物，多種授粉者就會在幾分鐘後聚集於這株植物周圍。在這樣的情況下，那株植物會預期蜜蜂前來顯然是合理的現象。不過，茶杯狀的花朵真的有可能是個衛星天線，聆聽著授粉者的聲音嗎？哈達尼與共同作者瑪琳．維茨（Marine Veits）——維茨在當時是哈達尼實驗室裡的研究生——又再度播放了蜜蜂錄音，但這次以運動追蹤雷射對準海濱月見草，而發現花朵的振動與蜜蜂錄音的波長相同。花朵扮演了放大器的角色，其形體就像是一種諧振揚聲器。接著，研究團隊拔掉幾片花瓣，破壞了花朵的完美碗狀形體，然後又試驗了一次；這一次，花朵無法與蜜蜂的頻率產生諧振[81]。在這個案例當中，花朵絕對是植物身上負責「聆聽」的部位——而且這點顯示這種植物的花朵之所以形成碗狀，就與衛星天線採取凹面造型的原因一樣。「我們發現了一個可能的聽覺器官，就是花朵本身。」她說。她現在只要看到花朵，就會覺得那些花朵都是耳朵。

植物的根似乎也對聲音同樣敏感。你的身體如果有一半都在地下，為什麼要只在地面上才有耳朵呢？地底下也有很多需要聆聽的聲音。只要問問鼴鼠就知道了。或者，如果你是莫妮卡．加利亞諾（Monica Gagliano），那麼你也許會比較想問豌豆。

在西澳大學，加利亞諾的實驗室裡所種植的豌豆苗看起來像是穿著巨大的塑膠長褲。每一根嫩苗都包覆在一個聚氯乙烯[82]管子裡，而從管子上方探出其蜷曲的頂部。每個管子的底部都分岔成為兩條腿，看來像是個顛倒的Y字形。加利亞諾正在測試豌豆的聆聽能力，更精確來說是它們能否聽見水的流動。聚氯乙烯長褲實際上是Y迷宮，也就是用於針對白老鼠的學習與行為進行測試的那種概念結構。此處的Y迷宮，意在測試豌豆苗的根會決定朝哪個方向生長。在每個褲管的底部，加利亞

81 編註：resonate，在物理學和工程學中，諧振意指一個系統在特定頻率下，對外界微小的週期性驅動產生巨大反應的現象，這個「特定頻率」就是該系統的固有頻率或自然頻率。

82 編註：Polyvinyl Chloride，簡稱PVC，由氯乙烯單體聚合而成，是世界上產量第三大的塑膠材料。

諾都放置了一個不同的托盤，經過幾天的生長之後，豌豆苗的根就會伸展到管子的分岔處，而必須做出決定——就像老鼠在迷宮裡決定該朝哪個方向轉彎一樣。在第一組實驗裡，其中一個托盤裝有幾茶匙的水，另一個托盤則是空無一物。有一項受到充分觀察的事實是，植物根部能夠偵測到土壤的「濕度梯度」，從而找到鄰近的水。一如預期，幾乎每一根豌豆苗的根都朝向裝有水的托盤生長。

接著，加利亞諾又重做了這項實驗，但這次不是直接把水裝在托盤裡，而是把水打入其中一條Y形腿下方的一根密封塑膠水管裡，而另一條腿下方則仍然放著空托盤。一個水族馬達不斷把水打入水管裡。這一次，豌豆苗已無法偵測濕度，只有流水聲能夠提示哪裡有水。不過，幾乎每一根豌豆苗還是一樣朝著流水聲的方向生長。接下來，豌豆苗的選擇改成是一個裝了水的托盤和裡面有水流動的密封水管。在這次的實驗裡，它們選擇裝了水的托盤，顯示在實際上的濕度與水聲之間，它們比較重視前者，因為前者保證一定有水。加利亞諾認為，豌豆苗似乎能夠分析各種感官提示，依據自身的健康考量而對輸入資訊的重要程度加以排序。不過，此處更迫切的一項事實是，植物能夠聽見真實的流水聲，並且朝向聲音來源生長。

這點大概不會令水電工感到意外，因為水電工早已習慣了樹根戳破密封水管這種令人懊惱的現象。城市每年都必須花費好幾百萬的經費維修遭到「樹根侵入」所破壞的輸水管線。舉例而言，德國據估每年花費三千七百萬歐元維修遭到樹根戳破的水管。美國林務署指出，污水管線堵塞有超過半數都是樹根侵入造成的結果。

加利亞諾敦促其他研究者，廣泛思考植物還可能聽得到其他哪些聲音。植物如果能夠聽到動物的聲音，那麼它們是否也可以聽到彼此的聲音？長久以來，我們都知道水分在植物體內向上輸送之時，會造成莖裡的氣泡破掉，而發出極度細微的啵啵聲。這種情形稱為空蝕現象，而植物面對乾旱壓力的時候，這種「空蝕嗶啵聲」（cavitation clicks）似乎會增加。這點說來有其道理，因為水分一旦減少，莖裡可能就會有更多的氣泡。加利亞諾猜想那些嗶啵聲會不會其實是刻意的發聲，而不只是氣泡意外破裂的聲音。

主持月見草研究的哈達尼在二〇二三年得到一項發現，而為空蝕嗶啵聲理論提供了第一件確切證據。她與研究蝙蝠聲音的尤西．尤維爾（Yossi Yovel）以麥克風收錄了小麥、玉米、葡萄藤與仙人掌的超音波嗶啵聲。我聆聽了這些錄音——經過加速並且放大至人耳聽得見的程度——聽起來像是爆玉米花的爆裂聲，或是快速打字的聲音。

每個物種的植物似乎都有自己特殊的嗶啵頻率，例如仙人掌的嗶啵聲，聽起來就和葡萄非常不一樣。不過，哈達尼說最引人玩味的是，嗶啵聲會隨著植物的狀況而大幅改變。一株因為脫水而備受壓力的植物，和一株獲得充分澆水的健康植物，兩者發出的聲音非常不一樣。舉例而言，番茄在面臨乾旱壓力的情況下，平均每小時會發出三十五個聲響，而在水分無虞的情況下，則是每小時平均發出不到一個聲響。此外，她如果剪掉一片葉子，藉此模仿草食動物的啃食行為，嗶啵聲也會急遽增加。相較之下，沒有被攪擾的植物則是非常安靜。「番茄與菸草在感覺安好的情況下，極少會發出聲音。」哈達尼說。

哈達尼的團隊設計了機器學習模型，能夠辨別植物聲音與一般的噪音，並且能夠單純藉著植物發出的聲音而辨識植物的狀況——缺水、遭到修剪，或是完好無虞。這種做法無疑開啟了一種可能性，未來農夫將有可能以超音波感應器聆聽植物的水分需求。

不過，更引人好奇的是這點對於植物溝通帶有什麼意義。身分與健康狀態：對於能夠聽見的對象而言，這可是相當豐富的資訊。如果沒有經過放大，人類聽不見這些聲音，但蛾聽得見；還有蝙蝠與老鼠也聽得見。根據哈達尼的測量，小動物可在遠達十六英尺處聽見她所錄下的那些聲音。動物是不是能夠察覺並且解讀那些聲音——更引人著迷的是，其他植物是不是也能夠如此？換句話說，植物是不是能夠以聲音進行溝通？「我們如果辨別得出來，那麼其他生物就也辨別得出來。」她說。

哈達尼在電話上和我交談的時候相當謹慎，不願過度誇大自己的發現；她說，那些發現無法讓我們知道發出嗶啵聲的植物是否帶有任何意圖。那些嗶啵聲有可能只是生理現象的副產品，就像我們餓的時候肚子會咕咕叫一樣。「我還沒說到語言，因為語言假設了說話者與聽話者這兩方。」但她指出，即便是在最保守的情況下，她也認為很可能有什麼對象聆聽著那些聲音。快速的嗶啵聲如果代表植物面臨了乾旱狀況或是遭到昆蟲圍攻，那麼其他植物就有可能把這種聲音當成警告。它們也許會關閉自己的氣孔，或者加強免疫反應。這是哈達尼接下來打算研究的主題，而且她才剛為此取得了一筆重大補助。

不過，這對於發出嗶啵聲的植物而言代表了什麼？那些聲音有可能是刻意造成的結果嗎？這是個棘手的問題。我們知道一個生物一旦開始利用其他生物提供的資訊，演化力量經常就會介入，對於提供資訊的生物加以微調。「發出聲音有可能是一種完全被動的現象，可是如果有其他生物對那些聲音做出反應，那麼自然汰擇就有可能對發聲者造成影響。」哈達尼說。換句話說，那些聲音雖然原本也許是偶然發出，但也有可能經過演化而變得不僅是如此。現在，那些聲音有可能經過改善而具有真實的目的——例如溝通。「這點很複雜。我們是因為思考著溝通的工具，所以才得出這項預測。科學是一段很漫長的過程，我們還沒達到那裡。」哈達尼語帶保留地說道。

加利亞諾把這個問題比擬為蝙蝠聲納。在最早的證據出現之後，科學在長達百年的時間裡，都拒絕相信蝙蝠有可能利用聲音確定自己在空間中的位置。這種想法，似乎遠遠超越了我們對於動物具備哪些能力所抱持的假設。科學的懷疑態度阻礙了蝙蝠的回聲定位能力所受到的發現；這樣的情形難道不會也發生在植物身上嗎？

實際上，也有人把回聲定位指為植物發出聲音的動機之一。我們知道攀藤植物在幼苗時期會在空中轉圈，找尋能夠攀爬的直立表面——而且似乎早在實際上接觸到這麼一個表面之前，就能夠預先確知那個表面的所在位置。身為植物神經生物學最早的倡導者之一，而且經常與加利亞諾合作的司特凡諾．曼庫索，利用縮時攝影觀察了豆類植物的這種現象，錄下它們找尋以及確認鄰近一根金屬桿位置的過程。再一次，空蝕現象——也就是液體在莖裡流動而造成氣泡破裂的這種純粹巧合的聲響——看起來是合乎邏輯的解釋。不過，生物體內有任何東西真的只是巧合嗎？曼庫索推測認為，豆藤可能是利用回聲定位察覺那根桿子的位置。加利亞諾認為這項觀點合乎基本的演化邏輯：藉著發聲而得知周遭環境的狀況，是有利於植物的做法，因為「聲音訊號傳播的速度很快，所需付出的精力或健康成本又極低」，她說。儘管如此，目前還沒有出現確切證據。

植物有沒有可能有話要說？加利亞諾希望我們找出答案。就實際的實驗而言，這些問題在目前還沒有獲得回答，也沒有真正被提出。不過，化學傳訊這種目前已獲得接受的植物溝通模式，直到不久之前也曾經同樣備遭忽視。「舉例而言，植物化學生態學[83]的誕生揭露了植物引人注目的『多話』本質，以及它們那種揮發性詞彙所具備的表達能力。」加利亞諾寫道。

科學家已經發現了深具說服力的證據，顯示語言不完全只存在於人類之間；草原犬鼠[84]似乎會使用形容詞，也就是以特定的重複聲音描述掠食者的大小、形狀、顏色以及速度。日本大山雀[85]擁有句法；牠們會使用獨特的啁啾聲串指示同儕注意危險，或是要求牠們緊緊聚集在一起。我們聽過鳴禽使用秘密管道傳遞警戒聲，以及趨避風險的花栗鼠稍受驚嚇就高聲尖叫。我們如果排除植物也有基於聲音之上的語言這種可能性，也許是種識見狹隘的表現。

在目前這個時刻，對植物學家提起加利亞諾的名字是一項具有高度分歧性的舉動。她在這個領域裡已成為一個備受爭議的人物，儘管她在象牙塔以外的知名度愈

83 編註：plant chemical ecology，一個跨學科的領域，結合了植物學、生態學、化學、分子生物學、進化生物學和昆蟲學等多個學科的知識和方法，主要研究植物如何利用化學物質，來影響和回應其周圍的生物和非生物環境，以及這些化學相互作用對生態系統的影響。

84 編註：prairie dogs，一種小型穴居性齧齒動物，原產於北美洲大草原。雖然名字裡有「狗」，但其實是松鼠科動物，和土撥鼠、花栗鼠及地松鼠等有親緣關係。

85 編註：Japanese great tits，全年常見留鳥，雌雄異色（雄鳥腹部黑線較粗），主要分布於東亞及東南亞的各種森林內，甚至在城市的花園和公園等人工環境中也能見到。

來愈高。二〇二〇年，戴維斯加州大學一名研究生試圖複製她一項特別激進的豌豆學習研究，也就是把豌豆放在Y迷宮裡，結果發現它們能夠學習把輕微提示與獎勵連結在一起，就像動物一樣。在這項實驗當中，那項提示是由風扇送出的微風，而獎勵則是光線。其結論如果真實無虛，將會造成改變世界的效果：在動物身上，聯想學習是衡量智力的關鍵標準。不過，那名研究生得不出相同的結論。他的豌豆沒有顯示出學習的徵象。我開始聽到更多私下低語，聲稱加利亞諾完全不可信。這整起事件傷害了她在植物學界裡的聲譽。但儘管如此，必須指出的一點是，複製一項研究其實不容易。一項研究能夠被許多各自獨立的人士分別重複進行而獲得相同的結果，對於確證新的科學結論而言是極度重要的條件，可是得不到這樣的確認不必然表示原本的結論就是錯誤的。不過，這樣的結果確實表示那項研究的設計不夠扎實。原本的結論如果確實沒錯，那麼就必須等待另一項更好的實驗加以證明。

對於其他人而言，加利亞諾之所以聲名大噪，則是因為她在二〇一八年出版的回憶錄：《植物如是說》（*Thus Spoke the Plant*）。她在書中描述了自己在秘魯的一項薩滿儀式當中飲用了死藤水（ayahuasca），而與植物的靈體溝通[86]，結果對方告訴了她該怎麼設計她的實驗最好。在科學裡，一般都存在著一項政教分離的默契。科學的純粹性表示不涉入神秘主義的領域，或者你要是這麼做了，至少也不該聲張。科學界是由人所構成的，所以那些人如果不喜歡你的研究，或者他們如果認為你不屬於他們的一員，那麼你就可能會遭到詰難，也可能得不到經費補助。加利亞諾確實遭到了詰難，例如在研討會裡有人（總是男性）會站起來指責她，期刊裡也可以看到成群的植物學家（同樣也是男性）投書對她表達抗議。

不過，有些人沒有那麼嚴厲。他們不明白她為什麼會遭到如此猛烈的抨擊。畢竟，學術界裡有許多男性還踏上了神秘色彩更加濃厚的道路。另外，還有些人則是採取比較謹慎的態度：沒錯，她探討豌豆學習那篇論文裡的研究設計看來似乎有些缺陷，但她的想法很不錯，而且他們相當慶幸有人願意推促這個領域提出比較大膽的問題，尤其是關於植物聲音的問題。她提倡植物聲學的研究造成了實質的改變；植物聽覺的世界**確實**已經到了應當被認真看待的時候。

在此同時，令人驚嘆的則是科學界與非科學界看待加利亞諾的態度，落差有多麼大。在以一般大眾為對象的哲學與科學活動當中的研討會上，她的演說總是全場

86 編註：死藤水是 Banisteriopsis 屬的卡皮木和 Diplopterys 屬的死藤，以及九節屬物種所煎熬成的一種飲料。飲用後，其中的二甲色胺等致幻劑物質會發揮效用，並改變人的知覺、思維、情緒以及意識，使人產生幻覺或陷入部分領域認為的「通靈」狀態。因此被當地的美洲原住民廣泛應用於宗教儀式中，過程中會與薩滿（Shaman，類似祭司）搭配，每個區域及不同的薩滿在煎煮的過程中都有自己的調配比例，大多分布於亞馬遜雨林周邊區域。

爆滿。二〇一九年，《紐約時報》的時尚版（不是科學版）刊登了一篇介紹她的人物特寫。紐約公共電臺的《廣播實驗室》（*Radiolab*）有一集介紹了她的研究，而且她也接受過其他五、六家主流媒體採訪。科學體制以外的人士，都對她的科學理念深感共鳴。

歷史究竟會怎麼評價莫妮卡．加利亞諾還有待觀察，但我認為她充分象徵了當前這個時代。她橫跨兩個世界，而關於植物的新興科學也正在這時迫使這兩個世界正面相對。她在女性主義理論期刊裡發表了論文，似乎鼓吹科學家在研究方法當中多加運用感受，同時承認這種做法完全牴觸了他們所接受的訓練。她在二〇二二年與戴維斯加州大學的人類學家克莉絲蒂．昂茲克（Kristi Onzik）合寫了一篇論文，在其中提及諾貝爾獎得主芭芭拉．麥克林托克不尋常的研究方法，而那樣的方法，終究造成她在一九四四年針對玉米遺傳學的本質所獲得的、改變了學術領域的突破。麥克林托克發現，有些基因能夠跳躍，也就是自發性地改變自己在染色體當中的位置——這是一種在以前聞所未聞的論點。麥克林托克會觀察她的玉米植物長達幾個小時，「沉醉於」這種崇敬與密切聆聽的活動裡，直到她「對那個生物產生感覺」，而能夠再度與那株植物進行「直接溝通」。過了多年之後，分子規模的技術才終於出現，而得以向她的同僚證明她的發現確實沒錯。昂茲克與加利亞諾因此主張指出，科學家雖是靠著掌握理性的確定性（rationalist certainties）來維繫自己的職業生涯，但他們也許應該以比較開放的態度，去接受對於理性的確定性失去掌握的狀況。

身為人類學家的昂茲克，選擇聚焦於觀察植物行為研究者的文化，而伴隨加利亞諾前往她位於澳洲的實驗室。在那間實驗室裡，加利亞諾正在研究植物的根是否能夠藉著預判以及避免障礙，而選擇朝向最省力的路徑生長。這項研究的設計，和她探究根部能否偵測流水聲的實驗相當類似，但這次她使用的迷宮比較複雜，有四條不同路徑，而不是只有兩條。昂茲克看著加利亞諾對於實驗室裡的無菌狀態愈來愈感挫折，以及她的壓克力迷宮組件送來之後，由那些包裝用的保麗龍盒所造成的大量垃圾。昂茲克寫道，加利亞諾「沒有太多猶豫」，隨即把那些迷宮打包起來，帶到新南威爾斯一棟位於亞熱帶森林裡的房屋。在那裡，圍繞於「蜘蛛、蠑螈與蛇」當中，她又再度設置了她的實驗。這個新環境沒有經過無菌處理，也沒有受到溫度控制。她刻意不再走可複製科學的路線。接下來的實驗結果不論怎麼樣，都不太可能會得到傳統科學期刊接受。不過，她是在找尋著一種不同的求知方式，昂茲克寫道。

靈性與科學世界這兩者之間的界線非常不易拿捏，也絕對不免引來同僚的批評乃至鄙夷。然而，加利亞諾在這個位置上看來優遊自得，而且毫不畏縮。我認為她是試圖要建立起這兩個世界的關係。就某些方面而言，她正置身於植物智力論戰的核心。而她現在獲得坦伯頓慈善基金會（Templeton World Charity Foundation）為了支持對於「各種不同智力」的研究而提供的百萬美元補助，大概也對她頗有幫助。她任職於澳洲的南十字星大學，但她的經費已不再侷限於傳統聯邦來源。維持學術界的接受度已不再是她關注的重點，至少不再需要為了財務考量而這麼做。

加利亞諾在二〇二〇年初於達特茅斯學院發表演說，談到人類應當保持謙卑：「我們是新來後到的生物。傳統上，你應該要尊敬前輩。」她所謂的前輩是指細菌、真菌和植物。對於一般認為人類居於演化鏈的頂端，她把這種觀點稱為「傲慢」又「幼稚」。

「誰說科學是唯一的求知方式？身為科學家，我深愛科學，」加利亞諾在達特茅斯學院表示：「我認為科學是描述世界的一種美妙方式，可是科學不是唯一的方式。」

我注意到植物擁有聽力這種概念所引發的存在主義爭論，在表面上看來是科學與靈性的衝突。不過，我也意識到並沒有人質疑植物擁有聽力。至於植物聆聽的對象是什麼，當然還需要確認。但對我而言，植物擁有聽力這點本身就是一項驚天動地的啟示，因為我這輩子截至目前為止都一直抱持著相反的假設。在我的心目中，聲音的世界看來總是和植物毫無關係。可是，我對於植物究竟是什麼的概念，在近來已開始出現改變。在我們感官世界的每個層次上，植物顯然都沒有缺席。突然間，我存在於其中的那個世界——那個涉及觸覺、分享與聽覺的世界——似乎失去了和植物世界的根本區隔。我無意間在這兩個世界之間築起的那道牆已變得愈來愈薄，愈來愈透明，就像肥皂泡表面的薄膜那樣隨時可能破裂。堅硬的綠芽已經戳穿了那道牆。

CHAPTER 6 （植物的）身體會記住

今天是個異常溫暖的九月天，柏林豔陽高照。在這座城市裡，漫長灰暗的冬天向來在秋季即告展開，因此今天感覺起來可能會是接下來很長一段時間裡最後一個陽光明媚的日子。城裡的公園處處都是或躺或坐在樹籬與玫瑰叢之間的人。我看到三名老人坐在一張長凳上，沒有互相交談，只是閉著眼睛仰頭朝向天空。他們看起來彷彿是想要把每一絲光線都吸收到自己的毛孔裡。

柏林植物園已經呈現出一片陰冷的模樣，但有少數幾株耐寒的植物仍然開著花，其花朵也同樣面向著逐漸西斜的陽光。陪著我走路的提羅・亨寧（Tilo Henning），是這裡的研究人員。他正在向我介紹「波氏囊刺蓮」（Nasa poissoniana）這種生長在秘魯安地斯山脈的刺蓮花科開花植物，而他說的話令我聽得著迷不已。

「你說這種花能夠記得是什麼意思？」我問：「它要把記憶儲存在哪裡？」

亨寧搖搖頭，笑了起來。他的黑髮在後頸綁著一個小馬尾，垂在他的運動衫領口上。他不知道。沒有人知道這個問題的答案。不過，他說他和同僚麥克斯・魏根德（Max Weigend）——對方在幾小時車程外的波昂擔任植物園長——確實觀察到波氏囊刺蓮具有儲存以及回憶資訊的能力。他們發現，這種多色的星形花朵能夠記得熊蜂[87]來訪的時間間隔，從而預期它們的授粉者下次大概什麼時候會來。

這項研究對於植物行為的世界添加了一個爆炸性的新面向：植物記憶。我之所以來到這裡，原因是我想到記憶必定是所有複雜行為的基礎。我已經得知植物能夠聆聽周遭環境的聲音、感覺自己被觸摸，以及交流資訊。不過，這些能力全都受限於其稍縱即逝的短暫性。如果沒有能力記住，那一切的感官又有什麼用？如果沒有記憶，就極少有事情能夠被明智處理。記憶給了我們學習的能力，以及在時間與空間當中定位自己的能力。植物如果能夠記得，將會代表什麼意義？不是像鳥兒每年都會回到相同的遷徙地點那種遺傳記憶，而是個體記憶，彈性記憶，能夠隨著情境變化而改變的記憶。

刺蓮花科那種看似外星人的繁複花朵結構以及會螫人的刺毛，吸引亨寧與魏根德的注意已有數十年之久；他們命名了數十個新物種，並且描述了這種植物的莖上那種像是蕁麻的倒刺，那些倒刺導致他們兩人的手上都起了許多水泡。魏根德尤其對於會螫人的東西深感著迷；他發現刺蓮花科的植物用於生長出刺毛的原料，就和人類與動物用於生長出牙齒的原料一樣。這種做法相當有益，因為螫刺其他生物是很吃力的事情；那些刺毛的構造就像是皮下注射針，而且必須要夠硬，才能夠刺穿它們敵人的外骨骼，而加以注射螫刺毒素。他檢視其他科的植物，結果發現每個物種的刺毛結構都極為獨特，各有不同的礦物質組合，也許是依據哪些動物會啃食它們，而針對那些動物的外皮硬度調整刺毛的成分。可是後來有一年，亨寧與魏根德

87 編註：bumblebee，體軀碩大，在所有蜂類中屬重量級。多築巢於枯木至建築物內，以花粉和花蜜為食。

因為在波昂的一間溫室裡看著蜜蜂飛舞在植物周圍而想到一項實驗，結果在事後意識到了一個新發現。波氏囊刺蓮能夠在預期授粉者會出現的時候暴露出花粉，並且是藉著記住授粉者上次來訪之後的時間間隔而這麼做。

由於他們的研究，波氏囊刺蓮在那時已被認為是「行為表現有如動物的花朵」。如同許多植物，波氏囊刺蓮的花朵也會仔細分配其所暴露出來的花粉，一次只展示一點點，以免任何一隻蛾或蜜蜂取走太多，因為這樣對於遺傳多樣性的整體發展不利。不過，波氏囊刺蓮又更進一步；它們如果注意到周遭的授粉者比較少，一次提供的黏性花粉就會比較大球，因為它們認定自己只會有少數幾次良好的授粉機會。此外，它們也會稀釋自己的花蜜，迫使那些飛行生物必須造訪兩趟才能獲得一樣多的糖，藉此把花粉沾到其身上兩次。對於這種生長在嚴酷環境裡的花朵而言，操弄授粉者是合理的做法。波氏囊刺蓮的生長高度介於海拔一至三英里之間，而且通常都只有一小叢生長在一起。它們絕不能浪費任何一次的花粉傳播。

波氏囊刺蓮是極少數身體移動速度快得可讓人眼看得出來的植物，其雄蕊只需二到三分鐘即可從水平轉變為直立的狀態。這種花的雄蕊原本平躺於凹面的花瓣裡，每一片花瓣環繞著花朵的中心排列，猶如一艘艘獨木舟。蜜蜂一旦降落在這種花上，就會把像是吸管的口器伸入扇貝形狀的中央花瓣底下而往上抬。那片扇貝底下有著一池花蜜，於是蜜蜂就會盡情吸吮。不曉得什麼原因，抬起那片扇貝會造成花朵的其中一根雄蕊——也就是花朵的雄性授精器官——挺立起來。這項反應背後的機制在目前仍是個謎。不過，雄蕊豎起的過程看起來令人深感興奮。一根纖細的白色絲狀物直立起來，頂端有著一小球精心分配的黃色花粉，而與花朵中心形成九十度直角。如果有幾根雄蕊同時豎起，就會在花朵的中心形成瘦高的圓錐狀，於是整朵花看起來就像是科幻電影裡的雷射發射器。

其他能夠迅速移動的植物，都有明確的動機。舉例而言，白桑（white mulberry）能夠以半音速的速度彈出花粉，使其散落的距離夠遠，藉此提高找到合適生長環境的機會。[88]因此，波氏囊刺蓮能夠以那麼快的速度移動，想必也有其原因。「我們心想：它們說不定可以控制雄蕊的動作，」亨寧說：「說不定它們能夠認知到授粉者來訪的頻率。」

二〇一九年，亨寧與魏根德的最新發現，又為這種花在性方面的繁複計算添加了一個令人震驚的層面。在第一隻蜜蜂吸走所有的花蜜之後，下一隻前來的蜜蜂就

88 原註：另外還有些能夠迅速移動的植物，科學家則是尚未找出其移動的原因。例如楊桃樹的葉子會不停移動，但不知原因為何。豹紋竹芋（prayer plant）這種常見的室內盆栽，和其他許多不同種類的植物共有一項特色，就是葉子會在夜裡閉合，但科學家對於這些植物為何會這麼做至今仍然辯論不休。被人稱為火蕨（fire fern）但實際上是酢漿草科的紅葉酢漿草，其葉子似乎會緩慢「舞動」。不過，同樣沒有人知道這種植物為什麼會這麼做。

沒有花蜜可吸。不過，波氏囊刺蓮還是會再豎起另一根滿是新鮮花粉的雄蕊，同樣把花粉沾黏在這隻蜜蜂身上。有一項早已受到證明的事實是，昆蟲如果在一朵花上沒有找到花蜜，就不會再嘗試同一株植物的其他花朵，而是會飛到鄰近的其他植物，從而把先前那朵花的花粉傳授到下一株植物。這種欺騙手法，是波氏囊刺蓮達成遺傳多樣性的關鍵。不過，魏根德與亨寧注意到雄蕊會在下一隻蜜蜂來訪之前就先豎起，而且似乎是在下一隻蜜蜂抵達之前不久，彷彿這種植物能夠預測未來。實際上，這種植物只是單純記錄了過去的經驗。

為了驗證這點有沒有可能是真的，他們兩人於是從事一項實驗，自行扮演蜜蜂的角色。針對第一組花，他們每十五分鐘戳探一次其花蜜穴；第二組每四十五分鐘戳探一次；而第三組則是不受攪擾的對照組。第二天，他們觀察到第一組花充滿活力地每隔一小段時間就豎起雄蕊，第二組則是等待得比較久，每次豎起雄蕊之間的相隔時間比較長。他們又試驗了一次，結果發現授粉者來訪的時間間隔如果改變（例如從四十五分鐘拉長成一個半小時），那麼到了第二天，波氏囊刺蓮就會依據新的時間表調整展示花粉的時間。它們能夠從經驗當中學習。

「它們顯然能夠計算授粉者來訪的時間間隔，並且把這項記憶保存下來。」亨寧說。植物學家以前從來沒有注意到這項行為，波氏囊刺蓮除了是高明的花粉會計師之外，也是有記憶能力的花。

我們繼續沿著植物園的步道行走，我想知道亨寧對於植物學界近年來爆發的一項辯論有什麼感想——亦即植物是否能夠被視為具備從事行為的能力，以及植物的行為是否代表了某種形式的智力或者意識。

如同我一次又一次所發現的，這是目前當紅的話題，而且非常敏感。植物有智力嗎？如果有的話，那麼它們是否也有意識？我尤其想知道亨寧對於這一點的想法，因為他剛發現自己已經研究了二十年的植物擁有記憶能力。這種安地斯山脈的花朵會計算時間，並且依據自己經歷的實際情境而改變行為。亨寧與魏根德在他們的論文裡稱之為「智慧」行為，但那個詞仍然用引號框了起來。我認為亨寧有可能把這種植物的記憶能力視為意識的正字標記，但也同樣有可能認為這種植物就像是一具沒有意識的機器人，只是擁有一套預先設定的反應而已。我們有時候也會以「智慧」一詞形容機器人。

長久以來，記憶都緊密結合於我們對人類意識的思考。記憶有時被稱為我們的「昔日感官」，而我們對於自己身為生存在時間當中的個體這種知覺，就是由記憶填補而成。我們針對自己所提出的人生敘事，就是奠基在記憶之上；記憶是意識經驗當中最根本的元素。不過，心智哲學家通常會把那種長期記憶，和植物學家截至目前為止發現植物所具備的能力區分開來。他們大概會說，一株植物考量自己生長中的身體部位所出現的壓力變化或是蜜蜂來訪的時間，並不算是具備意識記憶。然而，這也不是完全確立的觀點；另外還有許多哲學家提出相反的主張，指稱所有的記憶都奠立在與意識相同的基礎上。所有的記憶都會把中立的世界轉變為一座充滿個人意義的遊樂場。當然，只要科學家無法找出意識背後的神經機制，這項辯論很可能就會不斷持續下去。

我頭兩次提出這個問題的時候，亨寧都置之不理。但到了第三次，他的反應卻突然出現改變。他停下腳步，回過身來回答我。要不是他受夠了我的追問，就是我的鍥而不捨磨穿了他身為專業研究者所必須在表面上維持的拘謹態度。他說，提出異議的論文全都聚焦於植物沒有大腦——而那些論文指稱沒有大腦就代表沒有智力。「明顯可見，植物沒有這些結構。可是看看它們做的事情。我是說，它們會從外在世界獲取資訊。它們會處理那些資訊，它們會做出決策，然後還會付諸實行。它們把所有的一切都納入考量，然後轉變為一項反應。在我看來，這就是智力的基本定義。我是說，這不只是無意識的自動行為。其中也許有些東西是自動的，例如朝著光源生長，可是我們現在談的不是這種狀況，這種行為不是自動的。」

亨寧回到我的第一個問題，就是波氏囊刺蓮的記憶有可能儲存在哪裡。這點當然還是個未解的謎，但亨寧表示：「也許我們只是看不出這些結構而已。說不定這種結構分散在植物的全身，所以沒有一個單一結構。說不定這就是它們的竅門所在，說不定重點在於整株生物。」

即便在人類身上，記憶也還是大體上籠罩在神秘當中。神經生物學家找出了能夠藉由腦部掃描而「看見」特定人類記憶的方式，例如神經元的特定連結，但還有更多記憶至今仍然無法為科學所見。除此之外，還有和神經元毫無關係，但是由人體保有的記憶。我們的免疫細胞會記得病原體，而在同樣的病原體再度出現的時候援引這些記憶以做出反應。細胞的表觀遺傳記憶可以傳承給後代；我們現在知道壓力與創傷（以及暴露於空氣污染這類情形）所造成的傷害，會隨著血統傳遞給子女及孫子女，進而對像是發炎指標這樣的東西造成影響。於是，有一句話說身體會記住。不過，我們談到自己的意識之時，並不會把這類記憶涵蓋在內。我們的身體為我們留下的記憶在平常都寂靜無聲，直到我們的健康狀況出現變化之時才會引起我們的注意。在這種時候，那些記憶就會變得非常具體。不過，我們現在才剛開始揭開表觀遺傳學[89]這個領域的神秘面紗。我們還沒有言詞能夠把這種記憶納入我們對自己的理解當中。即便在我們身上，記憶也是一種非常不容易解析的東西。

植物也擁有這種細胞性的記憶，在我造訪柏林之後不久，我就親身體驗到了這一點。我當時住在我朋友的農場上，因為我清空了我的布魯克林公寓，而搬到我小

89 編註：epigenetics，研究在不改變 DNA 序列本身的情況下，基因表達（gene expression）或表型（phenotype）發生可遺傳性變化的科學領域。

時候曾經在其中奔跑的那片黑麥田。這時候，我已經辭掉了工作，而全職投入探究我自己對於植物科學的疑問。農場主人的兒子林肯（Lincoln）當初在學校裡是比我低一個年級的學弟，他的父母看著我們兩人長大，而現在這座農場已經歸他所有。這座農場坐落在康乃狄克州一片三百英畝的野地上，其中有楓林以及放牧場，位於紐約市外車程一個半小時處。林肯飼有兩頭山羊、十幾隻下蛋母雞，以及一隻巨大的公火雞，那隻火雞徹底改變了我對牠那個物種的理解。牠有如一頭威風凜凜的恐龍，是個華麗而充滿魅力的生物，牠的情緒在我眼中顯得明白可見。我以前怎麼吃得下這麼宏偉的動物？不過，這隻令人敬畏的火雞卻在我居住於農場上的期間喪命於一頭截尾貓[90]的獵食之下。

那段期間是寒冷的月份。我在十一月抵達那座農場，而在那裡住到了一月。在十二月的第一週，林肯和他的伴侶、他的父親，還有我的伴侶和我，共同栽種了硬骨蒜（hardneck garlic）。你如果想要拖延，可以等到十月或十一月才把大蒜種入土裡，但要是再拖得更久，那可就是得寸進尺了。土壤還是需要稍微有一點溫度，才能讓蒜瓣覺得安全，而願意長出根來。這一年，我們一直拖到了最後一刻。種完那些大蒜之後的第三天一早，我們就迎來了這一年的初雪。萬物都因此鋪上了一層白。我們的那兩道犁溝看起來有如一件白色床單褶邊的雙縫線。

在栽種那些大蒜的前一天晚上，我們所有人拿了凳子，在廚房裡圍著一堆大蒜坐成一圈，用奶油抹刀的鈍端把整顆大蒜分瓣。我們看起來就像是牡蠣剝肉工一樣。蒜瓣被奶油刀一撬而從紙狀的外皮裡脫落之後，看起來有如一顆顆珍珠，顯得光滑圓潤。我經常對大自然產生的形體感到驚奇不已。大蒜是怎麼產生出這種細薄的外皮？又是怎麼產生這些蒜瓣，表面如此光滑，像是一瓣瓣由白木雕成的柳橙，彷彿每一瓣都以車床拋光過？不過，最了不起的是，只要在冬天真正降臨之前把蒜瓣尖頭朝上插入土裡，每一片蒜瓣就會自行增生。蒜瓣會長出麵條般的白色根鬚以及綠色的嫩芽，而如果一切順利（大蒜通常也不會出什麼問題），原本的那片蒜瓣到了七月就會長出一整顆大蒜。

大蒜為了要發芽，必須懷有對於冬天的記憶。春天終究會來臨的這項事實，並不足以造成生命發生。一段漫長寒冷的時期是不可或缺的元素。這種對於冬天的記憶稱為「春化作用」（vernalization）。如果沒有春化作用，蘋果樹與桃樹就不會開花結果。鬱金香、番紅花、水仙花與風信子經常是春天最早開花的植物，而它們也都需要充分的春化作用。你如果住在氣候溫暖的地區，而打算買鬱金香球莖回家種，那麼店員可能會向你提供這項明智的建議：栽種之前先把球莖放進冰箱裡冰幾個星

90 編註：bobcat，北美洲一種適應力極強的中小型野生貓科動物，因其獨特的短尾巴而得名，外形介於家貓和較大的猞猁之間。

期，否則恐怕永遠不會開花。

在冷到骨子裡的冬季期間，我想著那些埋在冰凍土壤裡的蒜瓣，它們靜靜等待，注意到冰封了大地的寒冷，計算著時間的流逝。也許最具啟發性的是，植物懂得怎麼等待，懂得怎麼耐受惡劣的環境，知道自己的時機尚未來臨但終究會來，也知道自己必然會迎來生長的機會，只是遲早的問題而已。想到那些大蒜令我頗感欣慰，它們的耐心強化了我的堅忍。等待代表有值得等待的東西；冰封的大地將會解凍，空氣將會再度讓我的身體感覺適合在其中生存。

春化作用的驚人之處，在於由此可見植物能夠記得。「記得」一詞確實毫無疑問能夠適用；植物會利用自己針對過往所儲存的資訊，而為未來做出決策。這不是特例，植物會注意白晝的長度以及太陽的位置。多花錦葵（cornish mallow）這種粉紅色花朵的植物，會在日出前幾個小時就先把葉子轉為面向地平線，而且就朝著它預期太陽會升起的方向。這種動作源自莖部基處的組織，錦葵會以此處的組織調整體內的水壓，從而把葉片轉向自己想要的方向。在白晝期間，錦葵會把自己體驗到的陽光量與方向記錄在葉子上的光受體，並且會把這樣的資訊保存一夜，藉此預測第二天太陽會在什麼時間從什麼地方升起。

研究者嘗試過捉弄錦葵，模擬一顆不按牌理出牌的「太陽」，一再改變光源的方向，結果發現錦葵會察知新的方向。一個為了製造出更聰明的太陽能板而熱切想要從錦葵身上學習的研究團隊，指稱錦葵的這種反應「極度複雜——但又極度優雅」。

在我的大蒜身上，記憶與計算則是結合在一起。仰賴春化作用的植物必定有辦法能夠記錄時間的流逝，才能確認寒冷——或者溫暖——的時期已經過了足夠長的時間。若是因為二月有兩天突然回暖就開始發芽，對於植物本身可能會造成災難性的後果。所以，它們似乎會計算日子。這就是為什麼許多植物會等到暖和的溫度維持達四天以上才開始發芽，因為這樣才比較不會是一時的短暫回暖。

植物能夠記得的這項事實，拉近了它們與我們的距離，也使它們變得比較容易理解。不過，我們必須懷著敬畏的心情記住這一點：它們是自成一格的生物，是當初在植物和動物都還只不過是史前大海裡稍微具有活動能力的單細胞生物之時，就由精力旺盛的演化創新造就出來的產物。植物和我們在生物構造上可說是天差地別，但它們的模式與節律（rhythm）卻又和我們有些共通之處。植物和我們一樣有內在的生理時鐘，它們也一樣需要日與夜的循環；它們會在冬季放慢腳步，並且在春季加快速度；它們會經歷青春與老年，也會對自己經歷過的事物留下紀錄。記憶在生物結構當中顯然歷史悠久。這點頗為合理；如果一切演化的目標都是為了生存，那麼記憶的能力無疑具有天然的演化優勢。這種能力對於保持活命極為有用。

我四處找尋是否有其他植物採取像亨寧那種花朵的類似做法，結果發現記憶和移動似乎密切相關。植物的身體會記錄一項資訊，然後依據那項資訊進行移動。以快速移動的植物當中最引人注目的捕蠅草為例。如同先前提過的，捕蠅草能夠數到五，藉此確認是否有一隻蒼蠅置身於其陷阱當中，而且至少在確認這一點所需的時間裡能夠儲存那項計算結果的記憶。其運作方式如下：捕蠅草的陷阱內如果有兩根觸發毛在二十秒內陸續受到碰觸——這是個頗具參考價值的跡象，表示很可能有一隻生物在陷阱裡面活動——那麼陷阱就會啪的一聲闔上。不過，陷阱在闔上之後還是會繼續計算。觸發毛如果在短時間內連續受到五次碰觸，即可確認陷阱確實捕捉到了一隻活生生而不斷掙扎的生物。這麼一來，捕蠅草就會在陷阱內注入消化液，展開食肉大餐。消化可能需要花上許多天的時間，所以一定要先做好確認工作。

不過，陷阱如果因為觸發毛被碰觸兩次而闔上，但接著觸發毛就不再受到碰觸，那麼陷阱在一天內就會再度打開，因為陷阱捕捉到的東西顯然太小而不值一顧，不然就根本不是生物，搞不好是一小根樹枝或者小石頭——或者，就所有那些讓我們對這類植物能夠獲得理解的捕蠅草而言，也可能是植物學家的探針在作怪。捕蠅草會矯正自己的錯誤。

同樣的，我們知道有些攀藤植物能夠計數，也會矯正自己的錯誤判斷，而這一切都需要記憶。比起能夠支撐自己身軀的植物，藤本植物具備更高度的移動能力。幼藤必須趕緊找到支撐結構，不然就有可能被自己的生長重量壓垮。於是，它們會以引人注目而且賣弄般的方式快速移動。有一次，我把一顆番薯忘在流理臺上，結果其表面的幾個芽眼都發出了嫩芽。於是，我把它丟進一大盆土裡，澆了些水，不曉得接下來會怎麼樣。不到幾天，一根勤奮的卷鬚就攀上了鄰近的一支桌腳。不到兩個星期，又有更多卷鬚加入了它的行列。那顆番薯在這時已經攀緣上三支桌腳，還大膽地伸展到我的砧板上。一根卷鬚纏繞著一個抽屜的把手。我對於自己家中出現了這麼一隻章魚深感欣喜。我為什麼只知道要把番薯拿來吃，而從來沒想過要拿來種呢？這樣有趣多了。

縮時攝影是一項神奇的工具，正適合用來觀察藤蔓以及其他植物的移動。印第安納大學生物學教授羅傑・漢葛特（Roger Hangarter）負責維護「植物的活動」（Plants in Motion）這個可愛的線上圖書館，以早期網站的風格收藏了植物活動的影片。當然，我在這個網站消磨掉了許多時間。不過，網路上最棒的植物影片是以菟絲子（dodder vine）為主角的影片。這種寄生植物把藤蔓的特質推到了極致：菟絲子沒有葉子，所以從土裡冒出來之後，一定要立刻找到宿主以吸取糖分。它們只要一找到宿主，就會完全脫離地面，而仰賴宿主提供自己所需要的一切。菟絲子不需要葉綠體，因為這種植物不行光合作用，所以身體呈現奇特的橘色；而且由於沒有葉子，所以看起來就像是一隻光滑的小蠕蟲。以縮時攝影觀看菟絲子生長是一大驚奇。菟絲子的幼苗冒出來之後，其尖端會在空中緩慢繞圈。絕對不可能有人看不出來它是在找尋著某種東西。實際上，它的姿態看起來無疑就像是在嗅聞。的確，菟絲子是在空氣中嗅聞著適合寄生的植物所散發出來的化學物質。接著，在實際接觸之前，它會開始更具目的性地朝一個方向移動。

做出明智選擇的能力，是智力的標記之一。「Intelligence」（智力）的拉丁文字根是「interlegere」，意為「在兩者之間選擇」。看菟絲子做出選擇是一項極度有趣的事情：舉例而言，和小麥比較起來，它們比較喜歡番茄。小麥難以攀緣，汁液也不是特別豐富。一株菟絲子幼苗如果生長在一株小麥和一株番茄之間，它幾乎一從土壤裡探出頭之後就會開始在空中繞圈。繞了幾圈之後，它就會堅定轉向一個特定的方向：因為它發現了自己的鄰居。接著，它會像一隻小蛇一樣在空中伸展，直接朝著番茄而去，對於小麥則是敬謝不敏。在二〇〇六年首度注意到這種現象的團隊，其中一員是蘇黎世聯邦理工學院的生態學家康蘇薇洛・德摩賴斯（Consuelo De Moraes）。她記得自己對於那種現象的發生速度之快大感震驚。透過縮時攝影觀看它們的移動，令她毫不含糊地聯想到了動物行為。

一株菟絲子一旦認定自己找到了適當的獵物，就會開始纏繞對方。在幾個小時裡，菟絲子會確認那個獵物是否值得自己付出這麼多的力氣。透過實驗室研究，科學家詢問了菟絲子究竟在找尋什麼。明確的答案是它們可望從那個特定宿主吸取的營養能量，而判斷依據則是那個宿主的整體健康狀況，以及在其體內循環的養分濃度。在其中一項實驗裡，菟絲子生長於一群山楂植物之間，結果選擇了以額外營養劑栽培的個體，對於在養分稀少的環境裡栽培而成的個體則是不屑一顧。然而，這樣的選擇是菟絲子在穿刺宿主的表皮之前就已經做出的結果，令人不禁納悶它們是怎麼蒐集到那樣的資訊。（如同大部分關於植物的問題，答案很可能是化學訊號。）菟絲子如果發現自己找到的獵物品質不佳，就會停止纏繞，而在幾個小時內另找新的獵物。不過，它如果認定一株植物是良好的宿主，就會在對方的莖上多纏繞幾圈。

菟絲子在宿主身上纏繞幾圈，反映了菟絲子為了寄生這株植物打算耗費多少能量。所以，菟絲子具有計算能力。纏繞愈多圈，可以穿刺的面積就愈大。纏繞完成之後，菟絲子會沿著其繞圈的邊緣長出一排排吸血鬼般的尖牙，而把這些尖牙刺入宿主的莖裡，開始吸取其汁液。菟絲子不會吸取太多汁液而殺死其所寄生的植物——宿主死亡並不合乎它們的利益。[91]所以，它們會讓宿主植物保持活命，健康狀況雖然遭到削弱，但還是持續從事著光合作用。菟絲子之所以不長葉子，原因是它們不需要葉子。它們所需的一切都是取自其他植物的身體。而且，它們在這方面的能力極為優異。菟絲子危害了全球各地的農田，在五十五個國家裡造成二十五種作物物種

91 原註：實際上不全然是如此，因為菟絲子有時候還是會殺死宿主，但這麼一來就算是搞砸了。對於像菟絲子這樣的寄生植物而言，保持宿主活命才是合乎自身利益的做法。

的嚴重損失。一株植物一旦遭到菟絲子寄生，就不再有體力能夠結出太多果實。菟絲子卷鬚式的身體相互交纏成一大片毯子，覆蓋在廣大的農田上，猶如數以百萬計的植物吸血鬼，把它們的微小尖牙陷入受害者的細長脖子裡。

計算著纏繞圈數的菟絲子，乃是藉由移動實踐了一種生活記憶。記憶是一種儲存方式，能夠把你針對自己的生活環境以及存在於周遭世界的危險與機會所學到的知識儲存下來。學習是追求生存的一種演化策略，就像錦葵會轉向太陽一樣。記憶、學習與移動：這三者似乎密不可分。

愛丁堡大學的植物生理學家安東尼·特瓦伐斯，喜歡以網絡理論思考植物。他接受的訓練雖是密切觀察個別的植物系統，卻主張應該關注整株植物——也就是植物各個部位的行為加總起來的整體所呈現出來的結果。他寫道，由於動物向來都必須在一大片土地上找尋食物，因此動物的演化「精進了感官和運動裝備，並以迅速的連接將這兩者結合起來」，最後再加上「緊密集結成大腦」的神經細胞。心智是否有可能以其他東西建構而成？畢竟，大腦是透過演化而來，產生自非智性的原料：肉體、血液、特化神經細胞。

赫胥黎在一八六六年說過這句名言：「像是意識狀態這麼驚人的東西，竟然能夠由神經組織的擾動而產生，就像是阿拉丁摩擦神燈而造成精靈出現一樣無法解釋。」自從那時以來，我們對於大腦已經獲得了許多了解。但截至目前為止，現代神經生物學還是破解不了意識的謎。大腦能夠產生「心智」經驗的事實，無法單純由大腦的物理存在加以解釋。

根據特瓦伐斯的評估，大腦只是建構智力與意識的其中一種策略而已。植物純粹只是依據自己的需求，而採取了另一條不同的演化道路：它們的注意力與知覺分散於身體上的個別部位，但每個部位會相互溝通以及制定策略，從而同樣能夠產生意識。「每一株含有千百萬顆細胞的植物，都是一套自我組織的複雜系統，採取分散式控制，在整體的植物系統當中容許局部的環境運用。」他寫道：「因此，意識不是產生自一個特定的局部，而是分散於整株植物裡；相較之下，動物的意識則是集中在大腦。」

特瓦伐斯把植物生長的方式引為植物總是對自己有所知覺的證據。植物採取模組化結構。它們可從許多節點展開生長，每個節點都有分生組織，也就是一群能夠轉變為任何一種結構的細胞。植物學家羅賓・沃爾・基默爾（Robin Wall Kimmerer）寫道，分生組織就像幹細胞一樣，永遠處於萌芽期，隨時能夠依據需求而轉變成為必要的東西。她認為這些充滿荷爾蒙與養分，同時又富有創造力的細胞產製部位，可能是找尋植物智力所在處的一個適當起點。分生組織能夠察覺植物持續不斷的全身掃描所得到的結果。對於自己滿是分枝的身體，植物會監控其中的每一個部位，確認其狀態如何——每一片葉子從事了多少光合作用，每一條根吸取了多少水分。如果有一根枝條沒有達到其份內應有的產出，那麼這根枝條得到的資源就會減少。分生組織的生長活動將會朝其他方向前進。那個節點如果持續表現不佳，那麼終究會遭到完全封阻，而枯萎死亡，植物則是會重新調配能源，支持身體中比較具有生產力的部位。

我有一次在正午的豔陽下步行於華盛頓州西部的一條路上，而遇到一群高大的側柏（red cedars）。那些側柏的低枝又粗又繁密，以致我看不清後方的樹幹。我繞過道路的轉角，踏入那片林木當中，結果就像是跨越了地圖上的時區線一樣，瞬間置身於夜幕裡。布滿針葉的陰暗地面冒出許多光滑的栗色蕈菇，軟軟的有如耳朵。掉落在地上的斷枝腐朽成一堆堆潮濕的紅色木屑，分解中的樹皮上長了厚厚一層的黃綠色苔蘚。這群側柏以它們的身體造成了這個陰暗的環境。現在，我看到了它們的樹幹，粗壯又挺直。它們在這一側完全沒有樹枝；我覺得自己就像是走進了一個由瀑布造成的洞穴，或是一頂樹木馬戲團帳篷。這些側柏光滑的綠色針葉朝外伸展，向著陽光。在內部的陰暗側，它們的樹幹完全平坦，只有高處才冒出少數幾根沒有葉子的小樹枝，因為那裡可能曾經有些光線得以透進來，而使得這些側柏願意在那裡長出幾片面朝內部的葉子。不過，你如果是樹木的話，絕對不會朝陰暗的方向生長。那幾根樹枝是許久以前的歷史，現在都早已萎縮了。我目睹了正在進行中的資源重分配。

要做到這一點，植物必須記得自己體內在每個時刻發生的狀況，以及那些狀況的持續時間。「這種動態在生命週期當中持續不停，」特瓦伐斯寫道：「所以需要連續不斷的評論。」植物必須不斷做出選擇，針對流動於其體內的液體精細調校壓力，從而令自己的形體產生改變。一片葉子如果死亡，或者說被除役，那麼整株植物系統內部的壓力就必須重新調整，才能維持平衡並且保持挺立。這種變化雖然細膩，但也明白可見：植物全身都充滿了生物知覺。

任何一株植物在其生長過程中，都會建構出適合周遭環境的身體，包括其根部與嫩芽。其所採取的形貌，都是針對自己遭遇的實體障礙、養分在土壤內的分布狀況，以及光線來源方向所做出的直接反應。就這方面而言，植物的全身就是一項生理表現，反映了植物在一生當中的每一刻所面臨的外在條件。最新的根與嫩芽說明了當下的變化，而植物身上最古老的部位則是記錄了過往的環境條件。如此一來，植物乃是一幅不需破譯的地圖：其生命歷程就明確展現在我們眼前。

在我們的大腦裡，記憶是物理實體，是神經元之間的連接。在植物身上，記憶也有可能是實體通道；生長在土壤內的根部會分枝以及轉向，顯示哪裡曾經有過水分。樹幹上曾經生長過樹枝的地方所留下的圓突，代表那裡曾經有過陽光，但後來遭到了遮蔽。這些記憶的基質是土壤與大氣，而不像人類是大腦物質。這種記憶是物理空間的配置，而我們的大腦恰巧也最善於記住這種東西。人類的空間記憶是我們最敏銳的記憶型態，據信是我們過往的狩獵採集生活所遺留下來的結果，因為在當時那個充滿危險與獎勵的嚴酷環境裡，迅速記住周遭環境的配置對於我們的生存至關重要。[92]

不過，我們要是不曾需要逃離想要把我們吞進肚裡的大型哺乳類動物，或是不需要為了獵捕晚餐，而在一片複雜的地勢當中悄悄跟蹤一隻小型哺乳類動物，那麼會怎麼樣？我們的大腦是個中心化而且又小巧緊密的結構，對於必須帶著頭腦四處跋涉的動物而言相當完美。可是，我們的食物如果不是來自狩獵，而是灑在我們身上的陽光，於是我們就沐浴在自己的食物當中，因此我們的演化只需要做好接收陽光的準備呢？這麼一來，與其發展出一個緊密而易於攜帶的大腦，我們說不定會演化出一種能力，能夠無限地在短時間內生長出布滿嘴巴的新手臂。像我們這樣的動物，生死乃是取決於身體保持完好的程度；但在前述的假想情境下，我們演化出來的說不定會是彈性而不是脆弱性，也就是能夠在一條手臂的所在位置不再適合接收食物的情況下，滿不在乎地捨棄那條手臂。

我們如果決定把動物的大腦，視為不過是「產生心智」以及「儲存記憶」的其中一種形式，那麼一個明智的做法，也許是應該從心智如何在遠古之前透過演化而出現的過程當中找尋線索。在《後生動物》（*Metazoa*）裡，哲學家彼得·戈弗雷史密斯（Peter Godfrey-Smith）把動物心智的出現追溯到最早漂浮在海洋裡的多細胞生物。探究到最早能夠游泳或者奔行於海床上的生物之時，他不禁納悶這些早期的動物對於自我以及自己和其他個體的分別是否有所知覺。牠們是否能夠察覺自己的環境，並且建立對於環境的記憶？換句話說，牠們是否擁有經驗？牠們無疑到處移動，找尋著食物。

「廣闊的新活動會帶來敏感度的擴張，」戈弗雷史密斯寫道：「吸收資訊而不付諸應用，就生物上而言乃是毫無收穫。」這些生物如果到處移動，而且牠們實際上也確實如此，那麼牠們就是讓自己接觸了各種新的感官資訊。如果無法以某種方式儲存那些資訊，如果無法針對周遭世界的事實建構一幅可供後續使用的圖像，將會是一種浪費。首先出現的也許是在空間裡從事目的性移動的能力，然後才出現感知空間的能力，也就是對於移動的一種反應。他寫道，思考動物內心在演化出經驗之前會有什麼東西之時，一個有趣的做法是：想像一種感官跟不上動作的動物。察覺外在環境，以及儲存那些感覺的能力，通常會自動跟上。最早能夠經驗周遭世界的動物，也很可能是最早能夠自行移動的動物。

92 原註：這就是為什麼記憶競賽選手會模仿古代的史詩吟誦者在腦子裡建構「記憶宮殿」（memory palaces），把自己要記住的項目當成物品，擺在一棟想像房屋的不同房間裡，以便後續能夠到那些房間裡把物品取出。如欲對這方面獲得進一步了解，見 Joshua Foer's *Moonwalking with Einstein* (New York: Penguin, 2011)（中譯本書名為《大腦這樣記憶，什麼都學得會》）。

移動與經驗看來似乎先天就會搭配出現。只要移動，新的經驗就會展開在你面前。能夠記錄這些感官輸入，並且將其運用在我們對於生長茁壯的私人追求上，看來是合理的做法。這就是學習的誕生。我針對動物演化所閱讀的內容，截至目前為止也都與植物吻合。我想著菟絲子，在空氣中探索著氣味，並且計算著必須纏繞幾圈才足以生存。我在廚房裡忙碌的時候，我那株四處伸展的黃金葛正在追蹤著自己身上的每一個模組化部位，決定著接下來該往哪裡生長。答案看來似乎總是朝向窗戶生長，不論窗戶在什麼地方。而在秘魯的山上，波氏囊刺蓮這種記憶花則是會在經驗到蜜蜂來訪的時候豎起雄蕊，然後決定接著該在什麼時候豎起下一根雄蕊以迎接下一隻蜜蜂。

植物就像動物一樣，也會在空間當中移動。不過，它們採取自己特有的移動方式——藉由生長。不難想像它們一面生長一面品嘗著環境中的一切，記下這些經驗，而把自己學習到的東西保留下來供日後使用。一旦從這個角度來看，植物記憶的概念就不再顯得那麼神秘。

記憶與經驗在本質上密不可分，因為一個個體只要能夠記得周遭世界的樣貌，就可以說是經驗了那個世界。這樣的個體如果在日後遇到相同的狀況，也比較有可能會做出明智的決策——也就是做出智慧的行為。我們從記憶當中學習。我們最遠古的祖先大概就是在記憶的驅使下，開始追求更複雜的生活方式，而需要做出更加複雜的決策。我們也許不知道植物把記憶儲存在哪裡——大概可以說是儲存在它們那沒有大腦的心智裡——但光是知道它們顯然擁有記憶，就足以改變我們的世界。我們每個人各自收集的經驗，為我們賦予了自我知覺；而我們對於自己的主體性所懷有的這種知覺，就是我們所謂的意識。我們如果以比較開闊的眼光看待植物，就也能夠把一定程度的這種主體性套用在它們身上。畢竟，植物看起來確實能夠經驗並且記得自己周遭的世界。當然，還是有些神秘難解之處揮之不去。對於植物擁有多少記憶，我們所知仍然極為有限。我們擁有的線索極少，答案又更少，也還有許許多多的實驗需要嘗試。不過，我們與植物的關係有些新跡象冒了出來。許許多多的自我，紛紛呈現在我們眼前。

7 CHAPTER 與動物對話

在蘇．柏克（Sue Burke）出版於二〇一八年的科幻小說《符號生成》（*Semiosis*）裡，植物是中心角色。一群人類為了逃離慘遭戰爭與氣候變遷摧殘的地球，於是飛越太空而降落在一顆翠綠的星球上，他們將其取名為「和平星」（Pax）。他們希望人類能夠在這裡從頭開始，對自然界採取不同的態度：「與生態和諧共存，而不是互相對立。」他們立刻就發現，這麼做表示他們必須遵奉和平星上種種植物的意志。

「在地球上，植物能夠計數。它們看得見、能夠移動、接觸到有害的昆蟲之時也能夠產生殺蟲劑，」和平星殖民地的植物學家奧塔薇（Octavio）說。在和平星上，植物的演化時間甚至還更長。一株植物殺死了殖民地的幾個成員，原因是他們過度侵犯了那株植物。那株植物破壞了他們的穀物田地。在這裡，植物似乎能夠預先做出策略性的計畫。

那群殖民者認定自己唯一能夠生存的機會，就是順服於一種特別強大的藤本植物。「我們會為它服務，而不是要求它為我們服務，」奧塔薇說：「它只有在對自己有所助益的情況下才會幫助我們。」與地球上恰恰相反，和平星上的人類成了植物手下「卑躬屈膝的傭兵」，為那些相互爭戰的植物服務。

過了幾個人類世代之後，人類遭到另一個外星物種的攻擊，於是藤本植物提議了一種不必殺害敵人但仍可消除威脅的方法——和平星的一大戒律就是和平共存。

「互利共生可以藉由脅迫達成。」藤本植物說，同時考慮著在其果實內注入麻醉劑以癱瘓入侵者。「本質上就是強制造成共生體。」人類震驚得說不出話來。藤本植物因此語帶鼓勵地對他們說：「植物經常對動物這麼做。」

到了現在，我已從理查・卡爾班和他的山艾得知了植物對植物的溝通，也就是以化學訊號的繁複交流，針對即將來臨的威脅向其他植物提出警告。我得知這種聽不見聲音的話語無所不在，在我們察覺不到的情況下輕易傳遞，是一種不需要聲音也不需要動作的溝通。眾多帶有意義的訊息就這麼飄浮在空氣中。然而，針對植物之間的溝通所從事的研究卻似乎都只聚焦於警告：誰向誰提出警告，以及在什麼時候。這點有其道理，因為針對即將來臨的攻擊，做好準備是至關重要的生存條件。但我心想，植物既然有這麼強大的能力可以傳遞意義，那麼它們傳遞的東西絕對不可能只有警告。植物溝通一定不僅限於警示訊息。結果，我發現我的想法並沒有錯——植物討論的內容遠遠不僅止於此。但在我得知這一點之前所沒有想到的是，植物的對話也不只以自己的同類為對象。它們經常從事跨物種的溝通。

實際上，植物和其他植物物種乃至於動物之間的關係，是一套極為繁複的動態，涵蓋範圍從互利互惠到極度敵對無所不包，其中的差異經常難以辨別。研究這種現象的領域，其名稱就直白地稱為「生物溝通」（biocommunication）。不過，對於當今發現的一大堆複雜的跨物種關係而言，這個名稱看來未免太過輕描淡寫。隨著我一頭栽進生物溝通的世界裡，不禁覺得生命的規則就是毫無規則的交互混合，每一件事物看起來都會對其他一切事物造成影響與改變。我因此想到理論家唐娜·哈拉維曾經寫過一句話，指稱我們的人生是「在多物種的混亂泥漿裡縱情打滾」，不論我們自己有沒有注意到這一點。

康蘇薇洛·德摩賴斯——也就是發現菟絲子如何挑選獵物的那位生態學家——正是置身在這團混亂泥漿裡。她坐在邊緣，仔細觀察著許許多多物種的彼此互動。實際上，她似乎異常善於在先前的科學家完全看不出任何東西的地方看出有意義的互動。她是極為嚴謹的科學人，說起話來一絲不苟而且毫不含糊。只要是她不確定自己能夠複製，或者沒有自信絕對能夠通過同儕審查的實驗結果，她就絕對不會拿出來和我談論。不過，她感覺起來也是個能夠感受到驚奇的人，實際上也把這種感受當成一項首要的研究工具。她的嚴謹要求，使得她在多物種混亂泥漿裡提出的記述令人覺得可靠，同時也因此而更加令人瞠目結舌。

德摩賴斯在她位於蘇黎世聯邦理工學院環境系統科學系的辦公室裡，隔著辦公桌和我說話。她身後是一面展示牆，掛滿了釘在正方形畫框裡的蝴蝶標本。這些蝴蝶都是她研究的那些毛毛蟲蛻變為成蟲之後的樣貌。她專精昆蟲、植物與病毒，而這些生物經常以繁複的方式，相互把自己的生活奠基在對方身上。舉例而言，她在一九九〇年代研究了玉米、毛毛蟲與胡蜂的三角關係。首先，一隻毛毛蟲啃食一株玉米植物。那株植物注意到這一點，於是取樣了那隻毛毛蟲留在葉子上的唾液與反流物質；這麼一來，那株植物就知道那隻毛毛蟲屬於哪個物種——或者至少知道該找哪個物種的胡蜂前來寄生那隻毛毛蟲。於是，那株植物會釋放出一種經過精心調校的化學氣體。不到一個小時，正確的胡蜂就來了。那隻胡蜂無疑對眼前這幅理想的景象深感滿意，於是把身上像針一樣的附器[93]刺進毛毛蟲的身體裡，而將自己的卵注入毛毛蟲體內。那些卵一旦孵化，胡蜂的幼蟲就會以自己特大號的上下顎由內而外把毛毛蟲吃掉。接著，牠們會結出小小的繭，黏在那隻毛毛蟲的空心軀殼上。如此造成的結果，就是一條綠色毛毛蟲的形體上布滿白色絲狀的尖刺，像是由毛氈製成刺蝟身上的刺一樣。這就是那株植物自救的方式。德摩賴斯在一九九八年發現玉米、菸草與棉花都有這種行為。

二十年後，德摩賴斯注意到她種在一間溫室裡的幾株黑芥菜在葉子上出現了小小的咬痕。那些咬痕看起來像是小小的新月形，顯然是熊蜂的嘴巴留下的痕跡。可

93 編註：appendages，指從生物體的主要部分（例如身體的軀幹或主幹）突出或自然延伸出來的外部結構或部位。

是熊蜂為什麼會咬植物？她繼續觀察。

結果，她發現那些熊蜂處於挨餓狀態。牠們在芥菜花緊閉的花苞周圍飛行了好幾天，可是到目前都還沒有開出任何一朵花。牠們如果不趕快把舌頭伸入一池甜花蜜裡，速度就會開始減緩，原因是牠們的身體會不顧一切地致力於保存熱量。牠們最終會降落在土壤上，爬行一陣子，然後死亡。可憐的蜜蜂；牠們完全抓錯了時間。那些花還要再過一個月才會開。這樣絕對不行。她看到那些蜜蜂開始咬植物的葉子。結果，花在第二天開了，於是那些蜜蜂吸食花蜜，而存活了下來。

真是有趣，德摩賴斯心想。蜜蜂不吃葉子，所以牠們應該沒有理由要浪費珍貴的精力啃咬無助於填飽肚子的東西。然而，牠們竟然真的咬了葉子，到處都是新月形的咬痕。以前一定有人注意到這種現象吧，她心想。「然後你開始搜尋文獻，而不禁納悶，怎麼都沒有人注意到這種情形？」

她展開一項實驗，設置了所有適當的對照組，結果發現蜜蜂啃咬植物的做法，會促使植物提早多達三十天開花。明顯可見，蜜蜂能夠因此得益——不過，德摩賴斯發現植物也得以受益，因為它們能夠在周遭有蜜蜂的情況下開花，而讓蜜蜂幫它們授粉。自然界裡的時機掌握就是這麼一回事：所有的物種都會在某方面仰賴其他物種。這些互賴的物種如果步伐不一致，就會陷入各方皆輸的下場。要求取生存，就必須要有一種能夠跨越物種藩籬的溝通方式。

「我的一個學生寄了一張照片給我，畫面裡是她的菠菜沙拉，其中的菜葉滿是這種新月形的咬痕。」德摩賴斯說：「我們以前絕對不會特別去找這種痕跡，可是現在我們不管把目光投向何處，都會忍不住驚呼：老天，蜜蜂的咬痕。你一旦知道以後，就會開始到處都看到這種東西。」

她發現，一般的熊蜂在一段距離之外，就能夠判斷一朵溝酸漿的黃花是否有許多的花粉可供採集，原因是牠們能夠嗅到某種揮發性的花朵化合物，而蜜蜂的大腦會把這種氣味和「一大堆花粉」畫上等號。不過，製造出一大堆花粉需要消耗許多資源。於是，溝酸漿開闢了一條捷徑。它們懂得這種預先篩選的程序，所以與其額外生產花粉，乾脆直接散發出這種揮發性化合物——基本上就是撒謊。被騙的熊蜂飛來之後，就只能帶著失望回家。但無論如何，溝酸漿總之能夠得到其所想要的結果：也就是把花粉沾在熊蜂身上。溝酸漿是非常出色的騙子。

在生物溝通當中，所有生物都和溝酸漿一樣。德摩賴斯談及昆蟲、植物與病毒之間的「軍備競賽」，每一方都設法以計謀取勝，但也不免有落居下風之時。「所有人都想要生存，它們每一方都是。」她解說自己的發現之時，總是經常忍不住笑起來，彷彿又重新體會到了她當初對於那些結果所感到的驚奇。我覺得她不是真心抱持這種把自然視為戰場的觀點，只不過這項隱喻自從達爾文以來就一直普及於科學界裡，所以她才跟著使用。

幾年前，她的研究生在蘇黎世一座植物園裡的溫室看到一株自己喜歡的植物，而買了幾顆種子帶回德摩賴斯的實驗室。他們栽種了那些種子，結果生長出來的植物有著令他們嘖嘖稱奇的深紫色莖稈，上面布滿了一吋長的棘刺，那些棘刺的大小完全比下了這種植物所開出的小黃花。這種植物的每個部位對於人類而言都有毒，其俗名叫做「紫魔鬼」（purple devil）以及「惡毒」（malevolence）。[94]他們把年幼的毛毛蟲放在這種植物上面，純粹想要看看會發生什麼事。不久之後，他們注意到有一滴一滴的黏液附著在植物的莖上。那是由糖所形成的一顆顆閃亮珍珠，就像黎明時分凝結在斗蓬草上的露水一樣。這種「花外」[95]花蜜，也就是不在花朵裡的花蜜，在植物當中並不罕見；一般而言，這種花蜜是為了吸引對植物本身有所幫助的嗜糖動物。他們繼續觀察，發現那些毛毛蟲確實受到了那些糖液吸引。可是，毛毛蟲對植物沒有幫助，毛毛蟲只會啃食植物。突然之間，那些毛毛蟲的嘴巴出了問題。那些水珠就像黏膠一樣，把毛毛蟲如鉸鏈般開闔的小嘴巴給黏住了。「就像是你的嘴巴裡面含著太妃糖的那種樣子。」德摩賴斯說。那些幼小的毛毛蟲前後揮動牠們的頭，想要甩掉那種物質。可是這樣根本沒用；由於牠們沒有手可以伸入嘴裡，所以對於嘴巴被黏住的情形完全無能為力。那些珍珠般的糖液原來是陷阱。只要有誰敢去吞食，就從此別想再張開嘴巴。

近來，她的研究對象是一枝黃花。這種植物有著高高的莖稈，並且會在弧狀的分枝上開出成串的金黃色花朵，在北美洲東部幾乎可說是無所不在。二〇二〇年，德摩賴斯發現一枝黃花能夠察覺附近的造癭癭蚋[96]所散發的揮發性訊號，而在那些癭蚋來襲之前就先啟動體內的免疫系統。造癭昆蟲可以是植物的一大威脅：牠們一旦來到一株植物身上，就會劫持那株植物的DNA，迫使那株植物以自己的組織為牠們打造出一個藏身處。由此產生的結構有可能具有繁複的幾何形狀，也可能呈現出植物本身所沒有的顏色。那些昆蟲經常會把卵產在蟲癭裡，而那些蟲卵裡飢腸轆轆的幼蟲一旦孵化出來，就有可能對植物造成危害。整體而言，從植物的觀點來看，最好還是避免這樣的狀況。所以，也就難怪一枝黃花會演化出能夠偵測到附近是否有造癭昆蟲的方法。不過，癭蚋知道植物可能會察覺牠們的蹤跡，所以也會評估一枝黃花。一株一枝黃花散發出來的揮發性物質，如果顯示這株植物已經啟動了抗癭蚋的防衛機制，帶卵的雌癭蚋就會注意到這一點而避開這株植物。另外找尋一株防衛性沒那麼高的植物，對於癭蚋而言是比較好的做法。

94 譯註：其學名為「Solanum atropurpureum」，是原生於巴西的茄屬植物。
95 編註：extra-floral，意指與植物的花朵本身無直接關係，但存在於植物其他部位的結構或現象。
96 編註：gall-forming flies，意指會導致植物形成「癭」（gall）這一類蒼蠅、果蠅等飛蟲，通常涵蓋數種不同昆蟲。

這類跨物種對話時時刻刻都不斷進行著，但完全發生於人類的感官範圍之外。這種溝通繁複、活躍、具有多重層次，而且速度極快——這一切都只發生於片刻之間。德摩賴斯說，截至目前為止，這類交流只有極小的一部分被理解：「我總是很驚訝我們不知道的事情竟然有那麼多。」

我回想起召喚胡蜂的玉米和番茄。它們基本上就是在召集合作夥伴；或者，若從稍微不同的角度看待，也可以說它們是把胡蜂當成工具使用。合作與強迫之間的界線有時模糊不清，畢竟胡蜂無疑也受益於這種關係。但無論如何，植物率先提議了這種安排。從植物的觀點來看，它們顯然是找到了適當的工具。我不禁想到，使用工具的能力是動物智力的一種典型測試方法。我看過烏鴉用樹枝打開裝有食物的盒子，以及海獺利用石頭敲開貝類的影片。植物的做法和這種行為有那麼不同嗎？我繼續閱讀；結果，原來這是一則在植物世界裡一再反覆出現的故事。

和番茄、馬鈴薯與菸草屬於同一科的歐白英（bittersweet nightshade），會分泌含糖的花蜜以召喚螞蟻為其擔任保鑣。螞蟻被這種植物為牠們分泌的這種黏膩糖漿所吸引，於是就會摘除附著在歐白英莖稈上的葉蚤[97]幼蟲。歐白英的動作必須要快，以免蠕蠕而動的葉蚤幼蟲鑽進其體內而造成危害。螞蟻會把那些幼蟲搬進牠們的蟻窩裡，然後那些幼蟲就從此消失無蹤。

另外有些植物似乎也會以這種方式雇用螞蟻，而且這類植物多得足以促使植物學社群為它們取一個專屬名稱：親蟻植物（myrmecophytes）。有些螞蟻物種已經不再能夠脫離牠們專屬的親蟻植物而獨立生存，例如血桐屬（Macaranga）這種熱帶樹木的共生蟻就是如此——牠們只要脫離血桐，就會在不久之後死亡。相思樹也有類似的關係；它們會為螞蟻提供食物，並且在樹枝上的空心棘刺裡為牠們提供特化的築巢空間。螞蟻的回報則是積極攻擊任何前來侵擾這些蟻窩樹木的敵人。親蟻植物的維基百科頁面有一張照片，顯示三隻鐵鏽色的大螞蟻在一片葉子上包圍了一隻體型較小的紅色螞蟻。其中兩隻大螞蟻分別咬住了紅蟻兩條前腿，第三隻大螞蟻則是咬住其腹部。「螞蟻合作肢解一隻入侵的螞蟻。」圖片下方的說明文字寫道。那棵樹徵召了螞蟻擔任其保鑣，而這些保鑣獲得的報酬則是糖漿與棲身處所。

植物如果有什麼事情沒辦法自己做，就會找其他東西幫它們做。不過，那些其他東西如果也是生物，並且有自己的目標要追求，那麼就可能需要提供一點賄賂，或是設法操弄對方。舉例而言，豆科植物會與自己根裡的細菌建立聯盟，以便確保自己能夠獲得穩定的氮肥來源。它們的根部滿是看起來像歪斜珍珠的圓形小瘤，用

97 編註：flea beetle，一種小型甲蟲，之所以被稱為「葉蚤」，是因為牠們具有一個非常顯著的特徵：後腿特別膨大發達，使其能夠像跳蚤一樣跳躍，以此來逃避危險。

來當做菌落[98]的家。這些小瘤裡的細菌會為植物固氮[99]，而植物則以糖回報那些細菌。不過，這種安排不一定會如豆科植物所希望的運作得那麼順利。細菌反覆無常，不一定會履行自己的工作，也不一定會把工作做好。細菌的固氮能力差別很大。豆科植物會監控棲息在每個小瘤裡的細菌，確認它們履行承諾，要求一對一的交換。植物如果發現細菌沒有付出努力而只是坐享其成，就會施加懲罰，斷絕那個小瘤的氧氣供給。

豆科植物的這種安排看來像是生物之間一種直截了當的交易，只是添加了一些對於偷懶的懲罰而已，但其他的跨物種關係則是沒有這麼單純。在生物系統當中，脅迫尤其是難以斷定的現象。誰敢說其中一方是遭到脅迫，而不是心甘情願地配合？在我們眼中看來像是脅迫的現象，對於參與其中的個體而言說不定不是這麼一回事。例如有一類蘭花就是如此，生物學家指稱它們善於「性欺騙」（sexually deceptive）。這些蘭花充分展示了植物對於生物化學的理解有多麼細膩。

植物是合成化學化合物的天才。它們似乎能夠為自己面臨的工作製造出任何必要的化學混合物，而以氣體方式透過氣孔散發出去，有時則是藉由根部滲入土壤裡。植物在這方面的準確度與能力超越了其他任何生物，而且我們可以說這種能力構成了一種額外的感官，一再造成研究者的震驚。每當氣體採樣工具出現新進展，我們對植物這方面的理解就進一步擴大。更加細膩而且獨特的化學發明因此呈現在我們眼前。可以確定的是，植物能夠產生極為複雜的化合物，複雜度遠超出我們的儀器所能夠偵測的範圍。

不過，還是先把目光拉回蘭花。在澳洲，演化生物學家羅德．皮可（Rod Peakall）投注了三十年以上的時光，研究幾種蘭花誘惑胡蜂與它們交配的方式。這種做法的重點在於把花粉裹覆在胡蜂身上。意思就是說，為了進行植物交配，這種植物會假裝與胡蜂交配，導致胡蜂在不知不覺間從事了植物交配。這種機制有點複雜，但就我們所知，大概沒有其他事物能夠更明白顯示出植物可以和其他物種的生活產生多麼親密的連結。所以，我們只能盡力想像其中的過程。

如同世界上許多最奇特的植物，許多特化出胡蜂交配行為的蘭花都原生於澳洲。以蜘蛛蘭（spider orchids）為例，這種蘭花之所以看起來像是蜘蛛，原因是它們捨棄了正常花瓣的概念，而長出像蜘蛛腿一樣的細長組織，並且在其中一條組織的末端附上一個繭狀的圓球，會在風中不停晃動。這顆圓球的大小和形狀看起來就像某個特定種類的雌性胡蜂。

98 編註：colony，在生物學中，菌落指由一個或多個微生物在培養基上生長而形成的具特定形態的聚集體；在微生物學中，菌落是觀察和計數微生物的單位。

99 編註：fix nitrogen，一般是指微生物（自生或與植物共生）體內固氮的作用，將大氣中的氮還原成氨等氮化合物的過程。

接下來，想像那些胡蜂。這個物種的雌蜂不會飛，雄蜂如果想要交配，就必須四處飛行，找尋置身在植物上的發情雌蜂。找到之後，雄蜂就會俯衝而下，熊抱住雌蜂，帶著牠飛上空中進行交配，就像是兩個綁在一起的高空跳傘員。因此，蘭花的假胡蜂就是專為這樣的互動而設計：雄蜂俯衝而下，熊抱住假雌蜂，然後瘋狂拍打翅膀，想要帶著假雌蜂飛走。於是，雄蜂與假雌蜂就在細長的萼片上不停彈跳，直到雄蜂撞上蘭花的中心，而等待在那兒的花粉就會沾上雄蜂的背部。過了一陣子之後，那隻雄蜂也許意識到自己的錯誤（也可能沒有），就會帶著花粉離去。（另一個採取類似策略的蘭花物種，則是把一包整整齊齊的黃色花粉黏在胡蜂的背上，使得胡蜂看起來就像是背著書包要去上學一樣。）那隻雄蜂在附近又看到另一個像是雌蜂的對象，於是再度俯衝下去，奮力振翅想要把雌蜂帶走，從而把花粉撒在那朵蘭花上。我猜那隻雄蜂在一整片的蘭花上空飛來飛去的時候，心裡大概會想著，這裡的美女還真多。

在好幾個世代以來，大多數人都認為胡蜂是被蘭花那顆圓球的形狀所引誘。[100]不過，令皮可感到納悶的是，胡蜂的視力相當好。而且，就算是對雌蜂形體模仿得最像的蘭花，在細節上也還是相當馬虎。那顆圓球的輪廓雖然和雌蜂頗為相似，但近距離看來絕對不可能那麼具有說服力。另外有些採取相同授粉策略的蘭花物種，在偽裝上投入的心力顯然又更少。他心想，不可能會有胡蜂看到這樣的圓球而信服那是雌蜂。此外，胡蜂只有在雌蜂發情的時候才會交配，所以重點一定在於費洛蒙[101]。

所謂的化學傳訊素（semiochemical），指的是在一個個體的體內合成產生，然後釋放出去滲透另一個個體的化合物。就定義上而言，一個生物為了操控另一個生物而製造並且釋放的化學物質，即是化學傳訊素。這個詞語沒有隱含意圖的概念，也不帶有惡意，只有這項令人難忘的事實：不論是什麼生物，也不論牠們想不想要，只要一吸入化學傳訊素，就會乖乖聽命行事。那些生物甚至可能會以為自己做的事情是牠們自己的主意。

二〇〇〇年代初期，皮可著手評估蘭花的這種欺騙做法涉及多少的化學作用。他猜想，那些蘭花應該是散發出深具可信度的胡蜂氣味，他知道有些蘭花只吸引特定物種的胡蜂，所以那種化學作用必定很明確。根據他的猜測，那些蘭花應該是從目前所知的一千七百多種花香化合物當中，利用某些元素加以組合。

100 原註：一九二八年，先驅澳洲博物學家伊蒂絲・科爾曼（Edith Coleman）曾經斷定其中必然涉及氣味。然而，其中的化學作用仍然難以捉摸，因此一般仍然認為蘭花是以視覺方式欺騙胡蜂。Edith Coleman, “Pollination of an Australian Orchid by the Male Ichneumonid *Lissopimpla semipunctata*, Kirkby,” Ecological *Entomology* 76, no. 2 (19): 533–39, doi:10.1111/j.1365–2311.1929.tb01419.x。

101 編註：pheromone，一種由生物體分泌並釋放到體外的化學物質，可以被同種的其他個體感知，並引起特定的行為或生理反應。

「結果，我們錯得一塌糊塗。」皮可在二〇二〇年的植物學年度研討會上發表了一場專題演說，而對全球的植物學家社群這麼表示。他和他的團隊所分析的化學傳訊素，幾乎全都是植物科學不曾發現過的東西。而且，他們檢視的還只有少數幾種蘭花而已。究竟還有多少化合物在空氣中發揮著作用，以細膩的方式操弄著環境，而至今仍然不為我們所知？不僅如此，由於氣體偵測技術在近來出現的進展，皮可因此能夠看出胡蜂受到的引誘，乃是取決於蘭花如何以確切比例混合兩種以上的這些化合物。每一種蘭花採用的配方都不一樣。一個物種的蘭花把兩種化合物以十比一的比率合成而產生一種氣體；另一個物種則是把另外兩種完全不同的化合物以四比一的比率合成。這些化合物全都是科學界以前不曾發現過的。那種精確性令人難以想像，而且甚至連最先進的現代工具都差點偵測不出來。此外，他們還發現那些蘭花的化學傳訊素必須要有紫外線才能夠產生作用。換句話說，蘭花把陽光當成一種成分。

皮可開始把小小的黑色珠子插在木籤上，然後塗上這些細膩的化合物，看看這樣能不能在沒有肖似雌蜂形體的情況下吸引到胡蜂。結果，這些小珠子的效果非常好，證明了引誘胡蜂的是化學物質，而不是視覺把戲。「當然，我們仍然不知道的是蘭花在演化上怎麼能夠以如此精確的方式攔截以及收編胡蜂授粉者的私密溝通訊號。」皮可說。植物與昆蟲之間竟然會有如此精巧的共同演化系統，實在令人難以想像。

不過，我在聽著他說話的同時，也不禁納悶這則故事裡可能欠缺了什麼。蘭花的做法看起來確實像是性欺騙，可是胡蜂如果實際上知道蘭花的詭計，而自願配合呢？約克大學的科學人類學家娜塔莎．麥爾斯（Natasha Myers），以及在多倫多大學修習科學史的卡拉．赫斯塔克（Carla Hustak），針對蘭花與胡蜂的關係提出了一種不同的看待方式。如同達爾文早在一八六二年就已經發現的，蘭花與昆蟲的身體精確地互相對應，是自然界裡最完美的適應。不過，他基本上還是把這種現象視為一種欺騙；畢竟，昆蟲沒有從牠們與蘭花的接觸當中獲得生殖利益，所以必定是遭到了蘭花的欺騙。不過，麥爾斯與赫斯塔克問道，這兩者之間的關係會不會有別的解釋？也許這不是達爾文式的適者生存機制？她們提議指出，這說不定是昆蟲與蘭花之間的一種調情，一種跨物種的舞蹈，所以雙方其實都同意這樣的安排，並且欣然參與這樣的互動。也許這些接觸可以證明一種不同的生態安排，而其中的常態乃是「同一物種當中或者不同物種之間的享樂、玩耍，或者即興互動」。也就是說，胡蜂有沒有可能是「『耽溺』於假交配的樂趣」？

這種說法聽起來也許顯得天馬行空，但話說回來，達爾文自己也曾經在家裡針對蘭花從事實驗，從事一種多感官測試，以他的手指、髮絲以及其他工具，針對蘭花的特定部位加以戳刺摩擦，看看自己能否像昆蟲那樣引起蘭花的反應，促使蘭花的花粉囊把花粉噴灑在他身上。基本上，他就是花費了很長的時間角色扮演著慾求不滿的胡蜂。他描述了蘭花對於特定類型的觸碰會展現出相當感官性的喜好，即便對他這個人類而言也明顯可見。麥爾斯與赫斯塔克問道，這種關係有沒有可能被視為一種互惠的糾葛，亦即蘭花及其授粉者在其中雙雙獲得滿足？畢竟，達爾文就把自然界形容為一片「糾纏的河岸」，是一面「緊密交織的喜好網絡」，由高度涉入彼此生活的物種構成。從這個角度來看，我們對於植物涉入其他生物的生活這種現象，也許可以採取比較不帶對立性而且比較親密的解讀。

同樣必須指出的是，研究已發現這些蘭花通常會把自己的化學模仿，稍微調整得不那麼完美，對於化學化合物的某些面向做出細微改變，雖然還是足以取信其目標對象，但不是和模仿源頭完全無法區辨。這樣的做法有其道理：蘭花要是比雌蜂更善於引誘雄蜂，那麼雄蜂說不定會深深著迷於蘭花，以致再也不和真實的雌蜂交配。這麼一來，蘭花恐將失去它們的授粉者。我們不禁納悶，胡蜂如果注意到了化合物的差異，卻還是決定和蘭花交配，心裡不曉得是懷著什麼樣的想法。

在《編織聖草》（*Braiding Sweetgrass*）裡，基默爾這位植物學家暨公民波塔瓦托米民族[102]的成員，提及自己年輕時一心想要知道紫苑（aster）與一枝黃花為何在每年九月都會一起開花。一枝黃花的亮黃花朵與紫苑氣質高貴的紫色花朵交雜在一起，形成令人迷醉的視覺動態。那些花為何那麼美麗？她想要知道。她是個美洲原住民孩子，兒時都以人稱代名詞指涉非人生物。她在一九七〇年代進入大學就讀的時候，她的指導教授似乎執意要改掉她的這種傾向，而對她說她那些關於美的問題在植物學系裡沒有存在的空間。美是主觀感受，不是客觀事實，所以絕對不可能會是合適的科學探究主題。植物必須是我們從它們身上找出科學答案的客體，而不是主體。

不過，基默爾發現，這個問題對於原住民科學（Indigenous science）而言並不是不合適的問題。她取得博士學位，並且在一個植物學系謀得教學職務之後，參加了一場原住民長老的聚會，其中一名納瓦霍族[103]婦女發言長達幾個小時，談論植物以及植物所偏好的關係——它們喜歡生長在什麼東西旁邊、它們為何那麼美麗。她沒有提到紫菀和一枝黃花，但「她的話就像一記當頭棒喝」，基默爾說。置身在科學絕對主義裡已有多年時間的基默爾，這時才被那名婦女的話一棒打醒。她於是回頭探究她先前的那個問題。科學家如果想要得知一個生物是否獲益於某一項安排，通常會量測生殖狀況。所以，紫菀與一枝黃花如果確實因為生長在一起而獲益，如果它們造成的美麗景象有其目的，那麼它們生長在一起的生殖率大概會比獨自生長來

102 編註：Citizen Potawatomi Nation，一個美國聯邦政府承認的北美原住民族群，位於奧克拉荷馬州。

103 編註：Navajo，美國西南部的一支原住民族，為北美洲地區現存最大的美洲原住民族群，人口估計約有三十萬人。

得高。由於紫苑與一枝黃花都仰賴授粉，因此她決定觀察蜜蜂。

黃色與紫色在色相環[104]上是相隔一百八十度的對比色，因此會產生互補性的視覺效果：比起黃色或紫色各自單獨出現，這兩個顏色擺在一起會引起我們眼睛更強烈的反應。她心想，也許這兩種顏色對蜜蜂也有相同的效果。所有的花朵基本上都是用於吸引授粉者的看板，所以這樣的廣告愈是耀眼奪目，就愈容易吸引蜜蜂前來。蜜蜂的可視光譜遠比人類來得寬廣，因此能夠看見我們看不見的顏色。許多花都有條紋狀的紋路，就像是只有蜜蜂才看得見的降落跑道或者靶心。不過，就紫苑與一枝黃花而言，蜜蜂眼中所見則是基本上和我們一樣。牠們看到的也是紫色與黃色構成的耀眼景象。基默爾針對自己的假說進行測試——亦即紫苑與一枝黃花必定是為了和蜜蜂有關的原因而生長在一起——結果發現它們生長在一起所吸引的授粉者，會比它們各別獨自生長所吸引的還要多。比起單獨只有生長一枝黃花或者紫苑的土地，同時生長這兩種植物的土地有更多的蜜蜂造訪。這樣的視覺展示具有令蜜蜂著迷的效果，就像她也不禁為之著迷一樣。她因此斷定這兩種植物的美是刻意造成的結果。我們自身主觀的審美感受，終究能夠讓我們得知植物意圖的若干真相。

美幾乎總是一種溝通形式，也就是傳達「選我」的訊息。美感偏好已在動物王國當中被證實；動物會受到自己認為美的對象所吸引。難怪植物也為了此一目的而將美納入它們的外觀當中。花朵本身的演化，就是為了要讓動物覺得美。大多數的陸地植物原本都仰賴風，把它們的花粉粒從一株植物帶到另一株植物上。不過，後來出現了陸生動物，而且牠們開始食用植物富含蛋白質的花粉。這些動物在進食的過程中，無意間把部分花粉從一朵花帶到另一朵花上，結果以遠比風更有效率也更條理井然的方式完成植物的授精。不久之後，植物就開始把它們的部分葉子轉變為色彩鮮豔的小旗幟——也就是早期的花瓣——以便更容易把動物引導到花粉所在處。這些花瓣採取了更加精美的色彩與形狀，終究產生出只有授粉者具備的那種眼睛解剖結構才看得見的標記。除了視覺展示之外，後來又加上了花蜜與花香。這些誘人的構造於是形成花朵，並且在美感的追求上不遺餘力，爭相吸引眼睛結構愈來愈複雜，而且美感品味也愈來愈挑剔的生物。[105]現在，花朵顯然對我們也具有吸引力。

104 編註：color wheel，一個將顏色依照色相排列成環狀的視覺工具，通常包含十二種顏色，是色彩理論的基礎，常用於配色和尋找顏色靈感。

105 原註：不過，一如在人類身上，美感偏好的初始源頭至今仍是個謎。我們為什麼會認為某些東西是美的？在某些案例當中，美麗的特徵可能隱含了某種潛藏的演化優勢，某種可以受到個體承繼的長處。這是所謂的「優良基因」理論，但仍有待研究證明。大部分的情況下，美與強健活力之間都沒有這樣的關聯。在大多數的案例裡，美甚至根本看不出有任何適應性。在《紐約時報雜誌》裡，一名研究生物美的研究者稱之為「頹廢至極」。我們一點都不清楚為什麼有些東西會讓人覺得美。但儘管如此，美確實有其明白可見的優點。美會在動物的大腦裡引發某種反應、觸動吸引力。植物對此一點都不無知，因此致力於美化自己。

我們知道植物的生物化學天分使得它們深具韌性、能夠讓它們抵擋掠食者，也以細膩與明確的方式滿足它們的需求。此外，植物不總是遵循歐洲觀點當中所謂的「自然秩序」（natural order）。它們不自我侷限在自己的物種當中，甚至也不侷限於某種能夠明白界定的性別裡。畢竟，蘭花可是藉著與胡蜂交配而繁殖。有些植物幾乎完全只會自我複製，例如歐洲山楊（aspen）與蒲公英，另外有些植物則是有時自我複製，有時又和其他個體交配，例如草莓就是如此。許多植物都是雙性者，在一朵花上同時有雄性與雌性生殖器官（令人玩味的是，植物解剖學把這種花稱為「完全花」〔perfect flower〕）。古銀杏樹（ginkgo）能夠自發性地改變身體一部分的性別，從而在一棵雄樹上長出一根雌性枝條。銀杏是世界上最古老的樹木之一，已經存在了好幾億年之久，自從恐龍的時代就一直頑強存續至今。它們在性方面的彈性，也許使得它們特別能夠承受漫長的時間所帶來的各種挑戰。

在一個潮濕的六月天裡，我在維吉尼亞州隨著彼得．克萊恩爵士（Peter Crane）步行穿越一叢高大的銀杏樹當中的林下層。克萊恩是古植物學家，也是英國皇家邱植物園（Royal Botanic Gardens, Kew）的前園長，他在第二天就要飛往英國參加伊莉莎白女王的白金禧慶典[106]。不過，今天他則是置身在自己最喜愛的物種之間。這片由三百棵幼樹構成的樹林，是在一九二九年由布蘭迪植物園（Blandy Arboretum）栽種而成。這些樹木都很高，但克萊恩對我說他在亞洲看過遠遠更加古老而且也更高的銀杏樹。這些樹木的扇形葉子降低了樹林裡的氣溫，也為外面透進來的光線染上了淡淡的橄欖綠。我懷著嚮往的心情想像著這片樹林在十一月的模樣，屆時銀杏葉將會轉變為明亮的金黃色，並且從樹枝上紛紛飄落而下。我在紐約市許多個灰暗的十一月都欣賞過這種景象，因為銀杏樹在那裡是常見的行道樹。你如果有幸能夠在適當的日子身在適當的地方，就會看到輕飄飄的金幣從天而降，鋪滿整個人行道。不過，不同於那樣的銀杏奇景，我現在來到維吉尼亞乃是為了銀杏年度週期裡的另一種景象：數以百計的微小嫩苗從樹林地面上冒出，仍然連結於它們從中生長出來的那些帶有刺鼻氣味的種子，就像還沒完全擺脫蛋殼的小雞一樣。這些嫩苗幾乎全都沒有存活下來的機會，因為聳立於它們上方的那些成年銀杏看起來都沒有即將倒落死亡的傾向，但這卻是唯一有可能在濃密的樹冠層裡打開一個洞口，從而讓這些嫩苗有機會成長茁壯的方法。我忍不住感到同情，於是把三株銀杏幼苗挖了起來帶在身上，以便回家之後當成盆栽種植。

克萊恩和日本的同僚率先發表了一篇探討銀杏變性的論文，原因是他們在日本的一份當地報紙上看到一篇報導，提及一棵在日本被視為天然紀念物的著名銀杏雄

106 編註：Platinum Jubilee of Queen Elizabeth II，二〇二二年的一項大英國協多國的慶祝活動，以紀念七十年前伊莉莎白二世登基成為英國、加拿大、澳洲、紐西蘭、巴基斯坦、南非、錫蘭的女王，登基鑽禧紀念時，伊莉莎白二世為十六個大英國協王國元首。

樹，竟然長出了一根雌性樹枝。他們前去研究，結果發現那根樹枝確實已開始長出種子。除了那棵樹以外，只有另外三棵變性銀杏被記載——一棵在倫敦的邱園，一棵在肯塔基州，還有一棵則是在我們當下所在的維吉尼亞州這片樹林裡。他說明指出，這種現象在目前被認為極為罕見，但有可能只是因為根本沒人花費心力找尋這種情形。一棵成年的銀杏樹可以有好幾百根樹枝，而且又非常高，因此要仔細觀察性徵乃是一件極度困難而且又昂貴的事情。不僅如此，檢查銀杏性別的時機更是稍縱即逝：你必須等待它們的性器官產生出花粉或胚珠，而且即便到了這個時候，要在一棵滿是花粉的樹上，找出單獨一根與眾不同的樹枝也是一項艱鉅的工作，至今還沒有人嘗試過。不過，針對銀杏在文化與生物方面的貢獻寫過一本書，而且字裡行間表現出來的態度近乎崇敬的克萊恩，指稱銀杏採取的做法不論是什麼，都值得我們注意，因為這可能是銀杏得以存活好幾億年而幾乎從不改變的原因之一。

包括蘭花、歐洲山楊、草莓、親蟻植物，以及銀杏在內的這一切，帶有一種明確無疑的酷兒[107]性質，一種肉慾糾纏，毫不理會性別的二分，也跨越了物種的藩籬，並以近乎歡快的姿態蔑視異性戀本位的繁殖模式。這種觀點可能也有助於我們擺脫以往的那種想法，亦即自然界是個戰場，而且每一項鬥爭當中都有一個明白可見的贏家。有時候，自然界的互動有可能是即興發揮，或是彼此合作，或是其他完全不同的東西。

我找上亞莫・霍羅派南（Jarmo Holopainen）的時候，他正要從東芬蘭大學退休。多年來，那所學校一直是植物互動研究當中的一個先驅機構。我不禁納悶，芬蘭本身是不是帶有什麼有助於在這個領域裡做出創新的特質——尤其是芬蘭的樹木相當特別。這個國家有許多高大的歐洲山楊，這種樹木都生長在龐大的複製群體裡，也就是說同一群樹木其實都是單一個體。思考單一的巨大生物能夠在我們的思維當中開啟新空間；如果這些樹木全都是單一個體，那麼這個個體想必會在自己的許多不同肢體之間互相溝通，而此處所謂的肢體就是一棵棵完整的樹木。一個單一的巨大生物和一個群體到底有什麼不同？在霍羅派南接起電話的時候，我心裡正想像著這些歐洲山楊。他說起話來語氣和善、從容不迫，而且深具分量。聽他說話，我覺得他似乎滿心都在為自己投注了一生的那門科學領域思考著未來的發展。我們在年輕時，也許會認為自己投身其中的領域，會在我們退休的時候被更充分的理解。然而，霍羅派南卻是展望著一整個領域的未竟之志。

他的領域是植物揮發物質（plant volatiles），也就是植物用於溝通的那些化學物質。二〇一二年，他和自己的門生詹姆斯・布蘭德（James Blande）發表了一篇美妙

107 編註：queer，對所有性取向非異性戀，以及性別認同非二元性別或非順性別的人的統稱。

的論文，把植物的生化合成形容為一種「語言」，而化合物的各種複雜組合則是植物的「詞彙」。他們寫道，氣味當中各種化合物的組合和比例可以說成是「句子」。「在那個意義上，那就像是說話一樣。」霍羅派南在那通電話上對我說。

在一項特別簡潔的研究裡，他發現在北方寒冷氣候中生長良好的白樺，有時會遭到象鼻蟲[108]攻擊。他發現那些白樺樹的生長地區如果有小葉杜香（Rhododendron tomentosum）——這種植物又稱為喇叭茶（Labrador tea），被北方的原住民族當成茶飲以及藥物已有數千年之久——就特別能夠抵禦象鼻蟲的侵襲。生長在小葉杜香旁邊的樹葉，其氣味聞起來一點都不像白樺，而比較像是喇叭茶特有的香氣。霍羅派南與布蘭德以及他們的實驗室夥伴一起合作，而發現這種香氣實際上不是源自於白樺，而是為喇叭茶賦予療效的那種物質。白樺從自己的這些植物鄰居身上吸收了這種香氣；那些化合物黏附在白樺的葉子上，而能夠在象鼻蟲來襲的時候發揮防衛作用。相同的化合物對於這兩種植物都具有保護效果。這是一個完整的句子，由兩種完全不同的植物編織而成。

不過，霍羅派南近來比較感興趣的是承載這些氣味句子的空氣。他想知道人類造成的空氣污染會不會干擾那些植物揮發物質，而造成這種溝通短路。簡單說，答案是肯定的。隨著我們逐漸明白植物和其他物種的溝通帶有多麼重大的利害關係，我們也逐漸理解到人類可能阻礙了它們的溝通。空氣中愈來愈多的污染，似乎削弱了植物傳送以及解讀訊號的能力。正如植物的溝通能夠跨越種族藩籬，我們的溝通也同樣有這種效果，而我們對植物傳達的訊息就是煙霧。

他說，植物經過適應演化而能夠因應若干臭氧。不過，臭氧代表一種壓力，而如同所有的壓力，到了一定程度就會超出承受範圍，一旦達到夠高的程度更是可能造成組織損傷。植物通常暴露於比較低的長期濃度當中，在都市地區附近尤其如此，而那種濃度的臭氧有可能會抑制植物的空氣傳播訊號，因為那種訊號在一團污染當中就是沒辦法傳播得那麼遠。

第二，化學訊號的成分有可能在傳遞過程中被臭氧改變，從而擾亂訊息，使其變得無法理解。第三，接收植物可能根本聽不到那個訊號，因為植物一旦察覺到臭氧，就可能會關閉氣孔（也就是葉片底部那些像嘴唇一般的開口，能夠讓氣體進出），因為臭氧畢竟對植物帶有毒性。二氧化碳污染似乎也是如此。「我們知道，植物如果種在二氧化碳排放量高的環境裡，訊號傳遞也會減少。」他說：「而且我們也知道，它們在二氧化碳濃度高的情況下不會打開氣孔。」基本上，空氣污染會徹底打亂植物溝通，而且這種情形愈來愈嚴重。

108 編註：leaf weevils，也叫象蟲、象甲、象甲蟲，此種昆蟲的吻突很長，有如大象之象鼻一般，但實際上這個並不是鼻子，而是象鼻蟲用來覓食的口器。

由此造成的連鎖效應極為可怕。植物的防衛機制──例如能夠在收到昆蟲即將來襲的警告之後把自己的味道變苦──經常是把那些害蟲的數量控制在可應付程度內的主要方法。如果植物沒辦法傳遞訊息，這種自然害蟲控制就無法發揮同樣的功效。「有些原本受到控制的害蟲物種，可能會因此出現大爆發的情形，」霍羅派南說：「這樣可能會造成嚴重的後果。」

而且，受害的不是只有植物，在緊密交織的生命之網當中，任何事情都不會只對一個物種造成影響。布蘭德為我提出進一步的解析。假設一株植物經由演化發展出一種能力，能夠召來寄生蜂把卵產在啃食這株植物的毛毛蟲體內，從而殺死那些害蟲。這麼一來，那種寄生蜂很可能會高度仰賴這種植物指示牠們該在哪裡產卵。牠們如果找不到這種宿主植物，其數量就會減少。

布蘭德發現，黑芥菜花（black mustard flowers）一旦暴露於臭氧之下，身為其授粉者的熊蜂找到這些花朵的時間就會拉長。他為了證實這一點，甚至利用GoPro運動相機從蜂巢開始一路跟著蜜蜂。芥菜授粉者一旦減少，成功生長的芥花植物就也會跟著減少，而這種現象如果擴展至整個產業，就有可能造成作物短缺或者作物歉收。而且，我們也沒有理由認為芥菜是唯一會遭遇這種狀況的植物；如同我們已經看過的，芥菜科（也就是十字花科）只不過是傳統上受到研究者偏好的研究對象。另外很可能還有許多跨物種關係也都遭到了威脅，只是還沒有人想到要加以研究而已。

現在，布蘭德正在研究歐洲赤松（Scots pine）。這是一種迷人的常青樹，生長於北歐各地，甚至在北極圈內也能夠生存。他之所以挑選歐洲赤松，部分原因是還沒有人研究過針葉樹的這種問題。截至目前為止，他已發現象鼻蟲一旦開始啃食歐洲赤松幼苗的樹幹，這種植物就會釋放出揮發物質，引發附近的其他歐洲赤松幼苗啟動其免疫系統。這種揮發物質也會促使其他幼樹增加光合作用，可能是一種為即將來臨的侵襲預做準備的方式。畢竟，光合作用是植物從空氣裡分離出碳的方式，而植物要製造用於傳遞訊號以及自我防衛的各種化合物，就需要大量的碳。

不過，污染出現之後，一切就隨之改變。「看來有些植物可能設法做出了反應，可是有許多則是沒有。」布蘭德說。在出現污染的情況下，未受攻擊的幼苗就沒有增加光合作用，也沒有啟動免疫系統。「我會說，那種情形看起來就像是互動陷入了崩潰。」

除此之外，有些證據也顯示我們栽種糧食的方式似乎阻礙了植物溝通，儘管這種論點還遠遠未能普遍套用在所有的植物上。有些馴化的植物所產生的揮發物質，實際上還比野生種更多。不過，研究已經發現，商業品種的玉米注意到草食生物在它們身上產卵之後，產生揮發訊號的能力遠低於地方品種。商業品種完全沒辦法召來對自己有利的掠食者。看來有許多靜默的玉米田，在遭遇危險的時候無力傳遞訊號。

這點讓人不禁要問，像玉米這樣經過高度改造並且大量種植的糧食作物，其溝通能力是不是在不知情的狀況下遭到了消除。或者，這樣的植物也許因為在人類的汰擇之下獲得了生存所需的一切，而不必持續不斷保護自己，所以溝通能力也就變得不再必要。這就是現代工業規模的農耕，為何需要使用那麼多殺蟲劑的其中一個原因：有些植物似乎已不再能夠針對來襲的害蟲向彼此提出警告，或是隨心所欲地召來對自己有利的掠食者。

明顯可見，優先重視跨越種族界線的植物溝通，能有造福植物與人類的潛力。我們在對抗害蟲的戰爭上顯然節節敗退。每一年，全世界都使用兩百萬噸左右的傳統農藥控制雜草與昆蟲。（單是美國就指稱其用量達一年十億磅。）而且，這些農藥還不是使用一次即可；大部分的作物在生長季節裡都必須數度施用農藥以驅除害蟲。理所當然，害蟲會對農藥演化出抗藥性，以致農藥的施用劑量愈來愈高，到最後更是必須研發全新的配方。這一切對於人類健康造成的後果有可能非常嚴重。單是在美國，每年就有多達一萬一千名農場工人因為農藥中毒而致命，至於中毒未致命的則是有三億八千五百萬人，而且還沒有計入因為長期暴露於農藥之下所造成的胎兒先天缺陷、呼吸障礙，以及其他長期健康影響。[109] 另一方面，雨水流過噴灑了農藥的田地，也會把農藥帶入小溪與河流裡，從而污染水源，導致一般大眾以及魚類和水生野生動物的健康都遭到影響。我們一定可以找到不同的做法。

不過，保有語言能力的作物則是有許多值得我們學習的地方。我們對於番茄巧妙的防衛手法已經多所聽聞。我不禁心生好奇，我們可以藉著仔細聆聽番茄而學到什麼？有幾種豆類也是自我防衛的擁護者；目前已有人正在培育一種水稻，其中含有皇帝豆的萜烯[110]而能夠吸引寄生蜂。在試驗當中，經過改良的水稻也能針對自己的害蟲召來掠食者。

有些植物科學家主張多加利用植物的自然防衛機制，藉以設計出能夠自我保護的作物。有些人甚至提議回歸共伴種植（companionplanting）這種古老的知識，也就是注意哪些植物和其他植物種植在一起的時候會生長得比較好——所以這些植物就是天然的同伴。草莓就為共伴種植的好處提供了一個明顯可見的案例。草莓的花能夠自我授粉；也就是利用自己的花粉產生果實，實質上就是和自己交配。另一方面，草莓也可以和其他草莓植物交互授粉，但這點需要飛行昆蟲的幫忙。農民知道草莓如果種在琉璃苣這種會開出藍色星形花朵的藥草旁邊，就會多結出三分之一的

109 原註：令人難以置信的是，此一統計數據代表全體農場工人每年都有約百分之四十四中毒。

110 編註：terpene，一類種類繁多的有機化合物，也是造就植物獨特氣味的主要原因。

果實，而且其中大部分的品質也比較好。琉璃苣（borage）會吸引草莓的授粉者，而在性方面富有適應性的草莓一旦選擇藉由昆蟲交配，而不是與自己交配，就會結出品質比較好而且數量也比較多的莓果。居家園丁與原住民農夫採用共伴種植的歷史雖然相當悠久，但這種做法在傳統的大規模農業裡仍然相當罕見。

我想到一枝黃花和紫苑共同開出美麗的花朵，從而讓彼此都吸引到更多的授粉者，還有一切讓我們對於植物溝通獲得理解的事物——包括同一物種的植物之間的溝通、不同植物物種的溝通，以及植物與昆蟲之間的溝通。植物可以請求或者要求協助；它們所屬的那個世界似乎隨時能夠回應它們的呼叫。我們顯然有充分的理由應該多讓植物自行發聲。

8 CHAPTER 科學家與變色龍藤

在從紐約飛往智利聖地牙哥的班機上，椅背螢幕顯示了一幅地圖，而我們的飛航路線是地球上一條豎直的粗線。我們將朝向正南方飛行十一個小時。我閱讀著溫帶智利雨林的介紹文章，因為我下星期的大部分時間都會待在那座雨林裡。那座雨林位於這個狹長國家的南部，夾在一連串的湖泊與火山之間，到了聖地牙哥還必須轉機再繼續往南飛兩小時才會抵達。二〇一四年，一位名叫厄內斯多·吉亞諾利（Ernesto Gianoli）的秘魯生態學家發現這座雨林裡有一種常見的藤本植物，能夠做出我們沒見過其他植物做過的事情。這種植物能夠自發性地改變形狀，幾乎可以說是不論生長在什麼植物旁邊，都能夠變成那種植物的形狀。

變形藤（Boquila trifoliolata）的外表很樸素，有著一組三片的鮮綠色橢圓形葉子，猶如三葉草或菜豆。我看這種植物的照片已經看了好幾個小時，所以覺得我對它們已經相當熟悉，或者應該說是知道這種植物的葉片不是只有橢圓的形狀。吉亞諾利已經觀察到變形藤能夠擬態二十個不同物種的植物，可是這個數字還持續不斷增加。他每次只要飛到這個區域從事實地研究工作，就會再發現更多變形藤能夠擬態的植物。這似乎只是仔細觀察和時間的問題而已。

然而，變形藤雖然已在植物學界的若干圈子裡小小打出了名氣，吉亞諾利卻仍是唯一在其自然生長地研究過這種植物的研究者。他滿心想要再回到那裡去。我曾經想要加入他的其中一趟旅程，結果在那之後過了大概十八個月，他才終於得以再度安排一趟前往變形藤生長區域的研究之旅，而他告知我這項消息的時候，顯得如釋重負又充滿興奮之情。他說，他和他的團隊在那裡會研究另一種藤本植物，但他歡迎我加入他們的行列，而且那裡也會有許多變形藤可以看。

我在三年前辭掉工作之後，就一直持續關注這項發現。在這段期間，變形藤已開始在植物學界掀起波瀾。德國的一個研究團體認定這種難以置信的擬態表示植物具有視覺能力。要不然，變形藤怎麼能夠精確複製旁邊那片葉子的質地、葉脈排列，以及葉片形狀？吉亞諾利不認同這項理論。他對於實際上發生的狀況抱有非常不同的想法——和細菌有關，他後來向我解釋道。不過，不管背後的機制是什麼，在我看來明顯可見的是，這種藤蔓勢將改變我們對植物的概念，包括植物是什麼，以及植物能夠做什麼。這趟旅程看來非常值得一去，於是我立刻訂了機票。

吉亞諾利是智利拉塞雷納大學（Universidad de La Sirena）的教授，專精適應性可塑性，也就是植物為了因應環境改變而調整自身行為的能力。我們開始聯繫之後，都是使用語音訊息溝通，這樣他就能夠在有空的時候再回覆訊息（他說，他剛出生的孩子晚上都不肯睡）。在語音訊息裡，他的聲音顯得平靜、沉穩、從容不迫，聽起來就像是個思緒清明的思考者。他談及自己兒時都把時間投注於閱讀達爾文以及踢足球。他在十七歲那年差點成為職業運動員，但終究選了生物學。那是一項極為痛苦的決定——在他描述那段過程的語氣裡，我察覺得到他內心的感受——但是他想要像達爾文那樣，促使自己生活於其中的這個世界能夠更為人所理解。他的電子郵件末尾的簽名檔引述了科學哲學家卡爾．波普（Karl Popper）的話：「因為我的老師不但讓我理解到我知道的事情有多麼少，也讓我意識到我所能夠獲取的智慧，就只是更充分明白自己的無知有多麼無邊無際。」經過幾年來閱讀植物的發現之後，我已愈來愈清楚感受到自己的無知——也就是我們全體人類的無知——有多麼無邊無際。

吉亞諾利剛開始研究的是昆蟲與植物的互動，但後來發現自己愈來愈受植物吸引。「因為植物理當不會做『聰明的事情』。」他說。在植物與昆蟲的互動裡，植物理當是被動的能動者。不過，他很快就發現植物所做的事情「遠遠超出理當發生的狀況」。吉亞諾利想要知道我有沒有聽過植物如果遭到昆蟲啃食，就能夠發送化學訊號召來那些昆蟲的天敵，把那些昆蟲吃掉。或是有些植物能夠偵測到自己身體的哪個部位被昆蟲產卵，進而破壞那些卵。「或是近來的發現指稱植物能夠以某種方式聽見聲音，原因是植物能夠察覺到毛毛蟲的嚼食聲，從而改變自己的防衛措施。」他說。這些我都聽過，但儘管如此，看到即便是植物學家也對這些令人匪夷所思的發展驚奇不已，仍然是一件很有趣的事情。「這種對於植物感到驚訝的過程，永遠沒有結束的一天。」他說。

所以，他後來專精於藤本植物，也許是頗為恰當的結果。藤本植物令人忍不住聯想到動物：它們會攀爬，而且經常極為敏捷。吉亞諾利心目中的偶像達爾文，也曾經一度深深著迷於藤本植物的行為，在一八六五年針對這項主題寫了一本書。在《攀援植物的運動與習性》裡，達爾文觀察了數十種藤本植物採取不同的身體技能謀生。有些藤蔓會纏繞物體而向上爬，有些是分泌黏液附著，還有些則是長出微小的鉤子攀附。而且，所有的藤本植物找尋支撐物的方式，都是以自己的尖端在空中緩慢旋轉，直到碰到固體物。他看著這些植物「爬行」穿越一堆木條，或是爬上他用麻繩為它們設置的攀爬架，實在無法不聯想到紅毛猩猩或者貓咪。此外，藤蔓看起來也完全有能力修正自己的路徑：達爾文把一根藤蔓纏繞於其上的木條抽走，結果那根藤蔓就把自己原本纏繞成圈的身軀拉直，而重新開始尋找可以攀爬的東西。

為了自己的研究，達爾文從英國邱園蒐集的植物當中取得了各個物種的藤蔓。那個時候的博物學家都會搭船造訪亞洲、大洋洲與拉丁美洲的偏遠地區，經常是為了帝國主義服務，而他們在那些旅程上都會把異國的植物物種帶回邱園。在吊燈花（Ceropegia）身上——這種藤科植物來自非洲、南亞與澳洲，花看起來像是張開的降落傘——達爾文看著一根生長中的幼苗緩緩爬上一根木條，卻達不到木條的頂端。達爾文對於這段過程的描寫，就像是觀看著一個決心堅定的人致力於爬上一座無法攀爬的高山。那根幼苗從木條上「突然掉了下來」，跌落在另一側，然後又以相同的角度再次開始攀爬，慢慢纏繞上升。這種攀爬、跌落，然後又再度開始攀爬的循環重複了幾次。「那根幼苗的動作看起來很奇特，彷彿是對自己的失敗深感厭惡，而決心要再重試一次。」他寫道。

另外一株植物是花荵科（phlox）的一種墨西哥開花藤蔓，以長出鉤子的方式攀爬達爾文為其設置的攀爬架。「一根卷鬚碰到一根木條之後，其側枝就迅速彎過來纏住那根木條，」他寫道：「小鉤子在此處扮演了重要角色，因為它們能夠避免側枝在緊緊纏住木條之前被快速的旋轉動作拉走。」那些鉤子讓我想到蝙蝠以帶爪的拇指攀爬崎嶇岩壁的模樣。這種植物能夠勾住樹枝而慢慢纏繞上去的做法，讓我聯想到我看過許多鸚鵡以腳爪固定小米穗，然後用嘴喙咬下一顆顆小米粒。這種把物品固定住的行為看起來極為熟悉，帶有極為明確的動物色彩。[111]

所以，藤本植物令人難以置信的能力已有漫長的紀錄。不過，吉亞諾利發現變形藤這種嬌小的智利植物是一種藤蔓型態的變色龍之時，我們對於植物的理解，卻沒有任何既有或者已經被證實的理論，能夠解釋這種藤蔓的行為。以前從來沒有人在植物身上觀察過這樣的擬態行為。據他所言，要理解變形藤怎麼做到這一點，將必須偏離「已知的知識路徑」。如同科學當中一切真正未知的事物，在理解這種現象的過程中也必定會有許多誘人的陷阱，也就是聽起來似乎合理的解釋，但如果最後證明錯誤，將可能導致研究停滯多年。「我認為，我們如果能夠解開這個謎，如果能夠發現變形藤這種能力背後的機制，那麼我們很有可能會打造出一種新的概念，一種新的程序，一種新的互動，一種新的……某種東西。」他對著智慧型手機的麥克風笑了起來，然後按下傳送。

要適切認知變形藤所帶來的謎團——亦即自發性的擬態為何違反了我們至今為止對於植物所知的一切——就必須回頭檢視植物感測光線的方式。要擬態一個物品，你大概在某種程度上必須知道那個物品看起來的樣貌。光線感測是動物得知物品樣貌的主要方式。我們稱之為視覺。植物也感測得到光線，主要是因為它們必須攝食光線，有時也必須避免光線。不過，變形藤的擬態把戲有沒有可能也是藉由這種方式達成的結果？

對於植物的生活影響最大的莫過於光線。不過，太多光也可能造成危險，灼傷植物的葉子。植物發展出了各種避免葉子灼傷的方法，但光線也是植物根部的敵人，因為植物的根通常都生長在近乎全黑的環境裡。

111 原註：達爾文也觀察了兩種和變形藤同科的植物：五葉木（Akebia quinata）原生於日本，結出的紫色果實可以食用，味道像是巧克力；八月瓜（Stauntonia latifolia）是一種喜馬拉雅植物，有時又稱為「香腸藤」（sausage vine），結有圓胖的長形果實，吃起來味道像是茄子。（變形藤原生於智利，但其近親幾乎全都生長於亞洲。）在達爾文觀察的植物當中，這兩種的纏繞速度是數一數二的快，能夠在三個小時內纏繞一圈。以縮時攝影觀察這些藤蔓的動作很容易，但達爾文的時代根本沒有這種科技，所以他只能投注長達幾小時乃至幾天的時間觀察那些植物，標記藤蔓的進展。

在植物學實驗室裡，植物經常被種植在半透明的箱子以及透明的培養皿內，好讓科學家觀察根部的形成過程。據我們所知，植物的根在實驗室環境裡的生長長度可以比在陰暗的土壤裡多出十倍；換句話說，後者就是野生植物的生長環境。科學家通常把這種情形歸因於實驗室裡優良的生長環境。這種想法認為：有良好的土壤、充分的光線和水，植物當然會生長得極為健康。不過，斯洛伐克植物學家弗蘭提塞克·巴魯斯卡（František Baluška）——我們知道他是早期那群自稱為植物神經生物學家的學者當中的一員——提出了一項不同的理論。那些根實際上是想要逃跑。光線是一種壓力因子，而能夠感測到光線的根是盡快朝著遠離光的地方生長。巴魯斯卡說，這是研究設計的一大缺陷，而且恐怕已經污染了數十年來的科學文獻。他和他的同僚已經證明了玉米和阿拉伯芥的根有恐光情形，並且倡導在實驗室裡使用深色培養皿。不過，他已經把這種想法推展到單純的光線「感測」領域之外。他提議我們應該開始使用不同的語詞，以便更加切中要點：根看得見光。他說，植物的根具備某種形式的視覺。

在我那趟智利之旅的兩年前，我在德國波昂大學細胞與分子植物學院的頂樓與巴魯斯卡會面，因為他在那裡主持了一間研究實驗室。他當時即將寫完一封電子郵件，而請我先到隔壁的一間研討室。那天的波昂烏雲密布，而且烏雲裡不時閃現閃電的光芒。只有樓下的大學植物園裡的苔蘚對這樣的天氣樂在其中。

巴魯斯卡在一、兩分鐘後來到了研討室，淺坐在一張椅子的前端，身體前傾，像是個即將起跑的跑步選手一樣。他的身材很高，肩膀寬大，而且有一雙藍色的眼睛。他說他在實驗室裡已經待了幾十年，即將在明年退休。他看著我問道：你想知道什麼？我覺得他對我感到困惑不解——一個來自紐約的記者，一身濕淋淋地來到這裡，還在桌上試著把我潮濕的筆記本擦乾。

在這個時候，巴魯斯卡在植物學家之間已經廣為知名——或者說是惡名昭彰，端看你採取什麼觀點——原因是他是植物神經生物學協會的創始成員，並且在實驗裡發現植物有可能受到麻醉。植物如果可以陷入無意識的狀態，那麼這是否表示它們原本有意識？巴魯斯卡說這點毋庸置疑。「我認為意識是一種非常基本的現象，從最早的細胞就已開始出現。」他說。此外，意識不就是因應狀況並且照顧好自己的能力？「你如果沒有意識，就對自己周遭的環境毫無知覺，也沒辦法採取行動。你不省人事。如果有人照顧你，那麼你就可以活下來，可是你沒辦法憑著自己存活。」受到麻醉的植物沒有意識，他說，而這項差別就是重點所在。

但話說回來，誰又知道呢？巴魯斯卡指向他身邊的空位。「你連自己的朋友有沒有意識都沒辦法確定。意識沒辦法證明，只能用猜的，」他說：「唯一稍微可以證明的就是麻醉劑。可是除此之外，根本沒有辦法確知別人擁有意識。」我在心裡想像著麻醉我朋友的情景，只是想確定一下。

我們的談話轉到了農作物。巴魯斯卡目前正在深入研究玉米植物，他說這種植物「非常美妙」。它們也許看得見，至少是以它們的根，他說。不過，在我們有機會深入談論這一點之前，他問我有沒有聽過瓦維洛夫。我說沒有。

二十世紀初，蘇聯農學家尼古拉・瓦維洛夫（Nikolai Ivanovich Vavilov）發現了一個奇怪的現象：田地裡的雜草有時會開始長得像作物本身。他意識到，原本的黑麥植物和當時在俄國已然成了主食作物的那種圓胖穀粒，看起來完全不一樣。黑麥原本是一種蓬亂而且不能食用的雜草。他發現黑麥從事了令人難以置信的擬態把戲。

早期的小麥農夫都是徒手拔除雜草，而會把黑麥雜草拔起來丟掉，以便保持作物健康。所以，有些黑麥植物為了求生而開始把自己的外形變得比較像小麥。不過，這些討人厭的黑麥只要被農夫發現，還是一樣會遭到拔除。這項汰擇壓力促使黑麥進一步演變以騙過農夫敏銳的目光。在這種情況下，只有最厲害的擬態者能夠存活下來。結果，黑麥因為擬態得太過傑出，所以終究也變成了一種作物。

現在，瓦維洛夫擬態（Vavilovian mimicry）已是農業當中的一項基本事實。[112]燕麥也是這種過程的產物；一開始同樣也是擬態小麥。在稻田裡，被稱為稗草（barnyard grass）的雜草在幼苗階段看起來和稻米一模一樣。近來的遺傳分析發現，這種雜草大約在一千年前開始把自己的結構改變得像稻米一樣，而那時稻米在亞洲已開始被大量種植。在栽種小扁豆的田地裡，野豌豆（common vetch）是一種到處可見的雜草，精巧地把自己原本呈現球形的種子重新設計成像小扁豆那樣的扁圓盤狀。在這個案例當中，這種植物的目的不是要瞞過農夫的眼睛，而是要讓自己在機械打穀過程中不可能遭到剔除。風選機[113]根本沒辦法辨別野豌豆與小扁豆。雜草基因組學家史考特．麥克埃羅伊（Scott McElroy）主張，現代的抗除草劑植物其實只不過是在生物化學層次上從事瓦維洛夫擬態而已；那些植物擬態了經過改造而能夠耐受除草劑的作物。

作物科學（Crop science）通常被視為是把瘦小的野生物種馴化為圓胖有用的糧食機器，藉此見證了人類的意志與才智。不過，巴魯斯卡認為那種做法根本不是真正的「馴化」。「馴化是其中一方對另外一方發揮了更大的影響力，可是沒有證據顯示實際上是這樣，」他說：「比較貼切的用語應該是共同演化（coevolution）。我們改變了它們，但它們也改變了我們。」

植物無疑有能力從事複雜的操弄。巴魯斯卡促狹地提及我們吃水果或蔬菜的時候，總是不知不覺地吞下數以千計的天然植物化學物質。「我們不知道那些東西會

112 原註：不過，瓦維洛夫的成功來得太晚。他因為反對史達林指定的農業部長所抱持的偽科學觀點，而被送進古拉格勞改營，並且在五十六歲挨餓而死。

113 編註：winnowing machine，又稱風力分選機或氣流分選機，是一種利用空氣動力學原理來分離不同物質的機械設備。它的主要作用是將混合物中輕重、密度或風阻不同的成分分開。

對我們的大腦造成什麼影響。」他說：「我們沒辦法確定自己每次吃下美味食物的時候，這顆番茄或者蘋果裡面有沒有什麼東西，會讓我們覺得這是最好的食物。」

我回想到《符號生成》那個會說話的藤本植物。我不禁納悶，我們在多高的程度上也受到了植物的役使？我們現在對於植物的化學天分已經有了些微的了解：它們能夠在體內合成高度複雜的化學物質，從而以細膩又明顯可見的方式影響其他的植物與動物。在這個被植物把持的星球上，身為植物的食用者，我們每天大概都會吸入或者攝食好幾千種的這些化合物。我們知道有些植物能夠引起幻覺，有些會令人上癮，而且園藝活動也已被證明能夠降低憂鬱。至於可能存在於一顆蘋果或者一穗玉米裡的化合物呢？這個問題會變成：植物還以其他哪些方式影響著我們？一旦從這個角度思考，那麼一群精心照顧著作物田地的人，在你眼中將會顯得有如一支植物共生大軍，勤奮服務著植物的需求。我想到瓦維洛夫擬態：我們沒有馴化燕麥，而是燕麥馴化了我們。我現在看著一片栽種了甘藍菜、南瓜或者藍莓的田地，都不禁納悶：它們是不是徵召了一群共生夥伴，而那群共生夥伴是不是就是我們人類？

不過，我們雙方當然都從這種脅迫形式當中獲益。也許我們對於所有這些多重層次的牽連糾葛就是應該採取這樣的思考方式：那些糾葛可以被視為敵對關係，但也可以被視為共生互利的機會。

「我認為植物是初級生物，而我們則是次級生物。我們完全依賴它們。如果沒有植物，我們絕對無法生存。」巴魯斯卡說：「但如果是反過來，對它們而言並不會那麼嚴重。」

巴魯斯卡就是在這樣的智識背景下開始探究植物視覺的問題。我不得不承認，他說話的方式和我見過的大多數研究科學家頗為不同，因為那些人說起話來都是一板一眼又必然有資料佐證，而巴魯斯卡的說話方式則是比較像哲學家。可是我深感好奇；我想到先前許多科學家都曾經提出過惡名昭彰的假說，遠遠悖離當時的主流觀念，但後來卻被證明真實無誤。巴魯斯卡說不定和他們一樣，但也說不定不是。

我們的話題終於轉到了他在視覺方面的想法。巴魯斯卡一開始是透過他對於玉米根的研究而注意到這個主題。不過，他指稱視覺不太可能只會存在根部。他認為有些植物的葉表皮也可能展現了某種視覺能力。而且，這種視覺比單純辨別明暗還要複雜得多。

我先前在《植物科學新趨勢》的其中一期裡讀到巴魯斯卡與曼庫索合寫的一封投書，而驚訝得差點從椅子上跌了下來。那封投書的標題是：〈植物是否藉由自身特有的眼點而具備視覺能力？〉（Vision in Plants via Plant-Specific Ocelli?）這個標題以問句形式寫出，並無助於淡化其中隱含的意義。「眼點」（ocelli）是個科學術語，意指簡單的眼睛，而巴魯斯卡與曼庫索則是納悶植物是不是可能有這種構造。那封投書提及變形藤，因為吉亞諾利在兩年前發現了變形藤能夠擬態其他植物的葉子形狀與樣貌，甚至包括其顏色、葉脈排列以及質地。

近來的研究顯示，身為植物早期祖先的一種古老藍綠菌，擁有最小而且最古老的相機般眼睛（至今仍是如此）。巴魯斯卡與曼庫索提議指出，由於植物是由那種有機體和一種早期藻類結合之後演化而來的結果，因此有可能從未捨棄那項有用的演化特徵。他們在那封投書裡指出，最接近葉子表面的細胞通常沒有葉綠體——也就是促成光合作用的那種細胞——但就邏輯上而言，葉子表面理當是從事光合作用的最佳地點。「這種現象不容易解釋。」他們寫道。有沒有可能是那些細胞被當成眼點使用？換句話說，那些細胞是不是某種非常簡單的眼睛？

這不是第一次有植物科學家思考這種可能性。不過，上一個提出這種假說的人，卻看著自己的假說隨即遭到遺忘，而且一遺忘就是長達百年之久。在二十世紀初，五十一歲的奧地利植物學家暨傑出作家，出版了幾本植物生理學著作的戈特利・哈伯蘭特（Gottlieb Haberlandt），開始納悶植物是否具備某種初步的視覺能力。他在一九〇五年出版的新書《葉子的感光器官》（*The Light-Sensing Organs of Leaves*）發表了這項理論。

達爾文的兒子，本身也是科學家的弗朗西斯・達爾文（Francis Darwin），讚許了哈伯蘭特的書，並且引用了其中的不少內容，所以不懂德文的我才有機會了解哈伯蘭特的想法。

「如果感光器官存在，那麼一定是位在葉片上，」弗朗西斯．達爾文如此轉述哈伯蘭特那本書的內容：「我們應該進一步預期這類器官會位在葉子的表面。」哈伯蘭特假定了一種半球形的簡單眼睛，或者說是眼點，就像巴魯斯卡與曼庫索在超過一百年後所提議的那種結構一樣。不過，這個觀點在當時從未獲得主流植物學接受。

二〇一六年，一群研究者發表了一篇開創性的論文，說明他們在藍綠菌身上發現了可能是相機般的眼睛，而指稱藍綠菌的細胞扮演了「球形微透鏡的角色，可讓細胞看見光源並且朝著光源移動」。

知道藍綠菌具有視覺能力，就開啟了這項可能性：植物王國既是從藍綠菌演化而來，也許實際上從來不曾捨棄這種能力。在這個充滿光影的世界裡，既然所有潛在的朋友與敵人都利用視覺提示從事狩獵、覓食與躲藏，因此一個生物一旦擁有了眼點，我們就有演化上的理由認為這個生物會把這項構造保存下來。畢竟，人類和其他所有現代生物的眼睛很可能都是從像是藍綠菌那樣的古老眼點演化而來。

當然，演化發展不必然都擁有如此線性的敘事。在長達好幾百萬年的時間當中，生物王國裡有許多功能都曾經冒出，接著被捨棄，然後又再度演化出來。不過，科學家雖然尚未在植物的葉子裡找到眼點，卻不表示植物就一定沒有這種構造。如同巴魯斯卡與曼庫索指出的，至今還沒有人認真找尋過。

視覺在根本上就是對於光影的知覺。我們和其他動物之所以能夠看見一件物體，原因是那件物體向我們反射了光線。顏色也是光線造成的一種基本效果：一件物體一旦吸收了特定波長的光線，而把其他波長反射到我們的眼睛，我們就會看見特定的顏色。舉例而言，綠葉之所以看起來是綠色的，原因是這些葉子吸收了紅色與藍色的波長，而只把綠色反射到我們的眼睛。植物裡的葉綠素藉著攝食紅光，而把植物吸收的二氧化碳與水轉變為含糖食物；這就是光合作用。光包含了一套色彩光譜，其中有些我們看得見，有些則是超出我們的可視範圍之外；想像看看，你如果拿了一個能夠分散光波的稜鏡，就可以在牆壁上投射出一道彩虹。光線穿越植物的綠色組織之時，植物會吸收部分的紅光從事光合作用，於是穿過那株植物的光線就會含有比較少的紅光。如此一來，光線一旦穿越了一株植物，就會帶有不同的色彩比例；說得精確一點，紅光波到遠紅光波的比例會因此降低——遠紅光波是位在我們可視範圍極邊緣的一種紅光。二〇二〇年，研究者發現寄生植物能夠判讀這種光波比例的變化，而得知有誰還是什麼東西身在左近。在實驗室裡，寄生性的菟絲子幼苗似乎能夠偵測鄰近植物的大小、形狀以及距離，然後利用這些資訊，決定該朝著哪株植物生長並且加以寄生。這點相當合理，因為菟絲子不會行光合作用。其幼苗必須在很短的時間內找到一個好的宿主，否則體內儲存的能量就會耗光。而一株寄生藤蔓一旦決定纏繞一株宿主植物，它們雙方的命運也會從此糾纏在一起。迅速選擇適當的宿主是絕對必要的事情，隨機選定方向而盲目生長，在大部分的情況下都會帶來災難的後果。

令研究者感到驚訝的是，菟絲子對於紅光比例的評估似乎極度精準。在實驗室裡，他們以遠紅發光二極體陣列與真實植物設置實驗。如果給予菟絲子兩個選擇，一個是把發光二極體排列得看起來像是光線穿透了一株草狀的植物，另一個則是排列成像是有分枝的植物，那麼菟絲子幼苗就會選擇「分枝」植物的方向（菟絲子無法靠著草生存）。在兩株同樣大小的植物之間，它們也會選擇朝著比較接近的那一株生長，就算距離的差別只有四公分也一樣。因此，若說這種寄生植物能夠以這種基本方式看見其宿主（或者至少是看見宿主的大小與形狀），並不算牽強。

不過，植物不只有紅光的受體。植物學家至今已在植物體內發現了十四種光受體[114]，每一種都貢獻了重要資訊；有些可讓植物的幼苗朝向光線生長，另外有些則能夠幫助植物避免有害的紫外線。不過，許多光受體至今仍然沒有得到解釋。在二〇一四年的一篇論文裡，阿根廷的植物學家認定有些光受體與阿拉伯芥辨識近親的能力有關；他們發現這種纖細的植物能夠偵測身邊的植物是不是自己的近親，方法是辨別穿透那株植物的光線品質。阿拉伯芥能夠以自己的光受體偵測身邊植物的形

114 編註：light receptors，指能夠偵測和吸收光能，並將其轉換成生物體可理解的訊號（通常是電訊號或化學訊號），進而引發一系列生物反應的分子或細胞結構。

狀——進而判定自己和對方的遺傳關係，那些研究者假定指出。於是，阿拉伯芥會調整自己的生長方向，以避免遮擋近親的光線。阿拉伯芥的這種做法也不必然是特例；阿拉伯芥只不過是經常被植物學家當成實驗對象的模式生物而已，所以我們才會看到這種植物出現在那麼多不同情境裡，橫跨許多不同實驗室與實驗目的。

到了二〇一〇年代中期，認為植物具有視覺能力的觀點已開始出現在植物神經生物學當中。我們不知道植物藉由什麼機制察覺視野範圍內的細膩差異，也不知道植物在沒有大腦這種中心化處理結構的情況下，怎麼能夠把一幅整體影像整合成一項反應。接著，吉亞諾利又在智利的一座雨林裡得到一項令人震驚的發現，而再度改變了我們的認知。

在一場帶著學生從事的研究之旅上，吉亞諾利在繁忙的實地採集工作當中抽空出外散步休息，結果注意到了一個奇怪的景象。一株枝葉茂密的灌木以兩根莖稈從地面生長而出，但其中一根遠比另一根細得多。他湊近去仔細觀看。比較細的那根莖稈和那株灌木其實根本不是同一個物種，而是變形藤，也就是這座森林裡這個區塊常見的攀藤植物。但令他震驚的是，變形藤的葉子形狀卻與那株灌木的葉子一模一樣。他已經看過變形藤無數次了，因為這種植物在這座森林裡到處都是。可是，他從來沒注意過變形藤有這種特性。

他很快就發現了另一棵被變形藤包圍的小樹，而這些變形藤的葉子也同樣和那棵樹的葉子有著相同的形狀。過了一會兒之後，他才意識到自己目睹的這種現象帶有多麼重大的意義。他知道這是一件非常了不起的事情。「很難用言語描述，那是一種情緒感受，我意識到這是一項發現。」他說：「喜歡科學的小孩都有什麼夢想？就是得到發現，對不對？發現一根恐龍骨頭或者什麼的。這就很像是那樣的發現，很像是孩子的那種夢想。可是要真正實現這個夢想，我必須明白這種現象背後的機制。」

他一旦知道了自己要找什麼，就開始發現變形藤到處都是，而且在每個地方都呈現出不同的形體。這種情形令他深感震驚。「到了那個時候，我已經知道擬態的基本運作方式，知道物種的各種把戲。」他說。在每一個案例裡，那些把戲都是世世代代緩慢變化的結果。「因為那樣，所以我在那一刻就明白到這是非比尋常的事情，原因是這是一個世代之內的反應。這不是好幾個世代的長期變化造成的結果，而是一種塑性反應[115]。」

沒有人單獨研究過變形藤；這種植物只生長在智利，而且在先前從來不曾被視為特別值得注意。他走回他們團隊的小屋，其他成員都在那裡等著他。他對他指導

115 編註：plastic response，在生物學和生態學的語境中，它通常意指表型可塑性（phenotypic plasticity），即生物體之行為、形態、生理為因應獨特環境所發生之表現型差異，這些差異涵蓋了環境引起的所有變化類型，如形態、生理、行為、物候等多方面的變化。

的大學生費南多・卡拉斯克烏拉（Fernando Carrasco-Urra）說：「你想出名嗎？我有個點子可以讓你當做論文的主題。」

在這趟旅程之後，吉亞諾利與費南多發表了一系列引人注目的變形藤發現：這種藤本植物能夠攀爬並且擬態多達四種不同樹木的葉子，包括其形狀、顏色、質地，以及葉脈排列。有時候，受到擬態的葉子如果特別複雜（例如葉緣呈鋸齒狀），吉亞諾利與卡拉斯克烏拉發現變形藤會「盡力」，生長出一半有鋸齒狀的不對稱葉子，像是個業餘雕刻家模仿著米開朗基羅（Michelangelo）的作品一樣。這項把戲似乎減少了草食動物啃食這種藤蔓的程度；藉著混入一棵樹遠遠更加豐茂的葉子當中，變形藤的每一片葉子都因此降低了遭到啃食的機會。不過，其背後的機制——變形藤怎麼做到這一點——仍是個全然的謎。變形藤這種真正充滿活力的變色龍，是人類首度發現能夠擬態不只一種植物的物種。

就我們所知，只有另外一種植物具有接近這樣的能力。有時被當成愛情象徵的槲寄生（Mistletoe），是一種寄生植物；而如同所有的寄生植物，槲寄生也會以卷鬚纏繞宿主植物——經常是桉樹（eucalyptus）或相思樹（acacia tree）——從中吸取自己生存所需的養分，而不是自行製造養分。還真是浪漫。

不過，有些槲寄生的這種寄生做法還會再更進一步，也就是把自己的外形變得和宿主植物一模一樣。這些槲寄生不只盜用宿主辛勤產生的養分，也盜用其身分。

在澳洲，生長於桉樹上的槲寄生在照片裡幾乎讓人分辨不出這兩種植物。在這種案例當中，槲寄生會長出和桉樹一樣又硬又圓的銀色扁葉。在另一張照片裡，一小枝木麻黃槲寄生位在一棵澳洲細枝木麻黃旁邊，兩株植物各自都有著下垂的長針葉，看起來像是鸚鵡的針羽。其擬態已達到了惟妙惟肖的程度。

在槲寄生當中，每個物種都有特定物種的宿主，其擬態對象也僅限於自己的宿主。舉例而言，澳洲木麻黃槲寄生就只會轉變成澳洲木麻黃葉的形狀。槲寄生還具有一項優勢，就是能夠完全介入宿主植物的循環系統；槲寄生的身體會鑽入宿主植物的組織裡，無疑能夠藉此取得極為重要的遺傳資訊，而可能有助於它們把自己轉變成宿主的形狀。這是非常親密而又獨特的關係，經過漫長的演化時間演變而來。[116]

116 原註：其他類型的緊密演化關係，也造就了其他確切程度令人難以想像的植物擬態：英格蘭西南部的療肺草（common lungwort）會在葉子上產生數十個白點，看起來就像是鳥兒的糞便。這些白點有可能對療肺草具有保護效果，原因是動物比較不會吃看起來像是沾滿了疾病媒介的葉子。南美洲與中美洲的幾種西番蓮（passionflower）會長出看起來像是妝點了黃色小珠的葉子。那些小珠看起來很像蝴蝶的卵，而蝴蝶只要看到一片葉子上已經有卵，就比較不會在那裡產卵，以免自己的小毛毛蟲在孵化之後遭遇不必要的競爭。一隻蝴蝶如果因此飛過一片葉子，認為那片葉子不適合產卵，那麼這株西番蓮就逃過了被數十隻飢腸轆轆的毛毛蟲當成第一餐的命運。見 Edward E. Farmer, *Leaf Defence* (Oxford: Oxford University Press, 2014), and Lawrence E. Gilbert, "The Coevolution of a Butterfly and a Vine," *Scientific American* 247, no. 2 (1982): 110–21。

不過，槲寄生的擬態雖然令人驚豔，卻遠遠比不上吉亞諾利目睹的現象。變形藤所做的是全然不同的事情。變形藤明顯能夠因應環境為其所帶來的任何植物，而且似乎根本不需要實體接觸。變形藤能夠即時感知鄰近的植物，並且把自己的形體轉變成和對方一樣——有時還能夠同時把身上的葉子轉變成多種不同樹木的葉子模樣，而不需要碰觸其中任何一棵樹。這點當然使得視覺假說顯得相當誘人。

吉亞諾利在當時的猜測是，變形藤以某種方式接收了關於其他植物葉子的資訊，也許是透過空氣傳播的提示，或是某種的水平基因轉移。變形藤和其他植物沒有透過根部連接，所以顯然不可能是根對根的溝通。不過，巴魯斯卡與曼庫索在幾年後檢視了吉亞諾利的研究，而認為變形藤顯然是藉由視覺蒐集那些資訊。

吉亞諾利本身反對巴魯斯卡與曼庫索的主張。他寫了一篇反駁文章指出，水平基因轉移或者透過空氣傳播提示溝通才是比較有可能的原因。不過，這兩者都不太合理，至少乍看之下是如此。吉亞諾利自己的研究顯示，宿主樹木如果完全沒有葉子，變形藤就會長出自己原本的橢圓形葉子；此外，變形藤總是擬態最接近自己的葉子，不論那些葉子是不是其宿主樹木的一部分——例如變形藤攀附在一棵樹上，但另一棵樹的樹枝伸展了過來，樹葉剛好生長在變形藤旁邊，這時變形藤就會擬態那些葉子的形狀。「在這種複雜的現象裡，我們認為視覺是比較簡約的解釋，」巴魯斯卡與曼庫索在《細胞出版社》（*Cell Press*）這本期刊裡寫道。

後來，巴魯斯卡在他的辦公室裡對我談到雅各・懷特（Jacob White）這個和他持續聯繫的猶他州植物愛好者。懷特開始把一株變形藤種植在一棵塑膠樹上，藉此徹底排除基因轉移或者化學溝通的可能性。「他寄了照片給我，顯示那株變形藤也擬態了這棵人工植物。」巴魯斯卡說。但他必須要能夠重複這項實驗幾次之後，才有可能認定這項實驗證明了任何東西。

我向巴魯斯卡道別之後，內心不斷想著我們對於視覺的定義是不是有可能在目前遮蔽了我們的眼光，導致我們看不出視覺在植物生活中扮演的角色。最少最少，大部分的有葉植物都已經展現出了最低限度定義的視覺能力：它們具有趨光性，意思就是說它們會朝向陽光的方向。而且，結果要是證明植物的視覺能力還更加先進，這點將會怎麼改變我們和植物的關係？我想到烏賊：牠們雖然色盲，卻還是能夠以自己的皮膚「觀看」，而立刻擬態一堆海底岩石或珊瑚的顏色與質地，讓自己融入背景當中，瞞過掠食者的眼睛。我在那天稍晚步行穿越一座空無一人的公園，而不禁納悶自己是不是受到了監看。

經過漫長的飛行之後，我在智利的聖地牙哥轉機，展開最後一段航程。在我終於抵達蒙特港（Puerto Montt）的時候，那是個潮濕寒冷的四月天，正值智利夏季的尾聲。我立刻獲得吉亞諾利和他的團隊迎接，其中的成員包括吉瑟拉・史托茲（Gisela

Stotz）、克里斯蒂安・薩加多盧瓦特（Cristian Salgado-Luarte）以及維克多・埃斯克貝多（Victor Escobedo）。他們全都很親切，也很開心能夠重聚。自從他們上一次的實地考察以來，已經過了好一段時間。他們幾個人在吉亞諾利手下合作已將近十五年，每個人各自研究植物可塑性的一個不同面向。所謂的植物可塑性，就是每一種植物都具有超出先天反應範圍的能力，能夠隨著新情境的出現而改變自己身體與行為當中的若干面向。他們來到這裡，是為了研究這座森林裡的另一種為數極多的藤本植物，稱為攀緣繡球（Hydrangea serratifolia）。他們想知道這種植物是否能夠針對要在哪裡生長做出良好的決策。不過，他們向我保證，我們一定也能夠看到許多的變形藤。

我們塞進一輛租來的車子，由吉亞諾利駕車，又繼續往南行駛了兩個小時，穿越馬鈴薯田以及牧草地，車上的音響播放著《雙面薇若妮卡》[117]電影原聲帶的歌劇音樂。波蘭導演奇士勞斯基是他最喜歡的導演。

我們抵達一座湖泊周圍的一群質樸木屋。旅社老闆在柴火爐裡生了火，並且在稍晚為我們送上一頓豐盛的晚餐，有著分量極大的馬鈴薯和肉類，而吉亞諾利他們一群人就搭配著紅酒豪邁吃喝起來，一面談論各自的生活、寵物、子女以及伴侶。我那天晚上睡得很熟，第二天早上醒來發現是個烏雲密布而又濃霧彌漫的日子。我們打包了午餐，然後驅車前往普耶韋國家公園（Puyehue National Park）。我們步行了一小段距離之後，即踏出步道走進森林裡。能有機會這麼做是很罕見的事情，因為如果是以遊客身分前往任何一座森林，當然不允許也不建議偏離既有步道。不過，由於這個團隊待在這座森林裡的時間合計起來已長達幾年之久，因此跟著他們走出步道之外感覺像是一種少有的榮幸，而且大概也不會有害。但儘管如此，我還是帶了一個哨子；我其他次跟著科學家在森林裡走出步道之外的經驗，讓我知道了人在森林裡有多麼容易迷路。就算是現在，我也注意到自己只要讓其他人在前方先繞過轉角，我就會突然間變成只有獨自一人。雨林會淹沒感官。除非你和別人非常接近，否則呼救純粹是徒勞；雨聲與鳥叫聲會蓋過你的聲音，濃密的綠色植被則是會徹底遮掩視野。

我跟上了其他人，他們這時正停下來休息喝水。埃斯克貝多掰下一片片巧克力給大家吃。地面上滿是褐色的珠子。薩加多盧瓦特撿起幾顆，用拇指壓破其中一顆的外殼，然後把裡面的白色果肉彈入嘴裡。他把另一顆遞給史托茲，於是她教了我怎麼吃，並且對我說這種堅果叫做「智利榛果」（avellanos chilenos），儘管實際上根本不是榛果。我對於吃森林地面的東西有點害怕，因為在這座森林裡唯一有可能

117 編註：*La double vie de Véronique*，由波蘭導演奇士勞斯基（Krzysztof Kieślowski）於一九九一年拍攝的法國電影，由伊蓮・雅各（Irène Jacob）主演，音樂則由波蘭當代著名的作曲家澤貝紐・普萊斯納（Zbigniew Preisner）創作。

感染的嚴重疾病是漢他病毒（hantavirus），透過囓齒動物的尿液傳播。不過，看著其他人享用這種堅果實在太過誘人。管他的，我心想，於是壓破了一顆的外殼。裡面的純白果肉帶有奶油味，比榛果更甜，我咬下去的時候還發出清脆的碎裂響，和我們身旁那些潮濕軟爛的植物形成令人滿足的對比。

每隔一陣子，我們都會穿越一叢高聳的竹子，生長得極度茂密而筆直，讓我覺得自己就像是爬過一枝牙刷的微小蟎蟲一樣。我猜這些竹子應該是入侵種，因為美國大部分的竹子都是如此，所以一開始並沒有特別加以注意。不過，埃斯克貝多對我說這種竹子稱為「奎拉竹」（quila），是這座森林的原生植物。這裡所有的植物都是原生種，他說。目前還沒有入侵物種得以在這裡扎根，這在現代時期是一件罕見而且珍貴的事情。埃斯克貝多向我示範怎麼摘下奎拉竹幼苗仍在生長中的尖端——那是這種植物最柔嫩的部位，還沒木質化[118]。那段尖端啪的一聲從關節處滑出，然後埃斯克貝多把柔軟的那一端塞進嘴裡，向我示範應該吃最尖端的部位。我挑了一株嫩苗，結果發現其味道香甜而清新，讓我想起小時候從忍冬叢（honeysuckle blossoms）上咬下花朵末端吃起來的味道。在那天接下來的時間裡，我們只要穿越一叢奎拉竹或者經過一棵智利榛果樹，我就忍不住要摘下一株幼苗，或是從地面上撿起一顆堅果。大自然賞賜的這些野生食物令我著迷不已。

一會兒之後，我看到埃斯克貝多從一棵小樹上摘下一片邊緣呈鋸齒狀的深綠色葉子，拿著不時嗅聞。我後來又看到同樣的植物，也學著他這麼做，而發現那種葉子的味道聞起來一方面帶有濃烈的麝香味，但同時又顯得清新潔淨，就像是優質的義大利苦酒（Italian amaro），又像是薄荷與柳橙皮在火上烤過，然後再摩擦於冰冷潔淨的土壤上。埃斯克貝多對我說這種植物叫做「黛帕」（tepa），並且說他想要把這種氣味做成香水。「是啊，他六年前就說過了，可是當然是到現在都還沒有行動，」薩加多盧瓦特虧了他一句。他們一行人整天都不斷這樣互相開玩笑，取笑著彼此的短處，只有多年來在實驗室和小木屋裡長時間相處的人，才能夠有這麼好的感情。「我們自稱為『caravana de fracaso』——災難旅行團。」吉亞諾利後來對我說。

我們在一棵大樹前方停了下來。這棵樹看起來很適合他們的研究計畫，於是他們展開了工作。他們正在研究攀緣繡球這種繁殖力極強的藤本植物。我在森林地面上不論望向何處，土壤表面都是這種植物的粉紅色走莖。那些走莖直接鑽過一團團的苔蘚，越過掉落的樹枝上方，相互縱橫交錯，似乎朝著四面八方生長。這些像蚯蚓一樣的條狀物是這種植物的幼體。至於成體，則是垂掛在我身旁眾多的樹木上，一條條毛茸茸的粗壯藤蔓，堅硬的表皮上滿布縐摺，自成一套生態系統。苔蘚與地

118 編註：woody，指植物細胞壁中，由於木質素（lignin）沉積而變得堅硬的過程。這使得植物的莖幹更加堅固，能夠支撐重量，尤其在多年生植物中，木質化是良好生長的重要指標。

衣掛在那些藤蔓上，有如衣服一樣。

他們想要從混亂當中找出規則，證明這些幼小的藤蔓在森林地面上爬行其實懷有意圖，尋求著適合攀附的樹木，做法是藉著感測樹木投下的陰影而判斷其大小。在地面上爬行的幼藤終於抵達一棵樹木之後，就會從粉紅色轉為綠色，同時生長策略也會從找尋陰影轉為找尋陽光。在陽光的引導下，藤蔓會依附著那棵樹向上攀爬數百英尺，直到突出於樹冠層上方，然後開出一叢叢白花，將種子撒落於森林地面，而再度展開相同的循環。一棵樹投下的陰影如果不夠大，那麼這棵樹大概就不足以支撐這種能夠生長數百年之久，而且體積也可達到將近一棵老樹大小的藤蔓。吉亞諾利率領的這支團隊認為，這種植物說不定把這一點納入了考量。畢竟，對於這種植物而言，一切都取決於找到一棵適當的樹木。

他們以一棵適合做為宿主的大樹為中心，而開始在半徑兩公尺範圍內的每一株幼藤旁邊插上一面小旗子。他們的想法是要測量每一株幼藤與那棵樹的角度：幼藤如果朝向那棵樹生長，就算是成功；如果不然，就算是失敗。如果有超過半數的幼藤都成功，就表示他們的假設可能沒錯，亦即這種藤蔓可能確實積極找尋著樹木。

在這些準備工作當中的一段休息時間，薩加多盧瓦特指出了一株叫做尖葉龍袍木（Luma apiculata）的小灌木。他拍打了一下那株灌木，然後把臉埋進其枝葉裡，於是我也跟著這麼做。聞起來像是梅爾檸檬（Meyer lemons）和新鮮白香皂的味道，像是特別純正的洗衣精，感覺起來潔淨又美味。「我們就是用這種方式確認它是尖葉龍袍木，而不是另一個和它長得很像的物種，」薩加多盧瓦特說，然後拍打了旁邊一株看起來幾乎一模一樣的植物。那株植物聞起來只有青綠的感覺。我想到這些氣味從植物的角度來說其實代表了一種求救訊號，而不禁在心裡為我們這項輕微的暴力行為感到抱歉。

一會兒之後，我們走進一片林中空地，而我在這時才首次真正見到了我期待已久的東西。這片空地的周圍環繞著一堵比我還高的溫帶灌木叢。我走到空地邊緣，低頭向下望，讓我的眼睛適應一下光線的變化，希望藉著地面的對比看出幾株植物。結果變形藤的嬌嫩卷鬚就這麼出現在我眼前。這株變形藤在樹木的基部沿著地面爬行，保有其原本的外形，也就是我在照片當中看過了許多次的那種簡潔單純的三出複葉[119]。終於能夠親眼見到變形藤，令我深感欣喜。我以目光追隨著幾股藤蔓，看著它們纏繞其他植物的茂密枝葉向上攀援，全都爬到了遠遠超出我身高的高度。在其攀爬的路徑上，變形藤的葉子數度消失在我的視線之外，原因是它們小心翼翼地隱身於自己攀緣的那株植物所生長的葉子之間。我湊近觀察，拉出幾片混在宿主枝葉

119 編註：three-lobed leaves，三出複葉是總葉柄上著生三枚小葉的複葉，如果頂生小葉無小葉柄，稱掌狀三出複葉，若頂生小葉具小葉柄則稱羽狀三出複葉。

間的變形藤葉子——果不其然，這些葉子都各自長成不同的形狀。變形藤到處都是，而且到處都擬態著自己旁邊的植物。看到一株植物把自己的樣貌變得和另一株植物幾乎一模一樣，這幅景象帶給我的震撼是什麼事先的準備都不可能減輕的。我和研究者談論變形藤已有將近兩年的時間，但親眼目睹還是令我驚奇不已，難以置信這種現象竟然有可能真實存在。

我們沿著這堵灌木叢移動，結果我發現變形藤不是一定都會擬態其他植物。有時候，變形藤就只是保持著自己原本的樣貌。不過，吉亞諾利一次又一次指出一簇簇擬態成不同物種的變形藤。每一次，我都必須花上一點時間，才能夠從周遭的植物當中找出變形藤。變形藤複製的形體雖然很接近，但是並不完美。有時是莖的顏色不對，有時則是葉子增厚的程度還不夠。在一株植物上，變形藤的葉子突然變成大型的手指狀葉片，表面是光滑的深綠色，而且幾乎和我的手一樣長。這些葉子擬態的對象是筒瓣花（Embothrium coccineum），一種小型的常青樹，其枝條伸展到這片林間空地裡，就在這株變形藤旁邊。不到五英尺外，變形藤的葉子又突然變得嬌小輕薄，不再是纖細的手指，而是大小和二十五分硬幣相當的圓形，比旁邊的其他變形藤葉小了大概十五或十六倍。這些葉子不是光滑的深綠色，而是霧面的薄荷綠，和一旁的另一株植物一樣。在濃密的枝葉當中，很難看出這株變形藤源自何處，但吉亞諾利說，如果這兩種葉子是同一株變形藤的不同部位生長出來的結果，他也不會感到意外。在這兩種不同形態的葉子之間，可以看到原本形貌的變形藤葉，也就是一大串鮮黃綠色的橢圓形葉片。

我們繼續往前走了一小段距離。我看到一株植物的葉子變得枯黃，結果擬態這株植物的變形藤也呈現出枯黃的模樣。吉亞諾利指出一株灌木，長滿了又圓又厚的小葉子，表面是光滑的深綠色，大小介於拇指和小指的指甲之間。他對我說，這種植物是多刺針琴木（Rhaphithamnus spinosus）。變形藤的卷鬚纏繞著這株灌木的莖，底部的葉子看來是其原本的樣貌，可是隨著我的目光上移到多刺針琴木長滿葉子的部位，變形藤的葉子就大幅縮小，表面也變成光滑的深綠色。在比較老的樹枝上，最接近多刺針琴木葉子的變形藤葉完全複製了多刺針琴木葉片的大小、顏色，以及形狀。不過，吉亞諾利滿懷興奮要讓我看的，是變形藤如何在每一片葉子的尖端都長出了一根尖刺。我本來根本沒有注意到多刺針琴木葉尖上的刺，直到吉亞諾利要我把手指滑過一片葉子的底面，我才發現有這個構造。每根尖刺都在葉子底下，而且微微彎曲，像是爪子一樣。變形藤擬態多刺針琴木的時候，也忠實複製了這個尖刺，並且同樣微微向下彎曲。我以手指滑過幾片變形藤葉的底部，摸索著那刮人的尖刺。

吉亞諾利認為這點非常了不起。他說，一株植物的葉尖有沒有刺，經常被人當成物種的辨識特色。這種構造被視為植物身分的核心要素，是一種不可變的特徵，因此深具獨特性。這樣的構造竟然會出現在一種不曾長出過尖刺的植物身上，是前所未見的現象。這種情形就像是一個人長出了犀牛角一樣，根本是不該會發生的事情。

吉亞諾利也認為葉尖的刺否決了視覺假說——如果只是從上方看多刺針琴木的葉子，根本不可能看見那根刺。由於那根刺只能從下方看見，所以變形藤如果真的是仰賴視覺進行擬態，那麼生長在多刺針琴木上方的變形藤怎麼可能知道有那根刺？我起初同意他的看法，因為這樣的推論看來頗為合理。我親眼看到生長在多刺針琴木上方的變形藤葉子也還是有尖刺。也許這是巴魯斯卡的論點當中的一個漏洞。不過，我接著想到了植物視覺陣營提出的一項假說，也就是植物身上布滿了有如眼睛的器官。如果植物身上到處都是「眼睛」，而且那些眼睛接收到的資訊也都受到整合，那麼我想一株變形藤應該會有某些部位的所在位置能夠看見那根刺。

然後，那株變形藤就隱沒於其宿主當中。變形藤為了隱匿自己不遺餘力。為什麼要變得讓人找不到？原因看來明顯可見：在一個會有動物想要吃你的世界裡，你如果能夠融入一大堆看來一模一樣的零食當中，自然就比較不會那麼容易淪為動物的餐點。然而，這樣的解釋也許忽略了這種安排的另一項效益。藉著擬態其他植物，變形藤也是在為自己的生命嘗試著不同的演化策略。森林裡的每一種植物面臨的環境雖然相同，卻是各自都以形形色色的不同設計加以因應。每一種植物都是一項成功策略的實體案例，經過數百萬年的精細調整。如果能夠採用其他植物在自己的身體上表現出來的演化天分，絕對是一項極大的演化優勢。變形藤把其他植物當成一座活生生的專利圖書館，其中所有的專利都能夠免費使用——至少對變形藤而言是如此。

這種物種之間的擬態，不禁讓人對於不同物種具有根本上的差別這項信念產生懷疑。沒錯，不同物種在某些方面確實具有根本上的差別。不過，一個物種如果能夠藉著些微的調整而在功能上變成另一個物種呢？類別將會開始變得模糊，物種之間的界線不再那麼明確無疑。分類學（Categories）當中的類別可能會因此看起來不再像是被發現的自然現象，而是人為發明的結果。一個能夠跨越物種界線的生物，對我們長久以來抱持的觀念造成了問題，因為我們向來都認為每個物種有其固定的形態，有其先天決定而且不可變的特徵。

我們在一座瀑布前再次停下休息，又吃了一些巧克力之後，就開始走上一條上坡的蜿蜒小徑。我拖著腳步跟在隊伍後面，興味盎然地觀察著生長在我們左側那些岩石露頭上的一株株小植物。野生吊鐘花從石頭上冒出來，長出一朵朵洋紅色與藍紫色的鐘形花朵。另外也有若干不同物種的蕨類，這是我最喜歡看的植物。其中有些薄得呈半透明狀，只有一個細胞的厚度。另外有些看起來則是比較像結實的鹿蕨，也就是我在西北太平洋岸區經常看到的那種蕨類。接著，我又看到一連串嬌嫩的鐵線蕨（maidenhair ferns），其搶眼的小葉片狀如銀杏，呈現出亮眼的鸚鵡綠，垂掛在光亮的黑色莖稈上。我靠過去仔細檢視，卻發現有一簇葉子顯得有些格格不入。那些葉子看來很正常，但是莖卻是綠色，而不是鐵線蕨的黑色。那是一株變形藤。我叫吉亞諾利過來看，結果他大為興奮。「這是我們第一次看到變形藤擬態蕨類。」他咧嘴笑著說。一時之間，我還以為他是在哄我，故意尋我這個記者開心。「不是，我是說真的，妳是第一個發現這種現象的人。我們會在論文裡標示妳的名字。」我樂壞了。我才第一次外出找尋變形藤，竟然就能夠這樣輕輕鬆鬆地貢獻一項新發現，由此可見我們對於這種奇妙的藤本植物所知有多麼少。那天晚上，我在我住的木屋裡關燈準備睡覺，結果發現眼前浮現了許許多多的變形藤，每一株都長成不同的形狀。

第二天，我們再度回到國家公園，而在森林邊緣的一個地方停了下來。那裡的草被人割過，割下的雜草堆成一座座小山。變形藤在那些小山裡顯得如魚得水，蔓生於各種植物上，巧妙地擬態成它們的樣貌。變形藤在這裡似乎特別生氣蓬勃，比在短短幾公尺外的茂密森林裡還要更有活力。變形藤在森林裡雖然也是到處可見，但沒有這麼張揚繁茂，而且最重要的是，似乎也沒有這麼執意於擬態自己的鄰居。

我們整群人站在森林裡圍成一圈，討論著為什麼會這樣。也許是因為空地上光線充足，所以有助於變形藤看得更清楚？史托茲開玩笑說。你知道嘛，「視覺啊。」

她用手比著引號說。不過，她的話不是沒有道理：不同於森林裡，那片空地受到大量的陽光照射，所以有可能表示變形藤能夠製造更多能量，因此有更多的資源能夠做成本高昂的事情，像是改變葉子的形狀、顏色與葉脈分布。這是史托茲的專長。這整個團體，尤其是史托茲，都致力於研究植物可塑性，也就是植物呈現出多種不同形態的能力。我們已經知道，植物如果能夠獲取更多資源，就會具有更高的可塑性，因為它們能夠在行為方面發揮所有能力。就某方面而言，一株植物如果擁有比較多的陽光或者養分，就可以是比較完整的自己。另一方面，薩加多盧瓦特則是研究生長在陰影當中的植物如何傾向於低調自守，等待未來出現比較好的時機。他尤其感興趣的是，這座森林裡有些物種的葉子如何在陽光下大幅擴展，藉著增加表面積以便吸收盡可能多的光線。畢竟，在雨林裡面，你永遠無法知道樹冠層什麼時候會再度遮蔽陽光。不過，同一個物種如果生長在陰暗處，就會長出結實的小葉子，藉此把能量消耗降到最低，盼望能夠撐過艱困時期，等待比較好的時機出現。一株植物如果撐得夠久，也許可以等到一棵老樹終於傾倒，造成樹冠層上的一個開口，讓這株植物能夠再度沐浴在陽光下，從而重獲新生。資源的可得性無疑決定了某些事物，例如生物能否做出奢侈的行為。你必須要有足夠的能量才能夠這麼做。而變形藤的擬態把戲，難道不是最奢侈的行為嗎？

過了一會兒之後，我問吉亞諾利，如果他認為變形藤不是藉由視覺從事擬態，那麼是什麼？吉亞諾利思考的時候都會閉上眼睛。「當然，任何解釋聽起來都會顯得古怪、奇異、陌生，」他拐彎抹角地說：「可是我還是認為最有可能的解釋和微生物有關。」吉亞諾利認為微生物——可能是細菌——從宿主植物跳到了變形藤身上，而藉著劫持控制葉子形狀的基因而指示葉子改變形狀。吉亞諾利不是假設變形藤本身改變自己的形狀，而是認為這種現象比較像是一種感染，亦即某種來自外部的東西對變形藤造成影響，就像疾病影響身體一樣。而什麼會感染植物呢？各式各樣的微生物。不過，變形藤的擬態如果**真的**是一種感染，那麼這種感染必定能夠在根本層次上做出極具侵略性的生物重組。葉子的形狀、顏色、大小與質地，全都是銘刻在植物基因裡的發展計畫。吉亞諾利認為，必定有什麼東西改變了基因的表現，而微生物乃是目前所知唯一能夠對植物改變基因表現的東西。

在一九九〇年代，研究者發現了一種遺傳物質單位，稱為「小分子核糖核酸」（small RNA），有時也稱為「微核醣核酸」（micro RNA）。這種遺傳物質單位源自於細菌和病毒等微生物，而截至目前為止，在人體內已發現了兩千六百種不同類型的微核糖核酸。據信這些外來的遺傳物質，集體控制了我們的基因組當中多達三分之一的基因。到了更加晚近，研究者又發現微核糖核酸也在植物的生命裡扮演了角色。微核糖核酸經常在寄生植物和其宿主之間被交換，也能夠在植物之間擔任訊息傳導分子。現在，我們也知道一株植物的小分子核糖核酸能夠干預附近其他植物的基因表現。

吉亞諾利認為變形藤可能就是這麼一回事。來自微生物的遺傳物質有可能控制了一株植物的基因組當中負責葉子形狀的部分，而鄰近的變形藤有可能單純只是受到相同的干預，也就是大量接收了外來的微生物遺傳物質。

「我不喜歡微生物。微生物很難處理，很難測量，很難控制，很難避免。我面對肉眼可見的東西會覺得比較自在。不過，有幾個系統的證據力說服了我。」吉亞諾利在我們漫步穿越幾叢特別茂密的藤蔓之時說道。他的理論如果確實沒錯，那就表示所有植物的整體外表都被微生物控制，而且微生物的影響範圍也超出植物本身之外，而有如一團雲。在這種觀點裡，變形藤的獨特性僅在於它們容易受到其他物種的微生物雲影響。吉亞諾利的理論將會從頭到尾改寫科學對於植物的認知。不論從哪個角度看，他的理論對於植物學而言都是一項石破天驚的主張。但話說回來，巴魯斯卡的植物視覺理論也是如此。就某方面而言，吉亞諾利的理論並不完全難以置信；他只是把科學家目前正在發掘的微生物影響世界進一步加以延伸而已。

我們在一根被粉紅色與橙色黏菌裹覆的圓木上坐下來。吉亞諾利提到白蟻在近來被發現其腸道內有些微生物，使得牠們能夠消化木頭裡的化學物質。換句話說，白蟻最招牌的食用木頭行為，乃是拜牠們體內那些全然不同的生物所賜。而白蟻的腸道微生物之所以能夠運作，又是因為其體內存在其他更小的微生物。這些動物體內的動物，早在白蟻演化出來之前就已經存在──很可能是因為某個白蟻的祖先吃下了死亡的植物，而因此把存活於其中的微生物一同吞進了肚裡。在那之後，這兩者就共同演化而形成了當今這樣的版本。澳洲白蟻的一個物種已知在其腸道裡存在著一種原生生物，而那種原生生物體內又帶有四種左右的細菌。白蟻是許多個體堆疊而成的結果。「牠們都各自獨立，而且都屬於不同的科。實在是難以想像。」吉亞諾利說。這些新發現都一而再地指向同一個方向：一隻白蟻絕不只是一隻白蟻。而且，每一種生物無疑也是如此。「你以為一種現象是受到這個生物掌控，或者是這個生物的行為所造成的產物，結果看起來其中至少有一半是某種細菌的功勞。」

這些相互堆疊的成分令吉亞諾利深感好奇。白蟻是複合生物，由多種類別的個體共同合作而造成。他提醒我，人類同樣也是複合生物：我們本身的微生物相顯然掌管了我們健康的許多面向，甚至可能也掌管了我們的心理。「它們涉及消化、過敏，甚至是某些心理疾病。」他說。

在這趟旅程的一年前，吉亞諾利和他的同事來到這座森林採集變形藤樣本，而注意到擬態的分布看來極為隨機。「擬態不是百分之百都會出現。」他說。他發現擬態大概只有在百分之七十的情況下會出現。「刺激的強度和規模各自不同，所以我才會認為這種參差不齊的效果可能是由某種生物造成。」他們把樣本帶回實驗室磨碎之後，發現了這項假說的些微證據。在擬態一株灌木的變形藤當中，最接近那株灌木的變形藤葉子裡所帶有的細菌群落，和那株灌木的細菌群落極為相似。在同一株變形藤上，距離那株灌木較遠而且沒有出現擬態的葉子，則是含有完全不同的細菌群落。「那兩片葉子雖然屬於同一個生物，而且相隔差不多只有三十公分，其中的細菌群落卻明顯不同。」吉亞諾利說：「我認為這點非常不可置信，而且這可是微生物。」這項發現絕不表示他的假說已經獲得了證明；還必須進行遠遠更多的研究，才能夠釐清變形藤擬態背後真正的肇因。「不過，這點強烈顯示微生物確實涉入其中。」他說。

要再度確認，吉亞諾利就必須在實驗室裡種植變形藤，但這點截至目前為止能被一再證明是近乎不可能的事情。他已嘗試過了十幾次，可是變形藤在實驗室裡總是生長得很不順利，而且很快就會枯萎死亡。此外，變形藤的種子也近乎不可能取得；他只找到過一株帶有種子的變形藤。「我知道我告訴其他科學家這件事情的時候，有些人會認為我是想要把種子藏起來。」吉亞諾利說。他和他的同事剛找出了培養變形藤組織的方法，藉此繞過前述這兩個問題。而且，他也希望能夠早日在實驗室裡展開實驗。他對歐洲的科學家大放厥詞頗感惱怒，因為他們還沒有經過實驗確證，就聲稱變形藤具有視覺能力。科學研究不是這麼做的，他說。你必須要先證明你的假設確實行得通。

雨水嘩啦啦地打在我們周圍數以百萬計的葉子上面，我們這支隊伍的其他人都蹲跪在幾碼外的一棵樹旁邊，測量著藤蔓的角度。吉亞諾利問我有沒有聽過哲學生物學家魯珀特・謝德瑞克（Rupert Sheldrake）提出的「形態發生場」（morphogenetic field）概念。我沒聽過。他解釋說，謝德瑞克想像每個生物周圍都環繞著一個假設性的生物場，像是一團資訊雲。「那是一種影響範圍。」他說，雖然不為肉眼所見，但是具有效力，就像是重力場或者磁場一樣。在謝德瑞克的構想當中，生物的生理形態發展受到形態發生場的指導。我想像我們周圍所有的植物都被一團資訊雲圍繞，裡頭充滿了生物指示。謝德瑞克的想法包含了吉亞諾利稱為「玄學」的元素。舉例而言，謝德瑞克認為形態發生場可以是心靈感應的基礎。吉亞諾利隨即告訴我說，他對這類東西絲毫不感興趣。至於生物影響範圍的觀念，他則是可以接受。他把這種觀念當成一種思考方法，用來思考微生物如何可能對植物造成影響。「我不確定是不是真的有生物影響範圍存在，可是我喜歡這種觀念，這種意象。」他說。

我記得我初次得知人隨時都被微生物雲環繞之時的感受。那天，我在自己位於曼哈頓下城一棟企業大廈五樓的辦公桌前端坐了五個小時之後，資料科學家詹姆斯・梅鐸（James Meadow）對我說，我那天在我的那個辦公小隔間裡大概落下了數以百萬計的微生物。「妳知道《史努比漫畫》裡面那個髒兮兮的小孩嗎？名字叫做乒乓（Pig-Pen）的那一個？結果原來我們每個人看起來都像他一樣。」梅鐸在電話裡說。

他當時任職於舊金山的一家公司，那家公司專門為辦公室與醫院這類地方監控室內微生物相的健康情形，而且他也在不久之前剛發表了一篇論文。「在我們到處移動的過程中，我們的身體每個小時都會落下一百萬個生物粒子。」他接著說：「我臉上有鬍鬚；我每次只要搔抓我的鬍鬚，就會把一小團生物粒子釋放到空氣中。只不過，我們隨時不斷釋放出來的那團粒子幾乎是不可見的。」我低頭看著我的鍵盤，想像著我身上的微生物從我的指尖落下，就像乘客走下船隻的跳板一樣。接著，梅鐸對我說，我身上的微生物大概也會飄到我隔壁同事的隔間裡。我暫時放下話筒，從灰色隔間牆的上方瞥了我的同事一眼，他正在距離我三呎之處渾然不覺地打著字。他看起來安然無恙。不過，我真的不斷飄散出粒子嗎？

近來大量出現的微生物相研究，已經徹底改變了我們對於自己如何與世界互動的理解，原因是科學家發現各式各樣的健康問題都和生活在我們的腸道裡與肌膚上的生物有所關聯。我們身上的微生物影響了我們的免疫系統、我們的氣味，以及我們對於蚊子的吸引力。新興研究顯示自閉症、憂鬱症、焦慮，甚至可能包括我們被什麼人所吸引，也都可能和微生物有關。

換句話說，我們身上的微生物可能會影響我們的思想與感受。我們本身的細胞很有可能數量還比不上寄生於我們身上的微生物。一旦更仔細檢驗，我們的個體性——也就是我們之所以成為自己的原因——很可能會看起來比較像是有限的民主，而不是全然自主的獨裁。

不過，微生物相也確切無疑地會擴張到我們身旁的空氣當中，形成一種微生物雲（microbial clouds）。熱氣會往上升。梅鐸解釋指出，我的體溫無時無刻不斷把我的生物粒子往外推送。我的呼吸也包含在我的微生物相之內，也一樣溫熱而具有相同的作用。我選擇說出的每一個字，都會伴隨著一堆我沒有選擇要釋放到世界上的細菌。我釋出的這團雲，其大小在一定程度上將會取決於我的身體在當下有多熱或多冷，他說。（我心想，我的體溫通常偏高，所以我身旁的雲大概是很大一團。）

除此之外的取決因素，則是「空氣的黏度」，而這點即充分反映了我們在這裡所面對的尺度。「只有在空氣碰撞到我們的時候，我們才會感受到空氣的存在。」梅鐸解釋道。不過，對於像微生物這麼細小的東西來說，空氣則比較像是水。任何細微的動作，都可能會造成一個微生物在一間房間裡飄浮好一段時間。「最微小的細菌有可能被空氣抬升起來，而懸浮在半空中長達幾個小時。」他說。

「靈魂是物質縮減到極度細薄的結果：哎呀，細薄至極！」愛默生曾經這麼寫道。我又瞥了我隔壁那個渾然不覺的同事一眼。我的生物粒子確實撒得到處都是。

我們對於自己的健康狀況與我們身上的微生物之間的融合程度了解得愈多，就會開始覺得那些微生物和我們所認知的自我愈來愈難以區分。我們不等於我們身上的微生物相，但如果沒有那些微生物，我們絕對也不會是我們認知當中的這個自己。

不過，正如我們的生活並非靜止不動，我們的微生物相也是一樣；每當我們前往一座新城市、淋浴、服用抗生素，或者覓得新愛人，我們的微生物相也會隨之變動。我們的微生物身分極易改變，和我們這個善變自我的其他部分正好相符。雖然不像指紋那麼穩定不變，樣貌也難以確認，但也許比較符合我們混亂的生物狀態這種現實。我們總是我們自己，但所謂的「我們自己」如果是一種不停變動的複合體，和我們體內以及身旁那些不斷翻騰流動的微生物群體密不可分呢？

想到佛教的禪修，其目標在於消融自我。當然，我們必須先知道何謂自我，才有可能消滅自我。根據「內觀」（Vipassana）這種佛教禪修型態的描述，「自我」（self）是由許多不停顫動的微小單元集合而成。有些人把那些單元稱為原子。不過，其根本概念是我們並非我們自己——而是一堆個別微粒聚集而成的結果，只不過那些微粒恰好聚集成一個人的形狀而已。我們一旦理解到這一點，自我就會消融。我認為這個意象也很適合用來呈現微生物以及它們飄散而成的微生物雲所代表的意義。

吉亞諾利針對變形藤提出的假說，動搖了我對於一株天才植物所抱持的概念。這種現象背後的主導者會不會其實是一種天才細菌？或是不同生物的天才組合，而變形藤這種植物也包含在內？畢竟，擬態看起來對變形藤有益，因為這麼一來，動物就比較不可能找出變形藤而將其吃掉。但話說回來，對於變形藤體內的細菌而言，不被吃掉應該也符合它們的利益。那麼，擬態究竟是為了誰的利益而發展出來的結果？擬態可以被視為是細菌求生的巧妙手法，端看你採取什麼觀點而定。或者，也許挑選一個單一觀點其實是錯誤的做法。變形藤和其體內的微生物很有可能無法區分。它們是複合生物，是緊密結合的合作成果。我想到另一個著名的合作案例，也就是一種光合菌[120]和一種藻類細胞共同生活，而形成最早植物的前身。

一九九〇年代，先驅演化生物學家琳恩·馬古利斯（Lynn Margulis）率先推廣了「合生體」（holobiont）的概念。根據她的定義，合生體是一種複合生物，由許多協同合作的生物共同組成。合生體包含微生物相，但也包含巨觀生物相——也就是微生物相生存於其體內或身上的那些大型生物。具有細胞核的細胞，含有一切的粒線體與葉綠體，而這些東西對於動物和植物而言都是不可或缺。馬古利斯提出的假說是，合生體最早之所以會出現，原因是擁有不同能力的微生物互相聯合，而終究融合成為一個整體。她認為，在我們的演化史當中，比起科學界認為是一切演化改變根源的那種緩慢而隨機的突變，不同生物之間的這類共生可能還更加重要。她針對共生起源所寫的論文，在遭到十五份期刊回絕之後，終於在一九六七年獲得《理論生物學期刊》（*Journal of Theoretical Biology*）刊登。她的理論在十年後得到證實，原因是隨著現代遺傳分析的出現，研究者終於首度能夠看見每個粒線體和葉綠體確實含有多種不同生物的ＤＮＡ。在細胞層次上，我們每個人都是合生體。[121]

然而，除了我們的細胞結構之外，馬古利斯的合生體概念，也在遠遠更大的範圍上被證明是真的。[122]動物的關鍵特徵，包括其生長速度與行為方式，都在近年來被發現是微生物訊號造成的結果。說來確實合理。畢竟，動物乃是演化於一個早已被微生物支配了數十億年的世界裡。實際上，知名的共生專家瑪格麗特・麥佛恩蓋（Margaret McFall-Ngai）就認為，長久以來被公認擁有自身「記憶」的人類免疫系統，有可能就是一套合生體管理系統。「脊椎動物之所以會演化出一套奠基於記憶之上的免疫系統，可能是因為必須辨認以及管理複雜的有益微生物，」她在二〇〇七年

120 編註：photosynthetic bacteria，一群能夠利用光能進行光合作用的細菌。它們是地球上非常古老的微生物，屬於原核生物，在地球生態系統中扮演著極其重要的角色。

121 原註：反諷的是，在遺傳共生被發現的將近一百年前，達爾文本身似乎也曾經猜想過這項事實。「我們無法徹底了解有機個體那種美妙的複雜性；但基於此處提出的假說，這種複雜性又大幅提高。每個生物都必須被視為一個微觀世界——一個小小的宇宙，由眾多自我繁衍的生物構成，微小得難以想像，而且又與天上的星辰一樣繁多。」Darwin, *The Variation of Animals and Plants under Domestication*, 1868。

122 原註：馬古利斯因為相信細菌居於首要地位而著名。細菌存在地球上的時間遠早於任何大型生命型態，而且極度成功，完美適應了早期地球的化學環境，也在許多方面上依據自己的需求改造了那個環境。馬古利斯寫道，我們的身體保存了那個早期的地球。我們體內的化學化合物，尤其是我們充滿了水的體內環境，可以被視為複製了當初細菌演化於其中的那個舒適的原始世界。就某方面而言，我們是設計完美的細菌容器。「我們與當今的微生物並存，體內又帶有其他微生物的殘跡，以共生的方式受到我們的細胞吸納。」她與她的兒子多里昂・薩根（Dorion Sagan）在一九九七年寫道：「藉由這種方式，微觀世界持續存在於我們體內，而我們也存在於那個微觀世界當中。」

寫道。

對於我們這種比較大型的生物而言，交換遺傳物質的唯一方法就是創造下一代——換句話說，就是生孩子。不過，細菌沒有這樣的限制。它們可以和附近的細菌即時交換基因，不論是否屬於同一物種。藉著這種方式，一個細菌可以採用鄰居的新特徵，添加於自己既有的能力之上。馬古利斯寫道，細菌的遺傳特質如果套用在大型生物身上，我們將會活在一個科幻世界裡，例如人可以擷取蝙蝠的基因而長出翅膀，或是蘑菇可以擷取鄰近植物的基因而因此轉變為綠色，並且開始行光合作用。這個觀點讓我得以更明白看出，吉亞諾利的理論有可能怎麼落實在真實世界裡：與其想像一群外來的細菌劫持變形藤先天確立的自我形狀，也許實際上是存活在變形藤體內，並且決定其發展表現形態的細菌，從其他植物體內具有同樣功能的細菌身上，擷取了其所流出的遺傳信息。「人類以及其他的真核生物，就像是凍結在特定遺傳模具裡的固體一樣，」馬古利斯與薩根寫道：「而細菌體內那些不停流動並且互相交換的基因，則像是液體或者氣體。」我們一旦開始從細菌的角度看待世界，就會發現眼前是一片微觀海洋，充滿不斷變動的身分與形體。在表面之下，我們的細菌自我不停幻化改變。我們全都處於一再變動的狀態。誰能說我們任何一個人究竟始於何處又終於何處呢？

隨著我們走出森林，吉亞諾利對我說了植物擬態的另一個奇怪案例。他說，變形藤屬於木通科（Lardizabalaceae），而智利還有另一種同科的植物。這個歸在拉氏藤屬（Lardizabala）當中的物種，是一種極為稀有的攀藤植物，只生長在智利亞熱帶地區以及秘魯的部分地區。他一個朋友的朋友對他說，他們的叔父住在一座生長著拉氏藤的鄉村裡，而那座村莊的醫療傳統就使用了拉氏藤的深紫色果實。吉亞諾利還沒去過這座村莊，但他說一個東西如果屬於傳統知識的一部分，就很可能是奠基在多年的經驗與觀察之上。當地的傳說指稱拉氏藤如果攀上不同的樹木，結出的果實所帶有的醫療性質就會類似於那棵樹。「所以，一棵樹如果具有消化方面，或是和心臟或者血壓有關的療效，或是有其他醫療性質，拉氏藤的果實就也會有那種性質。」這代表了另一種全然不同的擬態。「果實能夠承繼樹木的性質——如果是真的，就太了不起了。」吉亞諾利說。

在我們實地研究的最後一天早上，我們開車前往那座森林的另一個區域。吉亞諾利的團隊很快就找到了一棵對於他們的攀緣繡球計畫而言適合的樹木，而再度開始插下一根根小旗子。截至目前為止，他們看到的成功例子比失敗的例子多。這雖然只是初步資料，但看起來相當不錯。這又是另一種到處可見的植物，被他們從消極被動這種人為標籤當中拯救了出來。

在他們忙著測量的時候，我就在周圍四處遊走。在一片林間空地裡，我看見地面上生長出一叢匍枝毛茛（Ranunculus repens），而且旁邊就是一株變形藤。這種毛茛引進於不到十年前，現在已成了一種生長旺盛的雜草。旁邊那株變形藤完美複製了匍枝毛茛的大小與輪廓，其三出複葉的生長角度與匍枝毛茛的三出複葉一模一樣。匍枝毛茛葉緣的蕾絲花邊對於變形藤的擬態能力而言似乎難度太高，但變形藤並不是沒有努力，只見其葉緣有著一連串鋸齒狀的缺口。

然而，即便是這樣的錯誤也還是令人驚奇。吉亞諾利發現變形藤竟然嘗試擬態匍枝毛茛之後，聲稱變形藤的擬態伎倆可能來自於長期演化共存的理論就遭到了推翻。「那種雜草不是變形藤演化史當中的一部分。」吉亞諾利後來說明指出。十年的時間不可能形成演化關係。變形藤的擬態必定是即時產生的結果；是臨場為之，而不是經過長期演練。

臨場反應是一項令人震驚的概念；這項概念堅持行為主體必定具有高度的警覺性。而且，臨場反應的證據也一再點點滴滴地出現：就在我們這趟旅程的一個星期前，吉亞諾利收到了一個在家中種植變形藤的倫敦居民所寄來的一封電子郵件。郵件裡附上的照片顯示變形藤擬態了那個人家裡的盆栽——一種葉子細小的地被物種，有些人稱之為鐵線藤（creeping wire vine），原生於紐西蘭。吉亞諾利讓我看了那些照片。看起來確切無疑，變形藤確實擬態了這種全然陌生的植物，而且成果相當傑出。當然，紐西蘭的鐵線藤只有造型簡單的圓形葉子，和我看過變形藤擬態的其他葉子形狀相比之下並沒什麼挑戰性。不過，更引人好奇的是鐵線藤源自大洋洲，和智利雨林相隔極遠。變形藤只原生於智利，卻顯然能夠擬態和那個地區完全沒有關聯的植物。因此，擬態現象是變形藤這個物種的本質能力，而且不論生長在什麼地方都會表現出來。這全然是一種臨場反應的能力。

當然，對於這種臨場擬態而言，視覺也是一種誘人的解釋。在動物身上，對於一段距離之外的事物做出快速反應，通常都是基於視覺能力。這種想法具有明顯可見的廣大吸引力。在返回木屋的車程上，吉亞諾利收到他指導過的一個學生寄來的電子郵件，那個學生剛被一個俄國團體聯繫，該團體正在設計一項關於植物視覺的「巨型研究計畫」，以變形藤為核心。在波昂，巴魯斯卡與他的同事正開始在一間溫室裡種植變形藤，以便驗證他們的視覺假說。巴魯斯卡的團隊如果能夠在得到控制的環境裡，成功讓變形藤擬態一株塑膠植物，那麼他們的視覺假說無疑會顯得更加可信，因為塑膠植物絕對不可能釋放出微生物資訊。

不過，就目前而言，這個謎團尚未解開。不論結果是由哪一項假說勝出，都很可能會徹底刷新我們對植物的概念。植物體內——或是植物之間——必定發生了什麼事情，才有可能產生這樣的擬態。就目前而言，那個未知的原因就像是擺放在房間中央的一個隱形物體：所有人都知道那件物體必定存在，卻又沒有人看得見，至少目前還看不見。不論那個東西是什麼，都將會對我們認為自己對於植物的運作所擁有的理解造成根本性的改變。「解開變形藤的密碼，將會立刻促使我們解開植物的一項通用密碼，」吉亞諾利說：「這兩者密切相關。了解變形藤必然會帶來對於植物的了解，這是我的感覺。」

巴魯斯卡的理論比較明顯可見是一種植物智力的觀點，起初對我頗具吸引力。我想要相信植物具有視覺能力，而且它們說不定也真的有。這點看來並不是完全不可能。畢竟，植物確實擁有許多光受體。不過，吉亞諾利的理論則是細菌組織與影響力的觀點，顯示生物之間存在著更廣泛的互相關聯，而這種觀點也對我深具吸引力。這項觀點聚焦於植物的複合本質，也就是植物身為合生體的狀態，和它們置身其中同時也置身於它們體內的那個微觀世界密不可分。

無論如何，看來我們都應該要捨棄植物是具有明確邊界的獨立個體這種觀念了。我們並不清楚理解一株植物始於何處又終於何處。這甚至可能不是一個有用的問題。忽略植物和其合作夥伴互動的許多方式——以及它們雙方共同構成植物本身的許多方式——導致我們只能以非常局部的觀點看待現實。植物由相互滲透的生命型態結合而成，無法受到非此即彼的分類。也許就像我們一樣。「完全自給自足的『個體』是一種迷思，必須由另一種比較有彈性的描述方式取代，」馬古利斯與薩根寫道：「我們每個人都是一種鬆散的委員會。」

9 CHAPTER 植物的社會生活

很久很久以前，有些昆蟲以非常獨特的方式演化出社會生活能力。牠們演化成眾多個體生活在一個大群體裡，而且每個成員都全心追求那個群體的福祉；牠們的身分認同完全涵蓋於對於集體的支持當中。這些昆蟲是群體居民，群體裡的每一個成員都有各自的角色，而且有些成員為了履行自己的職責，甚至不惜捨棄一般被視為生物成功指標的活動：這些成員從不繁衍後代。這些昆蟲把自己的生命完全投注於尋覓食物，並且把那些食物帶回巢裡供牠們的同胞享用，而那些同胞的角色就是負責生育寶寶。這種做法顛覆了適者生存的概念。在一個像這樣的群體裡，群體利益壓倒了自我利益。**你**有沒有繁衍後代不重要，重要的是整個群體能夠延續下去。

一九六〇年代，一位昆蟲學家把這種生活方式稱為「真社會性」（eusocial）行為，並且最早把這個詞套用在生活於蜂巢裡的蜜蜂。蜂巢裡有多個世代的蜜蜂合作照顧幼蟲，而且各自承擔不同的角色，只有特定成員負責生育。真社會性是一種高度複雜的社會生活方式，充滿了明確的關聯性與合作規則。自此之後，科學家已發現這個概念適用於許多昆蟲，而不是只有蜜蜂；白蟻具有真社會性，螞蟻、菌蠹蟲[123]，以及至少一種蚜蟲也是如此。一種棲息在珊瑚礁的蝦子也能夠表現出真社會性的行為，從而把這項概念延展到甲殼類動物的世界。此外，裸鼴鼠[124]則是有幸成為哺乳類動物當中的真社會性新星。

昆蟲、甲殼類動物、哺乳類動物：真社會性行為必定曾經多次分別演化出來。

這種行為明顯可見是一種成功的演化策略，不然就不會自發性地反覆出現於不同生命分支當中，並且長久存續下來。如果說我學到了什麼，那就是一項特質如果效用良好，生物機制通常就會把這項特質複製於各種不同生物身上。好的點子常會一再反覆出現。所以，我現在只要得知有一項特徵曾經多次分別演化出來，就不得不納悶在植物身上是不是也找得到類似的特徵。直到最近之前，真社會性從來不曾在植物身上發現過，但也許只是我們沒有認真找而已。

鹿角蕨（staghorn fern）就在這時登場。二〇二一年，在紐西蘭任職於威靈頓維多利亞大學（Victoria University of Wellington）的生物學家凱文．伯恩斯（Kevin Burns），步行穿越了澳洲豪勳爵島（Lord Howe Island）上的熱帶旱林。那裡的樹木大多都長不高。通常生長在樹幹高處的鹿角蕨，在那裡就相當方便地生長在眼睛高度。看著這些生長茂密的蕨類，他突然產生了一個念頭。這些鹿角蕨會不會其實是個群體？鹿角蕨的獨特之處，在於它們會有許多個體共同生長在一個地方，叢聚成

123 編註：ambrosia beetles，一類非常特別的甲蟲，牠們不像一般蛀食木材的昆蟲那樣直接以木材為食。相反地，牠們與一種或多種真菌建立了一種「互利共生」（mutualistic symbiosis）關係，牠們的食物來源是這些真菌，而不是樹木本身。

124 編註：naked mole-rats，一種生活在東非地下洞穴系統中的齧齒動物，幾乎全身無毛（僅在少數部位有稀疏的感知毛髮，如口鼻、腳趾間），皮膚呈粉紅色或棕色，布滿皺摺，看起來就像沒有穿衣服的老鼠。

有如蜂巢般的圓形，其中有些個體長成海綿圓盤狀，直接黏附在自己附生的樹木以及其他鹿角蕨身上，另外有些的形狀則是有如軟綿綿的綠色長鹿角。那些長形葉片的表面覆蓋著一層蠟，因此特別適合把雨水導引到它們的基部，由圓盤形的葉片吸收。伯恩斯心想，會不會有些葉片就相當於蜂巢裡不孕的工蜂一樣，把生命投注於供養自己那些負責繁衍後代的同胞？結果他也確實發現圓盤形葉片從來不會繁殖，只有部分的長形葉片才會。其他葉片都把生命投注於把水導引到整個群體的根部。

植物有沒有可能也具有真社會性？

我相信複雜的社會性本身就是一種智力，一種集體智力。這種智力超越了個體的癖性，而傾向於做出對群體有益的選擇。所謂的智力，就是有能力從自己周遭的環境當中學習，並且做出最有助於維繫自身生命的決定，所以智力乃是在情境當中創造而成。智力是因為有需求才會產生，並且透過自然汰擇發展。就鹿角蕨而言，由於它們生長在樹幹這種沒有土壤的垂直表面上，而必須在這樣的艱困的環境當中留住水分，所以它們的需求是合作，是關係傾向，是願意為了全體的蓬勃發展而犧牲自我。當然，這就是群體概念的基礎：在群體當中，合作是第一優先。

有些最複雜的動物社會，就是建立在集體智力的基礎上。所有在群體當中演化而來的動物，都會發展出專門為了在那個群體當中存活所需的能力。魚類、螞蟻、蜜蜂、猴子、人——我們全都以不同方式協調我們的行為。我們把這種表現稱為社會性。個體之間的這種協調要是延展到我們的神經系統呢？社會智力是動物當中一個新的研究領域，但初期的研究結果發現，在溝通、學習，或者合作從事一項工作這類社會互動當中，人腦裡的電活動可以在人與人之間同步。在這種互動當中，各方的腦波──或是神經活動的顛峰與低谷──似乎會呈現出一致的狀態。腦波同步的現象也在蝙蝠以及其他靈長類身上被發現，可見這種情形可能存在於其他許多動物當中。明顯可見，這是一種有用的現象。研究者發現，一群人的腦波如果處於同步狀態，他們的表現就會比較出色；飛機駕駛與副駕駛的大腦，在起飛與降落之時通常會同步，原因是合作在這種時刻至關緊要；另外，不同人之間如果認知同步，也指稱自己會因此和對方產生比較強烈的合作與親近感受。大腦同步程度較高的伴侶，對於雙方的關係滿意度比較高；而共同養育者的大腦，似乎也會在對方在場的情況下互相同步。我們的大腦演化於高度社會性的情境裡，而我們現在才剛開始看出那樣的社會性可以有多麼深邃。也許這種社會性的集體智力值得獨自受到我們的關注。如果不這麼做，我們也許會忽略掉自身存在歷史當中的一大部分。

植物也是在群體當中演化而成。草地、森林、群落、植叢；植物向來都身屬於複雜的社會安排，與鄰居互動乃是其日常生活當中的一部分。它們有多麼善於因應這些交流，經常界定了它們生命的結果。生存與繁殖向來都是社會性問題。因此，植物是毋庸置疑的社會性生物。它們也有各式各樣的社會性質：有些存活在高度合作的集體當中，就像鹿角蕨那樣把群體的成功置於個別成員的成功之上。另外有些植物偏好比較孤獨的生活，還有一些則似乎極度厭惡衝突，而具備驚人的分享能力。許多植物都會立刻把陌生的對象當成敵人，但同時也非常注重親屬關係。在這個資源不斷變動的世界裡，最好能夠知道你可以信任什麼對象，而家人經常是比較不容易出錯的選擇。

這些顯然全都是如何在同儕當中良好生存的問題，對於身為社會性動物的我們而言全都是很熟悉的概念。當然，植物在這些方面有屬於它們自己的做法。只要藉著稍微調整，看出這些植物式的做法，我們即可開始看出植物的社會生活有多麼豐富。植物學家現在才剛開始這麼做。一個充滿社會可能性的世界正緩慢揭露於我們眼前。

環繞著密西根湖畔的沙丘是令人意外的景觀。平緩起伏的沙堆延伸極廣，像是靜止的海浪一樣起起伏伏。若是往內陸走幾十英里，即可達到美國中西部的農田。但在這裡，在這座巨大湖泊的岸上，當初蘇珊・達德利（Susan Dudley）就是在這裡發現了植物明白知道誰是自己的同胞手足。

達德利是加拿大麥克馬斯特大學（McMaster University）的植物演化生態學家，她在二〇〇六年夏季觀察著自己的研究對象，而不斷遭到黑蠅（black flies）叮咬。

美洲海濱芥（American searocket）是一種相當卑微的沙灘灌木，但我們一旦考慮到這種植物能夠存活在最不適合生存的環境裡，就不免對它們心生敬意。對於沙灘灌木而言，長得又大又華麗是絕對不可能的事情。生活在沙丘上並不容易。風總是颳個不停、水分稀少，而且動物又總是飢餓不已。生長在沙丘上的植物都必須付出極大的努力才有可能生存下來，所以它們的存在本身就極為了不起。

在一九九〇年代晚期與二〇〇〇年代初期，植物能夠辨別「自我」與「非我」的證據開始不斷冒出。它們知道鄰近的一條樹枝或根究竟是屬於它們自己還是別的植物所有。不久之後，達德利開始納悶植物的個體化會不會不僅止於此。它們既然能夠辨別自己，那麼是不是也能夠辨別自己的遺傳親屬？達德利想要知道，植物除了明白自己旁邊有其他植物之外，對那些鄰居是不是還有更多的認知？動物學家知道，就演化上而言，能夠辨認親屬為動物賦予了極大的優勢。許多動物都已被證明具有這種能力。達德利心想，何不測試植物呢？

在就讀大學期間，達德利發現自己不喜歡切割活生生的動物這種可怕的活動。活體解剖無脊椎動物在生物學系裡是家常便飯。於是，她在就讀芝加哥大學的研究所之時轉向了植物學。「切碎植物不會有人在乎，」她說：「他們會說那叫做準備晚餐。」

她首先參與了自己的指導教授所從事的研究計畫，測試植物如何因應鄰居而改變自己的高度。「植物藉著光線的顏色互相看待。」達德利說。光線一旦穿透植物，顏色會因此改變，而且穿透不同植物的光線也會出現不同的變化。這種變化對於人眼而言雖然細膩得無法察覺，對植物而言卻顯然清楚可見。植物會注意到灑落在自己身上的光線品質，以及光線在抵達它們之前是否先穿透了另一株植物；如果有的話，就表示旁邊有個比自己高的鄰居。然後，植物就會依此把自己的莖長成特定長度——如果周圍有許多鄰居，就會長得比較長；如果沒有，則是比較短。這樣的做法在適應上完全合理。你如果恐怕會遭到大眾淹沒，自然就要長高一點，以便保住自己的那一抹陽光。

這種行為的正式名稱是「光敏素調節莖延展」（phytocrome-mediated stem extension）。差不多就在達德利檢視著這種現象的同一個時間，其他地方的研究者發現了植物在地面下也有類似的知覺：它們知道哪些根屬於自己所有，哪些屬於其他植物，並且會依此調整自己的根部生長。不與自己競爭是合理的做法。由此可以看出一種因應鄰居的植物行為公式：「它們如果知道自己在地面上有鄰居，就會長得更高；如果知道自己在地面下有鄰居，就會長出更多的根。」達德利說。

在下意識裡懷著這項理解，她於是開始在印第安納州的湖畔沙丘開始研究海濱芥。這裡就是奧爾多・李奧帕德（Aldo Leopold）寫下《沙郡年紀》（*Sand County Almanac*）這部自然書寫經典著作的地方，和他當初的寫作地點相距不遠。這個地方很美，但有擾人的黑蠅，還有滿地的沙子。在沙灘從事實地研究是非常辛苦的事情。「意想不到的是，在沙灘上工作實在一點都不好玩，尤其是沙子跑進器材裡面的時候。」

不過，達德利接著產生了一個想法。海濱芥有可能正適合用來研究植物在旁邊有親屬的情況下是不是會改變自己的行為。海濱芥以兩種方式散播種子：有些由風或水帶到遠處，有些則是附著在母株上，而在那株植物終究無可避免地腐爛之後隨之落入土壤裡。「母親一旦死了，就會有一大堆的幼苗生長出來。」在這樣的情況下，很容易可以找到同胞手足生長在一起。

達德利的想法沒錯。周遭如果生長著沒有親屬關係的植物，海濱芥就會長出大量的根，在沙地裡積極擴張範圍，試圖獨占附近所有的養分。不過，海濱芥如果生長在自己的親屬旁邊，就會客氣地節制自己的根部生長，騰出空間讓自己的同胞手足能夠生長在周圍。

達德利認為，她之所以能夠得到這項發現，原因是她決定把一件事物如何能夠裨益植物這個常見的問題暫時擱在一旁。她就只是單純觀察海濱芥實際上的表現。「我的創新之處，在於我想知道植物的行為。」她說。觀察行為和觀察植物獲得的裨益是兩回事，無論如何，我們有時也很難知道怎麼樣叫做對植物有益。人類對植物的理解不一定足以推測這類事情。不過，我們可以觀察實際發生在眼前的情形並且記錄下來。

這是植物首次被證明能夠辨識自己的親屬，更遑論是為親屬提供優待。達德利起初大吃了一驚：「我們如果發現自己預期的結果，總是不免感到意外。自然是那麼的複雜。」她的驚訝很快就轉成了擔憂。「這個結果極為令人滿意，但也有點嚇人。這是個深具爭議性的結果。」在科學界裡，具有爭議性的結果就會受到最嚴格的檢視。此外，其他學者也總是不敢對尚未獲得主流接受的結果表達贊同。在沒有盟友的情況下，實在做不了什麼事情。她在二〇〇七年發表了自己的發現，但心知短期內大概不會有人相信她。

差不多在同一個時間，她的另一個學生正在研究鳳仙花（impatiens）族群。這是一種常見的園藝花卉，原生於羅德島（Rhode Island）。這種植物似乎也能夠辨認自己的親屬，並以不同於面對陌生植物的方式善待對方。這種優惠待遇出現在其地面上的行為裡。鳳仙花如果和陌生的植物生長在一起，就會竭盡全力長出大量的葉子，並且毫不節制地延伸開展，霸占盡可能多的陽光。但若是種植在親屬旁邊，它們就會刻意調整自己的葉子，避免遮蔽同胞手足的陽光。

辨認親屬的能力帶有充分的演化理由。首先也最重要的是，這種能力有助於避免近親繁殖。但不僅如此，這種能力也是自然汰擇的一部分；達爾文的「適者生存」涵蓋了最適基因的生存，而不只是最適的個體。個體如果藉著犧牲近親而生存下來，將會削弱自身的遺傳成功。自從一九六〇年代以來，這點就是動物行為科學裡一項受到命名的規則：所謂的「漢彌爾頓規則」（Hamilton's rule）指出，只要你犧牲自身福祉付出的代價，沒有超過你和家族成員共同的遺傳世系所獲得的利益，你就必定會優待自己的家族成員。從達爾文思想的觀點來看，只要你拯救的家族成員數大過你所冒的生命危險，那麼這樣的危險就值得一冒。這也表示幫助家族的意願會隨著你的親屬關係遠近而變。或者，就像英國生物學家霍爾丹（J. B. S. Haldane）據傳說過的這句話：「我願意為兩個兄弟或者八個表親犧牲我自己的性命。」

漢彌爾頓規則也取決於生物的合作能力，以及採取利他方式對待親屬的能力。要做到這一點，生物必須知道誰是自己的親屬。我們已經知道虎鯨生活在複雜的家族群體裡，經常互相分享食物，也利用牠們自己的家族方言溝通；而母狒狒則是終生都生活在自己的母親、姨媽與姊妹身邊，互相理毛以及一同打盹。即便是棲息在海綿裡的蝦子，也已知能夠與家族成員合作保衛自己的海綿窩。不過，要像達德利的研究那樣把這種發現擴展到植物身上，則是一項徹底的大改變。同僚撰寫了回應文，指控她的研究設計拙劣。如同幾乎可說是從來沒變過的狀況，科學裡的激進新觀念又再度面臨了額外的質疑。科學界的保守態度一方面是防堵謬論的安全措施，但對於新突破也是一大阻礙。對於遭受這種質疑的科學家而言，這樣的經驗有可能相當痛苦。達德利說，發表具有爭議性的研究「是很奇怪的經驗，有時也令人苦惱」，但她明白那樣的態度：她第一次聽聞植物的根能夠辨別自我與非我的時候，也是類似的反應。不過，她終究被說服了。在這一點上，她知道自己的研究設計沒有問題，而且她也確實看見了自己目睹的現象。她心想，自己只需要等待批評者改變態度即可。

不到十年後，支持達德利這項研究結果的證據就開始陸續出現。二〇一七年，阿根廷的一名研究者發現，向日葵農夫如果成排種植向日葵，並且把近親緊密種植在一起，可以增加多達百分之四十七的葵花油產量。他們採取的種植密度達到向日葵種植史上前所未聞的程度，但那些向日葵沒有像一般認定的那樣在地面下互相攻擊對方，而是恰恰相反：在地面上，向日葵把自己的莖傾斜向不同角度，以避免遮蔽生長在旁邊的親屬。此外，也沒有看到它們互相爭搶資源的徵象。它們如果沒有被迫筆直挺立，而能夠朝著不同角度生長，每一朵花就都能夠吸收更多的光線，於是葵花油產量也隨之飆升。

自從達德利發表那第一篇論文以來，像是理查．卡爾班這樣的研究者也紛紛在自己的研究對象身上發現了親屬辨識能力——他看到這種能力在加州的山艾抵禦昆蟲攻擊的做法當中扮演了明顯可見的角色，也就是親屬關係比較接近的個體會先彼此警告。阿拉伯芥也會調整自己的葉子以避免遮蔽同胞手足。布宜諾斯艾利斯的研究者追蹤了單獨一片葉子的活動，而發現那片葉子只要察覺到有同胞手足的葉子位在它的下方，就會在兩天內移動位置。

植物顯然能夠辨認自己的親屬。不過，它們是透過哪些感覺通路做到這一點，在目前仍無定論，部分原因是它們做到這一點的手段似乎不是只有一種。在某些案例裡，植物是藉由地面下的根所釋出的化學物質，偵測到同胞手足的存在。就阿拉伯芥而言，這種植物察覺同胞手足遭到自己遮蔽的方式，是藉著感知反射回來的光線品質。換句話說，陽光穿透一株植物的葉子，接著在下方碰到其同胞手足的葉子，而反射回先前那片葉子的底部。這道反射回來的光線，不曉得怎麼包含了那株植物的光受體所需要的資訊，而使其能夠解讀另一株植物與自己的遺傳關係。

看起來，植物學家測試的任何一個物種都會展現出某種形式的親屬辨識能力，並且因此改變自己的行為。「我們正以一個接一個的例子建立起一套文獻。」達德利說。她並不預期研究者會在所有的植物身上發現親屬辨識能力，但目前被測試的許多植物確實都展現了這種能力。

親屬辨識能力隱含的意義，就是植物具有社會生活。它們明白自己的附近有哪些同伴，並且決定該怎麼對待對方。它們的社會動態也不僅限於親屬辨識；舉例而言，食肉植物在近來被發現演化出了成群狩獵的能力。合作捕捉昆蟲使得它們能夠引誘更大的獵物。

二〇一七年，孔垂華（Chui-Hua Kong）在中國農業大學的研究團隊證明了「兩個兄弟或八個表親」的假說，顯示植物對於親屬的優待會隨著親屬關係的遠近而變。

那個團隊種植了十幾排以上的不同稻米，使用的土壤全部取自長江南岸的一片稻田。每一排稻米都是兩種近親栽培品種的不同變種，不然就是同一個品種經由選拔育種而來的不同變種：其中一半是秈稻[125]自交產生的米，另外一半是秈稻雜交產生的米。每一排的稻米都是六個親代稻米經過五次雜交產生的後代。換句話說，由秈稻自交產生的每一排稻米都來自同一個親代，所以全都是半同胞手足，而秈稻雜交產生的後代也是一樣。這表示每一株稻米之間都有親屬關係，但親疏程度不一。那個團隊以不同排列方式種植這些稻米，以觀察其行為表現。文化如果是團體內的個體和其他成員互動的特殊方式，那麼這些稻米的行為無疑就是植物文化。

每一排稻米的行為看來都有些不同，但明白可見關係最接近的品種在地面下都不願互相競爭。研究者在這些稻米的根部長度看不出明顯的差異。不過，他們把親屬關係比較遠的稻米種在一起之後，就發現地面下的互動開始顯現敵意：隨著相鄰種植的稻米之間的親屬關係愈來愈遠，根部長度的測量結果也「穩定增加」。這無疑是親屬辨識帶來的結果。那個團隊以塑膠薄膜阻斷化學訊號的流傳之後，一切的親屬辨識就隨之停止。這點證實了稻米之間的互動所帶有的化學本質；植物的根所分泌的化學物質會滲透土壤，向其他植物告知自己的身分。

接著，那個團隊又種植了第三種稻米品種：粳稻[126]自交種。粳稻和已經在這項研究裡被種植的那些世系關係非常遙遠，而這項差異也立刻即可清楚看出。出現一個親屬關係遙遠的品種，似乎激起了稻米的私有財產意識。秈稻各品種的側根生長大幅增加；它們明目張膽地朝著新鄰居的方向擴展自己的根。

粳稻同樣對自己的鄰居感到陌生，因此也採取相同的做法。如此一來，結果就是根大幅增加，但稻穀卻反而變少。也就是說，和遠親品種栽植在一起的稻米忙著在地面下擴張自己的根，以致挹注於生長地面上身體部位的能量因此減少。一如向日葵與近親種植在一起的時候出現葵花油產量大幅增加的情形，與近親種植在一起的稻米也得以把比較多的能量投注於生長稻穀。那個團隊最終發現，如果把近親品種的稻米混合種植在一起，稻穀產量會因此增加。各種半同胞手足混雜在一起，成效似乎勝過於純粹種植單一品種；至於為何會如此，則是還不清楚。不過，在混合種植遠親品種的情況下，產量下降則是確切無疑。

在動物當中，交配是社會選擇的另一種繁複舞蹈，經常與家族義務有關。植物有可能也是如此。在西班牙的胡安卡洛斯國王大學（Universidad Rey Juan Carlos），研究者魯本．多利瑟斯（Rubén Torices）專精於植物的性策略。他認為這類互動明

125 編註：indica，又稱印度型稻，是水稻的一個亞種。在台灣，秈稻常被稱為「在來米」。

126 編註：japonica，又稱日本型稻或中國型稻，在台灣俗稱「蓬萊米」。它是水稻的另一個主要亞種，與秈稻有顯著的差異。

確屬於社會行為的領域。「植物在一個鄰里當中的生活——這是一個社會問題，」他說：「我們應該採用社會理論。」這個觀點為他帶來了問題，而且是社會問題，因為植物科學界的同僚因此對他提出質疑。他說，把社會理論套用在植物身上，「就像是一種禁忌」。

不過，他還是照樣這麼做。二〇一八年，他和他的團隊發現花朵如果生長在自己的親屬之間，就會投注更多能量招徠授粉者。這是性策略與家族連結的完美交會。授粉者通常會受到大規模的花朵展示吸引，這種情形稱為「磁吸效應」。一叢色彩特別鮮豔的大型花朵，在找尋花蜜的昆蟲眼中看來就像是一面巨大的看板。不過，一株植物必須投注許多能量才能夠產生那些顏色以及製造花瓣材料，而如此一來，它們從事其他活動的能量就會減少，例如在生命週期後期製造種子。這是一種生殖上的取捨：更大更鮮豔的花朵可能會吸引更多授粉者，但也可能會限制它們終究能夠從獲得授粉的胚珠當中誕生出來的後代數量。多利瑟斯與他的團隊發現，他們如果把叢聚生長的西班牙草本植物堇娘芥（*Moricandia moricandioides*）種植在花盆裡，這種植物通常就會合作開出又大又豔麗的洋紅色花朵。不過，他如果把堇娘芥和沒有親屬關係的其他堇娘芥種在同一個花盆裡，開出的花就會比較少。他們針對七百七十株幼苗嘗試了親疏不同的組合，結果發現栽種最多親屬的花盆都穩定開出最鮮豔的花朵。這些發現之所以重要，首先是因為由此可以證明花朵展示與社會情境有關。第二，這些發現顯示了一項可能性，亦即堇娘芥如果置身於自己家族的團體當中，就會為了吸引授粉者造訪整個群體而自願捨棄自己一部分的繁殖機會。所在的團體如果不是自己的家族，那麼堇娘芥就會兩面押寶，並且寧可多些自私，也就是多把能量投注於製造種子。多利瑟斯指出，還需要更多的研究，才能確認這些取捨的重要性確實足以讓這項論點成立。他說，那些取捨的重要性如果真的夠高，可能就會是一種家族利他行為的證據。

在這個領域裡，被多利瑟斯稱為「我們的領袖」的蘇珊·達德利，也對於在動物界屬於已知現象的利他行為頗感興趣。只因為一個物種已知會優待自己的親屬，不表示那個物種裡的每個個體都會這麼做；有些個體也許會比其他個體更樂於從事利他行為。二〇一七年，達德利指稱作物育種者有一大盲點：他們很可能採取了淘汰利他植物的選拔做法，而反倒害了自己。一片田地如果沒有利他的植物，就是一片處於戰爭中的田地。如同置身於戰爭中的任何群體，作物也會節約自己的能量，而這些節省下來的能量絕對不會用於製造果實這類奢侈的活動。

作物通常依據栽培品種栽種，也就是同一物種的變種，為了特定的特徵而培育出來。單一栽培品種的植物通常擁有類似的基因，儘管不是完全相同。但在這些植物當中，個體的利他傾向可能會更清楚可見。在作物育種當中開發栽培品種的過程裡，農夫都會選拔一片田地裡看起來最「活力旺盛」的個體。不過，這些植物其實是最具競爭性格的個體。比較具有利他傾向的個體會比較保守，通常不會太積極生長，以免遮蔽鄰居的陽光。所以，作物育種的歷史看來有可能實際上促成利他行為的減少，而對自己造成了危害，達德利寫道。

農夫如果在育種過程的初期改而選拔利他植物，則有可能驅使作物把比較少的資源投注於爭奪空間，從而把更多能量運用在生殖上——也就是產生此一作物賴以受到重視的果實。另一方面，攻擊性強的植物如果把自己的攻擊性導向此一栽培品種以外的植物，也就是包括雜草在內的非親屬植物，那麼這種攻擊性就有其用處。選拔善於幫助鄰居但也會積極抵抗入侵者的植物，終究可能會造成一個具有高度韌性的品種。就這方面看來，關注個體植物的社會特質（也許可以稱之為性格？）可能會對我們種植糧食的方式帶來真正的效益。

一顆種子隨風滾過地面，而停在一個土壤肥沃的地點。這個地方潮濕又溫暖，生長條件相當良好；所以，這顆種子自然不是第一個在這裡落腳的種子。這顆種子對於化學訊號已有細微的察覺力，而能夠藉此得知自己身在何處，以及附近有哪些植物。這是必須的；對於植物而言，空間感知是不可或缺的能力。這顆種子品嘗了溶化於土壤水分裡的化學物質，察覺新鄰居的味道。這顆種子發現，其中有些鄰居是它的同胞手足，是從同一棵親株落下的種子。另外有些鄰居則是屬於完全不同的物種。這株植物雖然還只是胚胎，但已經面臨了一項決定。

種子一旦決定發芽，就是以自己的生命做賭注的行為。它們經常會為了等待適當的環境條件而等上幾個月乃至幾年。那些條件不是只有水分和溫度；鄰居也是影響種子能否順利長大成為植物的變數之一。種子顯然知道這一點。

二〇一七年，日本的植物生態學家山尾僚（Akira Yamawo）測試了車前草（Asiatic plantain）的這種能力。這種低矮的雜草物種高度只有區區幾英寸，基部會長出一環薄如紙張而且形狀像野兔耳朵的葉子（屬於芭蕉科的大蕉雖與車前草同以「plantain」為名，但兩者沒有親屬關係）。他首先把車前草的種子和同胞手足種植在一起，結果發現那些種子決定發芽的時間沒什麼差異。接著，他把另一批車前草的種子種在白三葉草（white clover）這個全然不同的物種旁邊，結果還是沒有發現重大變化。不過，他把車前草種子和同胞手足以及三葉草的種子共同種在一起之後，即注意到一項驚人的變化。身為同胞手足的種子不但同步發芽，而且還加快速度，發芽時間比在單獨種植的情況下更早。如果有一顆車前草種子在發芽進程中已經超前，其他車前草種子就會加速生長以便跟上。換句話說，在一個全然沒有親屬關係的物種面前，身為同胞手足的種子會急忙生長，並且互相協調而共同發芽。這種做法帶來了一項清楚可見的競爭優勢；只要成群一起發芽，三葉草就不可能憑著數量眾多而壓制你。

這點誘使我朝著新方向思考。由這種同步性，可以看出身為同胞手足的種子能夠感知身邊親屬的發展階段，進而改變自己的發展速度以匹配對方。山尾僚把這種現象稱為「胚胎溝通」（embryonic communication）。這也表示成年植物的所有身體部位——例如根、苗與莖——對於偵測鄰居的發展速度而言並非必要。這種機制早已存在於胚胎裡，種子早就已經擁有從事複雜親屬感知所需的一切條件。

隨著山尾僚的實驗，我們進入了所謂的「根圈」（rhizosphere）這種生態領域，也就是土壤的世界，以及眾多生存在地面下的生物，包括在植物的根裡以及在根與根之間。我們對於土壤以及活躍於其中的各種生物還有許多未知之處。單是一茶匙的土壤，就含有多達十億的微生物。真菌在將近每平方英寸的土地裡編織出髮絲般的細網。植物的根，在蜿蜒鑽探食物的過程中，不但會與這一切互動，也會和其他植物的根互動。

我們確實該要開始認真思考根部，以免忘了植物的生命有一半是在根圈裡度過的。我們可以把根想成由好幾千張嘴巴構成的集體，每一張嘴巴都自主找尋著養分，但相互之間也有高度的協調。植物會發展出極度複雜的根系，每一套根系都會伸展出各種不同大小的根，包括粗厚的主根乃至細微至極的根毛，藉此在土壤裡占據地盤，而且這種地盤的面積經常遠大於地面上的植物身體所占用的空間。舉例而言，一位科學家計算了一株冬裸麥的根，結果發現共有一千三百八十一萬五千六百七十二條個別的根，分布的土壤面積約是其幼苗所占面積的一百三十倍。

我們在地面上看到的一株植物，經常遠不及於那株植物全部體積的一半。

這些根的生命充滿了與微生物以及真菌的關係，而這些關係的輪廓與後果才剛開始被理解。真菌絲勾著幾乎每一株野生植物的根，對於植物在地面下互相溝通的方式可能是一項關鍵要素。麩胺酸與甘胺酸這兩種胺基酸在我們的大腦裡是重要的神經傳導物質，但近來也被發現在植物傳訊當中扮演了重要角色，並且實際上會透過植物與真菌的連接處傳遞。

在《真菌微宇宙》（*Entangled Life*）裡，真菌學家梅林．謝德瑞克（Merlin Sheldrake；他是魯珀特．謝德瑞克的兒子）描述了這些關聯如何可能也會決定植物身分的關鍵面向。有一個物種的真菌，通常生存在一種愛好鹽分的海岸草本植物的根裡，而研究者就在一項實驗裡把這種真菌移植到一種無法耐受海水的乾地草本植物體內。耐受鹽分的能力被視為植物物種的招牌特徵。然而，經過這樣的移植之後，那種乾地草本植物卻突然能夠在鹽水裡安然生長。番茄的甜度、羅勒的香氣，以及薄荷精油的性質，全都已經被證明會因為這些植物和什麼物種的真菌生長在一起而改變。紫錐花（echinacea）含有的高濃度藥用化合物、廣藿香（patchouli）裡的芳香烴，以及朝鮮薊（artichoke）帶有的抗氧化效果，也都被發現會因為特定真菌的存在而增加。這種例子數之不盡。植物與真菌之間的界線因此變得模糊不清。實際上，如果說一株植物沒有了真菌就恐怕不再是原本那株植物，也不算是誇大。

有些證據顯示，在演化史上起初只是一團團不定形綠色藻類的植物，之所以會發展出腿狀的根這種形態，就是為了容納有益的真菌。「我們所稱的『植物』，其實是經過演化而能夠養殖藻類的真菌，以及經過演化而能夠養殖真菌的藻類。」謝德瑞克主張道。在植物最早的根出現之時，植物和真菌往來已有五千萬年的時間了。部分學者指出，根是如假包換的因為真菌影響而造成的產物，目的在於連結植物與真菌。

不僅如此，這些緊密交纏的關係也對植物和真菌雙方都有益。真菌存在於陰暗的地底，無法行光合作用，所以它們維繫生命所需的碳都是取自和自己相關聯的植物，畢竟那些植物整天都利用著陽光與空氣製造出富含碳的糖與脂肪。做為交換，真菌則是向植物提供它們自己從岩石與腐爛物質裡取得的磷、銅與鋅等土壤礦物——這些都是植物需要但不總是能夠靠自己取得的東西。

這是共生性的關係，但不表示參與其中的每一方都能夠獲得相同的效益。在一套系統當中，多種類型的真菌可能會與多種類型的植物交織在一起，但各自都有本身獨特的行事方法。在某些案例當中，科學家發現磷如果稀少，真菌不但向植物提供的這種礦物會減少，還會向植物「收取」更多的碳；而在磷豐富的時候則是會採取相反的做法。[127]科學家還不知道真菌怎麼能夠從事這樣的互動，更遑論它們怎麼在涵蓋範圍極廣的菌絲面上協調這些交易。[128]

然而，植物本身也有從這些真菌關聯當中得到最多利益的策略：研究者發現，植物可以採取差別待遇，把碳提供給傾向於為它們供應比較多磷的真菌菌株。由此可見，在植物與真菌的交易當中，沒有一方能夠完全占得上風；取捨與妥協所在多有，於是這兩個不同界的生物之間的漫長演化關係就這麼持續下去。

真菌和植物之間的關係有許多仍待探究之處，但不同植物的根在根圈裡相遇之時，又會發生什麼樣的社會動態？一條或者少數幾條根如果在土壤裡發現一團養分，其他的根就會在幾個小時或是幾天的時間裡轉向而在那裡會合。生長延伸到一個地區的根，在那個地區的資源耗竭之後，有可能會逐漸萎縮，而新的根也可能隨著新的需求出現而長出。根的群集能力——每一條都具有自主性，但又與整體互相協

127 原註：實際上，阿姆斯特丹自由大學（Vrije Universiteit Amsterdam）的教授托比・基爾斯（Toby Kiers）與她的同事發現，在連接許多植物的廣大菌絲面上，真菌能夠運用「買低賣高」的策略，也就是把磷從藏量豐富的地方運到稀少的地方，以便獲取比較高的報酬。見 Matthew D. Whiteside et al., "Mycorrhizal Fungi Respond to Resource Inequality by Moving Phosphorus from Rich to Poor Patches across Networks," *Current Biology* 29, no. 12 (June 2019): R570–72。

128 原註：可能會對植物與真菌之間的交易造成影響的這些「市場力量」，目前仍然備受爭論。互惠情形似乎不是一定都會發生。植物與真菌之間的真實世界關聯所帶有的複雜性，導致我們難以做出概括性的推論；有些植物物種似乎完全不參與投桃報李的關係，完全不向與它們相關的真菌提供任何碳。見 F. Walder and M. van der Heijden, "Regulation of Resource Exchange in the Arbuscular Mycorrhizal Symbiosis," *Nature Plants* 1, no. 11 (November 2015): 15159。

調——促使部分科學家將其比擬為動物群體，例如蟻群、蜂巢，或者魚群，全都是由個體組成的自我建構網絡。每一隻螞蟻都自主生存、自行覓食，但也隨時都為整體蟻群服務。一隻螞蟻如果發現一個糧食特別豐富的地區，其他螞蟻就會轉向到那裡去。蟻群隨時處於變動中，也會隨著周遭的環境出現新條件而調整行為。這種「群體智慧」（swarm intelligence）涉及眾多個體之間的互相協調，每個成員都擁有自己的大腦，但又極為緊密連結，而能夠運作得像是一種集合有機體，一個由許多意識構成的單一個體。就許多面向而言，根也能夠以相同的方式描述。每條根的尖端都是採集者也是感測器，把根圈的資訊整合於整個根系裡，促使植物根部網絡的結構出現變化以及改變形狀，像是一群椋鳥[129]或是一群鰷魚[130]。

亞伯達大學的卡席爾（J. C. Cahill），以他針對根會主動覓食這項概念所進行的研究而知名。「覓食」（forage）是他刻意挑選的用語，其中隱含了具有意圖而且針對性的行為。實際上，「行為」（behavior）也是他偏好使用的詞語，由此可見他已「足夠資深」，所以能夠自在使用這個詞語而不必擔心自己的工作或聲譽因此受到影響。「動物行為學家有非常好的理論。」他說，而植物學家必須開始利用那些理論幫忙回答植物如何生活的問題。畢竟，植物似乎呼應了許多通常可見於動物身上的行為原則。舉例而言，卡席爾在二〇一九年與山尾僚合寫了一篇論文，其中的研究發現你如果藉著破壞葉脈而對一株植物施加壓力，那株植物就會做出不良的覓食決策。

在這種情況下那株植物不會在養分含量高的土壤區塊生長更多的根，而是會把自己的根平均分布在養分含量低與高的區塊裡。這種做法缺乏效率，也不合乎植物的尋常作風。經過一段時間之後，也許在傷口稍微癒合之後，植物似乎就恢復了理智，而再度對於根的分布做出有利自己的決策。[131]「這根本是模仿了人類心理運作。」他說。有許多證據顯示，人在遭受某種壓力的時候——例如挨餓或者疲勞——就會做出品質比較低劣的決策。

值得一提的是，卡席爾的妻子是動物行為學家。科琳．聖克萊爾（Colleen Cassady St. Clair）是一位研究美洲獅[132]、郊狼[133]與熊的生物學教授。他們合寫過幾

129 編註：starling，一種雀形目鳥類，特徵是羽毛顏色通常呈現深色且有光澤的虹彩，叫聲多變，並且通常群居生活。

130 編註：minnow，對一類小型淡水魚的廣泛稱呼，牠們通常屬於鯉科（Cyprinidae）下的不同屬和種，又稱米諾魚。

131 原註：這項研究也顯示壓力是一種影響範圍及於整株植物的危害，而且來自傷口的訊號會傳遍植物全身。地面上的植物部位所受到的遭遇，會影響植物在地面下做出最佳表現的能力。

132 編註：cougar，也被廣泛稱為山獅（Mountain Lion）或美洲金貓（Puma），是美洲大陸最大的貓科動物之一，僅次於美洲豹（Jaguar）。

133 編註：coyote，也叫草原狼、叢林狼、北美小狼，是犬科犬屬的一種，與狼是近親，產於北美大陸的廣大地區。

篇論文，而我們也不難想像他們的晚餐桌上經常出現觀念交互授粉的情形。「我現在的看法是，我們不能再繼續認為植物、人類以及非人動物擁有不同的演化動機。我們的演化動機其實都相同，」卡席爾說：「我不是認為植物和人類可以互相類比，而是說這兩者都是同一種作用造成的結果。自然汰擇不在乎你屬於什麼類群。」

卡席爾研究植物行為和群落生態學之間的介面；誰在什麼地方，有多少個體存在於那裡，以及為什麼。所以，卡席爾檢視的就是植物如何互動、如何形成社會文化，以及如何影響群體的構成。根的覓食方式和其社會環境密切相關。根在土壤裡會互相接近、遠離、迴避，以及接觸，最能夠明白看出這一點的地方，也許就是在向日葵身上。我們已經知道向日葵善於地面上的空間感知，能夠調整莖的角度以避免遮蔽自己的同胞手足。不過，它們在地面下的移動又更加精準。二〇一九年，卡席爾與研究者梅根．魯博提納（Megan Ljubotina）發現向日葵會注意自己的社會環境，而藉此決定根應該往何處生長。向日葵有一條核心主根，以及許多分支的側根。卡席爾與魯博提納發現，向日葵如果單獨種植，就會很快找出養分含量高的地點，而把大部分的根生長在那裡。不過，如果多種幾株向日葵，就會出現明顯的社會禮儀結構。兩株向日葵之間如果有個養分含量高的土壤區塊和它們兩者的距離剛好相等，向日葵的根就會朝向其他地方生長，經常往土壤別處伸展得更遠以避免互相競爭。不過，一株向日葵只要比另一株稍微比較接近那個養分含量高的區塊，就會毫不猶豫地把許多根生長在那個地方。

區塊分享確實會發生，但各方都相當客氣，尤其是那些向日葵如果還有其他區塊可以覓食的話。兩株向日葵如果共享同一個區塊的養分，同時附近又有其他高養分含量的區塊，那麼那兩株向日葵就會把根伸展到那個共享區塊，但都不會越界。雙方都無意霸占那個區塊。單一株向日葵會長出長長的根獨占整個養分區塊，但共享一個區塊的向日葵會長出比較短的根。那些向日葵沒有表現出所謂的貪婪行為，就算它們實際上做得到，也不會這麼做。對於向日葵而言，追求共存的衝動似乎大過於競爭。

在這一點當中，向日葵對於自己的社會環境似乎具有極高的敏感度。在資源豐富的情況下，它們會竭盡全力避免和其他向日葵競爭。不過，在資源稀少的情況下則是另一回事。我們知道向日葵是相剋植物（allelopathics），意思就是說它們會在資源稀少的情況下對土壤分泌化學物質，藉此阻止其他植物的種子發芽。因此，向日葵在花園裡經常可以用來防堵雜草入侵。不過，向日葵在土壤裡怎麼能夠感知自己和其他向日葵相隔距離的細微差異，並以這樣的知覺定位養分區塊的所在處，則是令卡席爾百思不解。「它們的空間感知難倒我了，」他說：「我不知道它們是怎麼做到的。」

卡席爾在加拿大的一處草原從事了數十年的研究，他知道那裡有些物種似乎偏好生長在一起。它們形成多物種的「鄰里」（neighborhood）——他對我說這是專用術語。那些物種看起來不像是單純的互相容忍，而是會積極找出對方。卡席爾說，它們是和諧共存。共存是一種強而有力的概念；但在主張冷酷無情的競爭驅動了生物界一切變化的達爾文式思想當中，並沒有這種概念的存在空間。「生態學家認定鄰居必定互相敵對。」卡席爾說。可是他在資料裡就是看不出這樣的現象。

過去二十年來，卡席爾帶著他不斷輪換的學生，在加拿大亞伯達省東部鄉下一片兩百公頃的草原上操控了十七項變數。他們用繩子拉起防水布，藉此模擬各種不同的遮蔭狀況，也添加以及移除肥料、過度澆水以及澆水不足，並且移除特定物種以及添加其他物種。

在這些變數當中，每一項改變似乎都造成了鄰里構成的變動。一個原本屬於少數的物種因此變為優勢物種，原本的優勢物種突然變得稀少。任何一個物種勝出的時間都不會太長，而且不論多長都絕對不足以取代或者消除它們的鄰居。卡席爾因此得出一個結論，和一般認為特定物種就是能夠打敗其他物種而贏得一片土地的這種觀點非常不同。「一套系統裡只要有任何自然變化，應該就能夠維持生物多樣性，並且避免任何物種取得支配地位，」卡席爾說：「自然系統非常複雜。」不過，自從理論群落生態學（theoretical community ecology）在一九六〇年代成為一個領域以來，生態學家就一再使用簡化的模型，只根據一株植物可能擁有的兩、三種生活方式預測生態系統當中會發生什麼狀況。卡席爾認為，這樣的做法對於生態系統造成嚴重的過度簡化，以致在真實世界裡根本沒有用處。這種模型無法體現實際上造成影響的大量變數。「我們看到的證據，不是顯示只有三種生活方式，而是有千千萬萬種。」

他從這項長期實驗當中得到的一項最令人震撼的認知，就是競爭其實沒有那麼重要。競爭無疑是改變的一項驅動力，但只是眾多驅動力的其中之一而已。植物文化有許多面向，就像人類文化一樣。食物、水與光線等資源都扮演了角色，但不是只會激發自私行為。卡席爾在他那片草原上做出的每一項改變，都造成其中的群體出現變化。他觀察到，如果移除一個物種，剩下的其他植物不必然會占據更多的土壤面積或者伸展莖葉以霸占陽光。植物如果真的隨時都處於競爭狀態，那麼它們的競爭者一旦突然消失，剩下的植物必定會立刻搶占騰出來的那個空間，貪婪吸取資源。不過，它們並沒有這麼做。

鄰里的構成會出現調整，有時調整方式極度不可預測，而且從來不會依循生態學裡預測必然會發生什麼狀況的模型。「這種情形不需要用競爭解釋。」他說：「我的意思不是說實際上沒有競爭，而是我們可以在完全不提及競爭的情況下解釋所有這些模式。」那麼群落生態學為什麼賦予競爭那麼重要的地位？「只因為五十年前有人這麼說，不代表就是真的。」他說。

這是看待演化史一種非常不同的方式，不是傳統意義的適者生存。或者，應該說這**正是**適者生存，只不過此處的「適者」所代表的意義和我們一般認為的不同——不是指任何一個能夠摧毀鄰居的個體。這種現象比較像是生存一陣子，等待事情出現變化。就某方面而言，這是一個能夠讓我們改變觀點的機會；變化雖然在個別植物物種的層次上造成了衰退與繁茂的複雜動態，但終究生存下來的是生物相，是整個生命群體，只不過構成狀態有所不同。這點讓我想到驅動達爾文演化的「偶然變異」（chance variation）。達爾文在他對於物種演化方式的觀點當中明白預留了隨機變化的空間：一個物種會經歷多種隨機突變，直到某項變化為個體帶來優勢。然後，那項天馬行空的突變就會保留下來，成為該物種的一部分。這是一項持續不斷的過程；在每個物種的世系當中，隨時都在嘗試著隨機突變，也隨時都把那些突變捨棄或者保留下來。競爭不是重點所在，但有時是造成一項新特徵值得保留的因素。儘管如此，變化總是持續不斷地以隨機而又無可遏抑的方式進行著，並且恰好是驅動物種演化的主要力量。

對於一個物種或是一個領域而言，變化永遠沒有完成的一天。複雜性——也就是物種極度獨特的特質與環境裡不斷變動的無數變數之間的結合——可能正是重點所在。看起來很少有什麼東西是完全可以預測的。就連親屬辨識也是一項難以掌握的概念；沒錯，植物看來確實經常會協助自己的親屬，但有時它們又不會這麼做。卡席爾自己就曾經督導學生的實驗，而發現親屬效應似乎不存在，或是一株植物對親屬懷有的敵意高過於沒有親屬關係的植物。一項規則才剛出現，隨即就顯示自己沒有那麼容易被確立為事實。自然系統非常複雜，但我們的理論不是如此。這就是問題所在。複雜性本身也許就是答案。

我向卡席爾坦承道，想要理解這一切讓我覺得有點招架不住。變化本身就是生態系統變化的驅動力？這個概念有點混亂，有點自我重複，有點不斷繞圈圈的感覺。這個概念很難具體想像。「這個概念在心理上很難理解，」他說：「可是另一方面，我認為我們在生態學裡仰賴超級簡化的模型是在傷害自己，不只是植物生態學，而是整個群落生態學。那些模型在五〇與六〇年代剛提出來的時候很棒，有助於架構一個新學術領域的思考方式。不過，大家到現在還是繼續使用那些模型，並且認為那些模型很可能代表了真實狀況。」植物不總是處於戰爭狀態，面對困境也不一定都會以相同的方式回應。

愈來愈多植物科學界裡的同僚都已開始揭示植物實際上有多麼複雜。植物的身體所具有的驚人適應機制、它們精確回應環境變化的能力，以及它們主動做出決策的能力，都顯示以往把植物視為簡單而且一成不變的生物這種觀點，必須被捨棄。因此，把它們視為生態系統當中簡單而且一成不變的成員這種觀點，也同樣必須丟棄。「我認為複雜性是很重要的東西。」卡席爾說：「這個觀點在目前不是群落生態學的信條，可是我認為再過十年左右就會是了。複雜性很難理解，而且把概念簡化是很吸引人的做法。不過，你也知道，自然界並不簡單。」

10 CHAPTER 傳承

在巴西巴伊亞州（Bahia）東部的大西洋岸森林裡，在一名業餘植物學家位於荒郊野外的住宅旁邊，滿覆苔蘚的沙地上生長著一株一英寸高的植物，其泛紅的莖末端開著嬌小的飛鏢狀花朵。這些白色的花有著亮粉紅色的尖端，像是沾了墨水的鋼筆一樣。這整株植物只有在雨季才會冒出。從三月開始，這個地方就會持續不斷處於潮濕狀態，到了十一月才會完全恢復乾燥；而這種植物就會在雨季開始的幾個星期後生長出來。不到一個月，飛鏢狀的花朵就會綻放，獲得授粉，完成任務後就消失。蒴果狀[134]的果實隨之出現，裡面裝著能夠長出下一代的種子。這些都是尋常的現象。不過，接著卻發生了不尋常的事情：末端掛著果實的莖開始垂向地面，彎曲而下，像是低頭鞠躬的細長頸項。果實碰觸到地面之後，莖還是會繼續下垂，而把果實埋入柔軟的苔蘚當中。這種名為「跪地石竹參」（Spigelia genuflexa）的植物，就這麼栽下了自己的種子。

人稱勞洛（Louro）的荷西．桑多斯（José Carlos Mendes Santos），是一名雜工暨植物收藏家，他在二〇〇九年蹲在一處灌木叢後方從事「尋常人類活動」的時候，發現了這個新物種的植物。他當時身在前述那棟荒郊野外的住宅旁邊，屋主是勞洛經常為他工作的業餘植物學家艾利克斯．波波夫金（Alex Popovkin）。他們兩人在附近又發現了另外幾株這種植物，而花了兩季的時間觀察這種植物的生命週期。這種植物被美國的研究者確認是新物種之後，他們兩人即在一本同儕審查期刊裡共同發表了他們的發現。他們寫道，這種植物每年三月都會在同一個地點冒出，就在它們被親代植物栽種的地方。鳥類會築巢保護幼鳥，小型哺乳類動物會鑽洞，而跪地石竹參則是把自己的寶寶種在一片苔蘚裡，這是撐過長達數月的乾季最安全也最好的地方。

長久以來，植物學家都知道親代植物會竭盡全力為自己的下一代提供一個好的起跑點。在這個案例當中，巴西的這種植物藉著決定自己的下一代應該在何處發芽，而更能夠確保它們的成功生長。在一個嚴酷又多變的環境裡，最好的地點就是早已證明肥沃的地方，亦即親代植物早已在那裡生長的地方。即便是最不敢使用其他通俗用語描述植物行為（包括「行為」這個詞本身）的植物學家，也會把這種巴西植物採取的做法稱為展現了「母愛」（maternal care）。我覺得這種不精準的說法頗為有趣。除非你是住在一座小島上或是在一簇銀杏林裡，否則你見到的大多數植物都會是雙性的，意思就是說那些植物同時擁有雄性和雌性生殖器，因此能夠製造植物版本的卵子和精子。實際上，這種巴西植物能夠「自交」（selfing），也就是像許多植物一樣，有時會結合自己的花粉與胚珠[135]而產生後代。「父母之愛」（Parental

134 編註：Capsule，一種由合生心皮的複雌蕊發育而成的果實，子房一室或多室，每室含多枚種子。

135 編註：ovule，種子植物由一或二層珠被所包覆的大孢子囊，每個大孢子囊會形成一枚（鮮為二枚以上）的大孢子，並在稍後形成雌配子體或者發育成胚囊，且在受精後會發育成為一枚種子。

care）可能會是比較精確的說法，除非你願意對植物性別的流動性採取更細膩的觀點；實際上，在植物照顧著自己已經受粉的胚珠之時，我們可以說這麼一株植物正處於其生命當中的母親階段。我喜歡把雙性植物想像成像是娥蘇拉・勒瑰恩[136]在《黑暗的左手》（*The Left Hand of Darkness*）這本小說裡描寫的那種雌雄同體的個體，能夠有時擔任孩子的母親，有時又擔任父親。他們對於在一生中只能扮演其中一種角色的人類訪客頗感同情。

植物當中的母愛（暫且沿用這個普遍的用語）廣泛可見，但跪地石竹參彎下莖稈栽種自己果實的這種做法相當罕見，不過花生倒是另一個例子。植物還有其他許多關愛下一代的方式。如同小型哺乳類動物會與自己的寶寶蜷縮在一起保暖，或是蜥蜴與蛇先曬過太陽再把身體覆蓋在蛋上面傳遞體溫的做法，植物也會仔細調整胚胎的溫度。在公園、草坪，以及人行道裂縫上極為常見的狹葉車前草（narrowleaf plantain）這種可食用雜草，種子是長在一根暴露於外而呈尖刺狀的高莖上。那根尖刺的顏色會隨著氣溫高低而變淡或變深，藉此反射或吸收陽光，好讓發展中的種子處於理想的溫度當中。許多植物會改變果壁與種子保護膜的厚度——這兩者其實都是親代植物的組織——以調整幼苗發芽的時機。親代植物如果發現自己置身在比較乾燥的環境，產生出來的種子表面積就可能會比較大，於是就有更多水能夠穿透種子充滿孔洞的表面，好讓裡面的胚胎攝取足夠的水分。在柯羅拉多州的高山山脊上，有些植物會把種子直接安置在莖的基部，就像巴西那種生長在苔蘚上的花卉一樣。這麼一來，幼株即可在親代植物的遮蔭下展開生命，否則在那個被陽光直射而且別無遮蔽的環境裡，幼苗很有可能在短短幾天內就會被曬成乾。親代植物死亡之後，其體內的水分也會隨著身體腐爛而成為子代的滋養來源。

不過，親代植物還有另外一種方法能夠為子代奠定成功生長的基礎，也就是傳承自己從經驗當中得到的智慧。有一種舊想法因為當前的新研究而重新受到重視：亦即植物和自己生存於其中的環境密不可分。從環境可以看出一株植物的後代會成為什麼樣的植物——能夠在艱困的情境裡生存茁壯，或者不行。環境會改變植物的身體結構，從而可能引導它們的發育。而且，這些變化也可以傳承給後代，於是後代的身體從一開始就以不同的方式發育，因而更有能力因應親代植物所經歷的艱苦情境。

換句話說，親代植物可以把生存在一個艱困的世界裡所需要的技能傳承下去。在某些案例當中，這樣的傳承涉及全新的身體部位以及身體表面的盔甲。舉例而言，溝酸漿如果暴露在掠食者的攻擊下，產生的子代就會在葉子上長出一排防衛用的刺。

136 編註：Ursula K. Le Guin，一九二九～二〇一八，美國作家，以幻想文學作品聞名，包括其設定於瀚星宇宙的科幻小說系列，以及地海奇幻作品系列。

經歷過毛毛蟲危害的野蘿蔔，其幼苗的葉子也會長出額外的硬毛，體內還會預先充滿防衛性化學物質，以便更能夠抵禦威脅。這些後代植物如果遭遇了和親代相同的挑戰，就更有能力加以因應。

這些改變有可能相當巨大，足以讓科學界將其認定為先天受到遺傳建置的特質，也就是演化造成的結果。不過，這種改變發生的速度遠遠太快，不可能是來自演化，任何植物都不可能在一個世代裡演化而成。看來遺傳基因無法讓我們得知事情的全貌，甚至可能連一半都還不到。

在先前的一個章節裡，我們得知了植物的記憶，也就是植物能夠回憶自己過往的經驗，而做出明智的選擇並且改變自己的發展方向。可是植物有世代記憶這種承繼而來的記憶嗎？現在，研究者已開始找尋這種記憶，於是這種跨世代的效應恐將改變整個植物遺傳學的領域，或是演化發育的研究。生態發展[137]這門新學科因此興起，研究環境的巨大影響力。基因在目前是生命密碼的代表。當然，基因對於植物生命中的許多事物而言都很重要。不過，基因看起來已愈來愈不像是一種供生物解讀的密碼，而比較像是一套具有彈性的指令集，有如一本由讀者選擇情節發展的小說，帶有多種結局，每一種結局都受到故事發展過程中的千百萬細微變化所影響。

基因如果無法讓我們完全得知一株植物會成為什麼模樣，那麼就必須要有一項新的生命理論填補此一空缺。植物有很大的彈性能夠轉變為周遭環境要求它們成為的模樣。一株植物在環境中每個面向所受到的經歷——以及其親代植物所經歷的環境——對於植物的形塑可能扮演了超出我們想像的角色。換個方式來說，植物乃是形塑著自己的未來。它們適應調整自己的身體，以便更能夠因應不停變動的環境。環境影響了植物，而植物也為了回應這樣的影響而改變自己，把自己塑造成新式的植物。[138]在康乃狄克州任職於維思大學（Wesleyan University）的植物演化生態學家桑妮亞・索騰（Sonia Sultan）指出，這種現象表示植物擁有能動性。藉著把適應變化傳承給自己的下一代，植物即是在引導著自身這個物種的發展方向。它們對自己的掌握程度可能比任何人想像的都還要高。

137 編註：eco-devo 或 ecological development，一門跨學科的研究領域，整合了生態學、演化生物學和發育生物學的知識，旨在研究生物體在現實環境中如何應對環境刺激，以及這些應對如何影響演化。

138 原註：這種情形也可見於動物身上：赤蛙（brown frog）的蝌蚪所置身的環境裡如果有掠食性的蠑螈，就會發展出特別膨大的身軀，讓蠑螈吞不下去。紅腹濱鷸（red knot）這種岸鳥如果發現附近有掠食者，就會在短短幾天內發展出更大的飛行胸肌，以便能夠更快逃命。這些例子取自桑妮亞・索騰在二〇一三年發表於柏林高等研究院的講座："Nature AND Nurture: An Interactive View of Genes and Environment"，https://vimeo.com/67641223。

我在夏至時節到索騰的辦公室與她會面，而開始談起她的童年。索騰在麻州長大，父母都是紐約人。她的父親是英文教授，母親是心理學家。她這輩子學會的第一個詞語是「花」，至少她的父母是這麼對她說的。花是她認為真正需要有名稱的第一件東西。她的童年初期是在大學溫室裡度過，遊走於成排的植物之間，在受到溫控的溫室角落玩耍。她對於植物陪伴的喜好，就是在那裡培養出來的結果。她開始認為植物雖然靜默不語，卻很有能力，儘管侷限在小小的花盆裡，卻是該做什麼就做什麼，而且做得很好，乾淨俐落。植物讓她覺得一切都受到適當處置，而且這種感覺至今沒變。「我喜歡身在植物旁邊，」她說：「它們有一種平靜而能幹的感覺。」

索騰的母親，身為心理學家，並不了解她為何選擇研究植物而不是人。「她認為我的選擇像是對她個人的指責。」索騰說。然而，她研究植物的做法，卻很可能改變科學界對於所有生物的生命軌跡所抱持的觀點，包括人類在內。[139]她的結論可能對風信子與人類而言都同樣適用。她寫過的科學論文足以構成一整個職業生涯，而她在其中一直不斷指出，我們成為什麼樣的人，以及我們的子孫會成為什麼樣的人，都和我們的環境密不可分。這項事實可能會證明植物——以及其他所有的生物——對於自己的發展都握有能動性。牠們會把自己所處的情境納入考慮，然後形塑自己的結構，並且發揮適當的功能。當然，這種情形是發生在深層的生物層次上。沒有人說植物能夠憑著意志就長出一套新的葉面尖刺。

此一立場使得索騰對於遭人誤解深懷戒心。一開始，她並不想和我談話。我如果打算把她和主張「植物智力」的那些人擺在一起，那麼她寧可不要被納入本書裡。就這類植物科學觀念而言，記者在呈現細微差異或者跳脫人類窠臼方面，向來表現得不盡如人意，而這對她來說也恐怕會是危及學術生命的問題。如同我找上的許多植物研究者，她也已經有二十年不曾花費心力申請美國國家科學基金會[140]的補助。但儘管如此，她也還是必須面對期刊裡的同儕審查者。她說，她所屬這個領域裡的衝突正在「升溫」。她已覺得自己有點遭到圍攻。我對她說，我感興趣的正是細微差異；我知道她的主張並不是說植物擁有大腦，或是植物能夠像人類一樣思考。此處的能動性指的是一種不同的東西，一種對於所有生物而言都更基本的東西。對我來說，這點感覺起來同樣迷人。

索騰有一頭深色的短髮，眼睛的顏色則是有如藍色方解石。她說話的時候常常會停頓下來，以便挑選最恰當的字眼。她沉默的外表下有著認真的處事態度，但也

139 原註：植物對於這類研究特別有用，原因是植物比較容易複製。

140 編註：National Science Foundation，由美國國會為促進科學與工程發展，於一九五〇年創建的聯邦獨立機構。

帶有狡黠的幽默感。她對我說，她認為人類主要的問題就是我們比較像黑猩猩而不是巴諾布猿（bonobo）。[141]她位於生物學大樓的辦公室門上貼滿了俏皮的實驗室笑話以及小飾品，有些顯然是出自她學生的手筆。其中有一張圖片是一株看來哀傷的幼苗，旁邊有個對話框，寫著：「黑暗降臨」（slipping into darkness）——她大部分的溫室研究，都是聚焦在生長於陰影當中的植物如何產生出先天就比較善於在陰影當中生長的下一代；數以千計的植物都曾經在她的觀察下置身於陰暗的環境裡。此外，門上還有一張列印出來的紙張，上面的文字摘自尼爾．蓋曼[142]與泰瑞．普萊契[143]合寫的小說《好預兆》（*Good Omens*），描述一個人決定自己必須口頭訓斥他所種的盆栽，藉此促使它們生長得更健康。這張紙的標題是：「索騰溫室新規範」。我注意到她辦公室裡有一個陶瓷馬克杯，刻意模仿紐約市的餐館與攤販所提供的那種希臘式外帶咖啡杯，彷彿對顧客說著：「能夠為您服務是我們的榮幸。」索騰說，有很多人都說她看起來像是紐約人。有時候，人就是不免會吸收到父母故鄉環境的特質，我心想。

索騰在高中修了一門森林學的課程，而體認到植物分成各種不同物種，各自有其本身的名稱與特性。她提早唸完高中，而到哈佛大學的阿諾德樹木園（Arnold Arboretum）實習。她發現自己喜歡和植物研究者相處；她雖然在極小的年紀就感受到植物的能幹所為人帶來的慰藉，卻極少有人懂得這種感受，而植物研究者即是那些極少數的例外。在普林斯頓大學期間，她修習了歷史與科學哲學，而深切體認到科學並不客觀，科學典範總是來來去去，每一項典範都各自有其盲點與偏見。「科學不是客觀的事實累積，」她說：「科學家採取的思考方式，是科學家發明出來的東西。」

一項舊典範一旦被新的典範取代，每個人都會表現得彷彿他們向來都知道新典範才是真理。這些改變幾乎在每一項學科都會造成巨大的漣漪效應，索騰在我才剛到之後就隨即這麼對我說。畢竟，哥白尼發現地球和其他行星繞著太陽旋轉，就啟發了威廉・哈維（William Harvey）對於循環系統的發現：「他把心臟視為位在身體中心的太陽。」要是沒有那項發現，後來會怎麼樣？我們都從先前的世代承繼知識。一項科學如果建立在有缺陷的前提上，就可能會帶來錯誤的假設；科學發現乃是建立在科學發現之上。只要基礎當中有一道細微的裂縫，這道裂縫就會擴散到建立在

141 原註：巴諾布猿擁有母系社會。

142 編註：Neil Gaiman，一九六〇～，英格蘭的猶太裔作家，寫作領域跨及奇科幻長短篇小說、視覺文學、漫畫及劇本編寫，代表作有《睡魔》漫畫系列、小說《星塵》及《美國眾神》。

143 編註：Terry Pratchett，一九四八～二〇一五，英國知名奇幻文學作家，以其獨特的幽默感、諷刺筆法和深刻的哲學思考而聞名。代表作為「碟形世界」（Discworld）系列。

這項基礎上的一切。於是，這樣的結構也就無法長保穩固。

遺傳學革命就在此時登場。索騰認為遺傳學革命不但是一項基礎，也是基礎裡令人擔憂的裂縫。並不是說基因組定序[144]的發現不正確——基因組定序是科學的一大躍進，也帶來許多令人難以置信的發現，從而擴展了人類對於生命運作方式的知識。不過，索騰比較擔心的是，這麼一來，遺傳學革命就會深深影響科學對於尚未受到解答的問題所從事的探究方式，而這樣的問題在目前仍有那麼的多。此外，所有的科學資助也同樣會深受影響。

只要是研究植物的人，必定都會觀察到植物在不同的環境裡會出現非常不同的發展。「這種現象令二十世紀的科學家深感折磨。」她說。他們要是把太多注意力放在這種情形上，必定會毀掉無數實驗的結果。於是，他們把這些變異都視為特定個體的怪癖，是資料裡的異常數值。不過，植物可能不只是受到基因支配的這種想法，終究還是在二十世紀中葉的遺傳學發現所造成的閃耀成就當中戳出了一個洞口。儘管如此，科學家在遺傳學革命當中畢竟發現了生命的基礎。於是，在西方科學界習於抱持的那種不是全有就是全無的思考方式當中，新出現的遺傳學典範吸引了所有人，以致沒有空間容納這種模糊地帶。因此，關於植物的這種想法也就大體上遭到了忽略。

基因是組成每一個生物的小拼圖塊，而我們只要能夠找出每一個拼圖塊的用處，就能夠對生物獲得徹底的了解。如此一來，生物就會變得完全可以預測。當然，這種觀點遠遠不僅限於植物，人類遺傳學從此變得像神一樣無所不能。智力基因、同性戀基因、疾病與心理問題的基因，全都等著科學家發現。舉例而言，在基因組學出現的頭數十年裡，找尋思覺失調症基因的研究就吸引了千百萬美元以及許多科學家的整個職業生涯。思覺失調症看起來似乎會遺傳給後代，但又不一定會，而且運作方式也和孟德爾遺傳學[145]的說法不一樣。他們並未找到思覺失調症的基因，但這項努力直到今天都還沒有完全被捨棄。[146]

「DNA序列……清楚說明了創造出帶有自身獨特特質的特定生物所需要的確切指令。」一個關於人類基因組的美國政府網站如此寫道。在索騰眼中，這段話就

144 編註：genome sequencing，一種實驗室方法，用於確定一個生物體或細胞類型中所有遺傳物質（DNA或RNA）的完整序列。

145 編註：Mendelian genetics，基因做為遺傳的單位、基因的分離和獨立分配是孟德爾遺傳學的核心原則，並認為是所有遺傳現象的基礎。

146 原註：當然，我指的是「一套遺傳標記」，而不只是一個基因。研究者發現有些遺傳標記似乎會大幅提高一個人罹患思覺失調症的風險，但遺傳學至今還無法解答究竟什麼人會罹患這種疾病。如想進一步了解思覺失調症之謎，請見羅伯特・科爾克（Robert Kolker）的精湛著作 *Hidden Valley Road* (New York: Doubleday, 2020)（中譯本書名為《隱谷路》）。

概括了問題所在。基因不是確切的指令，而比較像是即興表演當中的舞臺提示。過程中還有其他許多事情可能會發生。

這正是反諷之處：孟德爾遺傳學從來就不是普遍適用。實際上，孟德爾遺傳學只是基因在不同世代之間如何被組合與傳遞的一套「精選子集」而已。「大A和小a兩個基因，分別代表高䠷和矮小，這其實不是絕大多數基因的運作方式。」索騰曾經如此說明道。實際上，在個人的生理特質當中，身高似乎與父母的生理特質具有最可靠的相關性；但即便如此，基因遺傳似乎也只能解釋百分之三十六的身高遺傳力。科學家把這種費解的現象稱為「遺傳失落」（missing heritability）。目前還沒有人知道是什麼填補了其中的落差。「像我這樣的人，什麼時候才會不再教導學生把孟德爾理論視為遺傳學的模範？」索騰問道。

這一切有點讓我聯想起笛卡兒，他認為動物就像機器一樣，只要我們知道其中所有的零件，就可以把動物拆解開來以及重組起來。基因的概念也像是機器裡的小零件；蛋白質與受體能夠組合出特定的結果。這是看待生命的一種機械式觀點。

索騰就是成長於這樣的科學環境裡。那樣的發展令人深感興奮；任何人只要能夠向基因組提出好問題，似乎就能夠從中得到新發現。遺傳學是失落已久的生命之鑰，而現在她這個行業裡的畢業生，都被預期要開始利用這把鑰匙開啟盡可能多的門鎖。索騰在一九八〇年代以一名全新的族群生物學家（population biologist）這個身分進入哈佛大學的研究所之後，就開始試圖證明生長在日照環境裡的植物擁有耐光植物的基因，生長在陰暗環境的植物則是有耐陰基因。換句話說，那些植物都是因為遺傳而先天傾向於生長在那些地方。她所學到的一切，都促使她以這種方式看待世界。不過，她在每天早上步行前往生物實驗室的途中，都會看到校園裡的植物生長在那些受到精心維護的園地裡，而那些植物似乎和她在實驗室裡從事的研究互相牴觸。在真實世界裡，同一個物種的植物如果分別生長在享有充分日照的園地和被陰影遮蔽的園地裡，或是分別生長在人行道上的裂縫以及一片寬廣的土壤上，就會呈現出非常不同的樣貌。其葉子的形狀與大小、其結實粗壯或者高䠷的程度、其整體的外貌，都被認為受到基因決定。然而，同一個物種的這些差異，怎麼可能會是基因碼造成的結果？基因不可能控制一顆種子會落在何處，演化的發生速度也沒有這麼快。環境本身似乎有什麼因素，改變了這些植物的形狀。

她因此開始思索，如果真的是這樣，那麼發育可能遠比我們所想的還要複雜得多，也有趣得多。她以往被教導的那些固定不變的原則，其實反倒是開放式問題。在過去三十五年來，這就是她研究的主題。在一項實驗裡，她發現一株植物如果生長在低光源的環境裡，其體型就有可能變大兩倍或三倍——藉此增加能夠捕捉光子的表面積。另一方面，植物如果生長在水分過多的環境裡，也會為了避免淹死而改變自己的身體，在土壤表面長出獨特的根，形狀有如髮絲，以便在土壤充斥著水的情況下仍然能夠吸取氧氣。我想到兒童在園遊會上撈的那種金魚，牠們如果身在含氧量低的水裡，只要短短幾天，就能夠徹底改造自己的鰓以增加呼吸表面。鰓如果變大，就比較有機會能夠捕捉到氧。索騰發現了植物界裡的金魚。

不過，植物如果缺水，生長的組織總量就會比較少。這點相當合理：一個人如果缺乏足夠的食物，身體質量也會因此減少。這種缺乏如果嚴重到一定程度，將會出現發育不良的狀態。儘管如此，缺水的植物還是會想要改善自己的處境，從而利用自己僅有的身體質量盡可能擴大根部的表面積。它們會把有限的組織盡量生長在地面下的身體部位，發展出特別長的根以找尋水分，但又特別的細，以便在養分有限的情況下能夠盡可能擴大搜尋範圍。

我們已經知道根是覓食器官。在索騰的部分早期實驗裡，她把水移到土壤裡的不同部位，而看著植物的根像追蹤著氣味的狗一樣追蹤著水的所在位置。不過，她比較晚近的研究則是檢視另一種變化：受到乾旱壓力的植物所產生出來的下一代，會不會和水分充足的植物不一樣？她發現，植物如果生長在乾燥的土壤裡，其所產生的下一代一旦也落在乾燥的土壤當中，就會迅速發育出巧妙適合乾旱環境的身體。它們不會遲疑；第二代立刻就轉變為深根長根的幼苗。第三代也是如此。

索騰辦公室隔壁有一間空教室，她在那間教室裡的黑板上為我畫了一個圖表，取自二〇〇〇年一項針對抽菸、基因、青花菜與肺癌所從事的研究。帶有「肺癌基因」的人，罹患肺癌的機率比別人高出許多，他們如果抽菸更是如此。由於基因突變，他們缺乏大多數人擁有的一種酶[147]，那種酶通常能夠清除像是菸草煙霧這類有害的東西帶進肺裡的致癌化學物質。所以，這是一條趨勢曲線，呈現陡升的樣貌：「肺癌基因」帶原者只要抽愈多的菸，得肺癌的機率就愈高。不過，她接著又畫出第二條線，並且在旁邊寫上「青花菜」。肺癌基因帶原者如果攝食大量的十字花科蔬菜，包含青花菜在內，罹患肺癌的機率似乎就會降低，而且降低的幅度與青花菜的攝食量成正比。只要吃夠多的青花菜，就幾乎能夠抵銷那種基因突變的影響。（在另一項研究裡，青花菜甚至似乎能夠幫助沒有這種基因異常的人，清除抽菸帶來的致癌物。）之所以會如此，可能是因為像青花菜這樣的十字花科蔬菜能夠產生某些化合物，而那些化合物一旦在人類體內受到分解，就會轉變為能夠化解致癌化學物質的酶。換句話說，這類蔬菜能夠製造「肺癌基因」帶原者所欠缺的那種東西。在這個例子裡，基因並非唯一的決定因素。一個人經歷的環境——在此處是那個人所吃的東西——也在其中扮演了角色，而且說不定比基因的角色更大。

147 編註：enzyme，又稱酵素，是一類大分子生物催化劑，能加快化學反應的速度（即具有催化作用）。

索騰說：「你不禁納悶，醫學研究者為什麼沒有全都投入探究這種現象」，卻只是一再追尋遺傳肇因。當然，確實有些醫學研究者針對這種情形進行探究，她只是認為應該要有更多而已。

在黑板上那個青花菜圖表旁邊，她又畫了一個植物葉子大小的圖表，顯示植物受到的日照愈少，葉子就愈大，致力於捕捉更多的光線。這是一樣的狀況，她說。環境會造成生物的大幅改變，不論是人還是植物。「生物學就是生物學。」

由此可見，一株植物體驗到的一切都會改變其結果。環境沒有所謂的中性。就算是任何一種植物被認定的「標準」形態，也很可能是受到環境影響而造成的結果。這種情形當然造成了許多實驗室研究的困擾。[148]索騰說，她很喜歡看著學生在跟隨她學習的過程中，因為體認到這一點而必然會閃現的那種表情。他們會說：等一下，這就表示根本沒有所謂的控制環境。[149]

環境似乎會穿透生物，而在最深的層次上對生物造成改變。在二〇一五年出版的一本書裡，索騰指稱這點使得我們甚至難以將這兩者視為完全各自獨立的實體：「一旦仔細檢視，就會發現環境延伸到生物裡，生物也延伸到其所處的環境裡，而模糊了兩者之間的界線。」她寫道，這種影響是雙向的——生物會形塑自己所處的環境，而環境也會形塑生物。在我們的想像當中，生物與周圍的世界之間似乎有一層膜將兩者隔開，但這層膜不只會滲漏，而且根本擋不了雨。

想想綠葉海天牛（emerald green sea slug）。我第一次讀到這種生物的時候，那時只要有人問我最近過得怎麼樣，我就忍不住向對方談起這種生物。我當時最關注的事情，就是綠葉海天牛這種似乎完全不理會植物與動物差異的離奇生物。我滿腦子不停想著這種生物。

綠葉海天牛棲息在美國大西洋沿岸各處有水的地方，其身體在生命初期呈褐色，並且有少數幾個紅色斑點。在這個初期階段，綠葉海天牛只有一個目標，就是找尋細如髮絲的濱海無隔藻（Vaucheria litorea）這種綠藻。牠們一旦找到這種綠藻，就會戳破其外壁，而彷彿用吸管一樣吸食其細胞，然後拋下一條被吸光了內容的透明管子。濱海無隔藻的細胞因為含有充滿葉綠素的葉綠體而呈現亮綠色，而那些葉綠體則是負責行光合作用。在顯微鏡底下，這種交流過程看起來就像是綠葉海天牛喝

148 原註：生物學家當初開始研究發育，就明白發現在生物所處的環境裡研究牠們，是研究其發育的唯一方法。直到二十世紀中葉，科學家才開始把生物帶離牠們的自然環境，而放在實驗室這種人造的「中性」環境裡加以研究。

149 原註：由於考慮到這一點，索騰因此盡可能把她的溫室設置得像戶外一樣。她只在夏季從事實驗，在真實的陽光下，並且使用質地比較「自然」的土壤混合物，「因為我想看根以它們尋常的方式生長」。她的溫室就像是個中間區域，介於完全人工的實驗室以及真實世界之間。「我大概是唯一在溫室裡使用陶土花盆的人，」她說：「不是因為陶土花盆比較浪漫，而是因為陶土能夠透氣。所以，陶土比塑膠來得自然。」

著珍珠奶茶一樣，用嘴巴吸入一顆顆亮綠色的珍珠。綠葉海天牛會消化那些細胞，但會保持細胞內的葉綠體完整，而將那些葉綠體散布於自己分支的內臟當中。這時候，綠葉海天牛也會從褐色轉變為鮮綠色。喝過幾杯綠藻珍珠奶茶之後，綠葉海天牛就再也不必進食，而是開始行光合作用。這種生物不曉得怎麼取得了掌控葉綠體的遺傳能力，而能夠像植物一樣以光線為食，因此也就能夠從陽光取得其所需的一切能量。這種情形怎麼有可能發生，至今仍然沒有人知道答案。令人驚奇的是，這時已呈現翡翠綠的綠葉海天牛，形狀也變得就像是一片葉子，唯一的例外是那顆像蝸牛一樣的頭，其身體是個又扁又寬的心形，尾部看起來也像葉尖一樣，而且身體表面還有像葉脈一樣的紋路。綠葉海天牛會像葉子一樣調整自己的身體，把平面的部分迎向太陽，藉此吸收最多的陽光。

綠葉海天牛模糊了動物與植物的界線，但也示範了生物與環境的界線有多麼容易跨越。綠葉海天牛的本質是透過與環境互動而獲得的結果。濱海無隔藻是綠葉海天牛所處環境的一部分，而綠葉海天牛攝食這種綠藻之後就出現了實際可見的轉變。這種生物與環境之間的界線可說是模糊到了極點。當然，這是個極端的例子，但這種現象的某種版本也無時無刻不發生在我們以及我們的身體上。我們隨時都吸收著我們的環境，而環境也隨時都轉變著我們。我們之所以會形成自己的樣貌，和周遭的環境絕對脫不了關係。

我們因此又與植物的關係更加接近。我們的結果與我們所處的環境深深密不可分。我們吃的東西、我們呼吸的空氣，以及我們接觸到的各種物質，全都有可能改變我們的生活與身體的發展方向。我們認為自己的發育是受到我們遺傳而來的基因所決定，但我們與生俱來的自我也包含了我們父母所處環境的環境訊息，在許多案例當中甚至還包括我們家族世系當中更久遠之前的環境訊息，索騰說。

我開始理解到，所有的生物學實際上都是生態學。生態學家研究的生態系統動態，同樣也能夠適用於單一植物身上。在生態系統中，食物與水等資源不停變動，從而造成不同個體在不同時刻棲身於不同的群體當中。群落的特質會依據環境的變化而變。不過，這種情形在單一株植物身上也是一樣。環境同樣會影響個體。一個個體所可能擁有的各種特質，隨時都因應著環境的變化而不停變動，就像生態系統裡的各個行為者會隨著環境裡的各種變化而變動一樣。

義大利哲學家艾曼紐勒・柯奇亞寫道，植物存在於徹底的「沉浸」（immersion）狀態當中。他寫道，沉浸是一種「互滲」（compenetration）行為，意指廣泛的互相混合。這個詞語看起來正適合描述我截至目前為止所得知的一切，而我在對於植物發育的世界獲得愈來愈多了解的過程中，也經常想到這個詞語。在植物當中，「主動採取行動以及被動受到外力影響在形式上無法區分」，柯奇亞寫道。「如果說環境的起點不是在生物的表皮之外，那是因為世界早就存在於生物體內。」對於植物而言，存在就是要以互惠的方式建構世界。世界存在於植物體內。除此之外別無其他的方法。

植物尤其是這種沉浸的模範，部分原因是植物無法為了因應環境變化而起身移動。它們沒辦法逃跑。所以，它們與環境之間的界線模糊到了極致，顯得特別誇大。我們可以逃離威脅，可以移動我們的身體到比較合適的情境裡。不過，我們也同樣完全沉浸於環境當中，只是以比較細膩的方式而已。植物最清楚闡明的一點是，沒有人能夠真正逃離自己的環境以及父母的環境所帶來的影響。那些影響早已存在於我們體內。我突然看到這個世界充滿不停變動並且互相穿透的元素，而我們的身體則是暴露於那一切元素之下。單是生活在這個世界裡，就使得我們暴露於那麼多的東西之下；那一切全部累積起來，即造就了我們。萬物都相互關聯的想法就像是一記當頭棒喝。萬物確實相互關聯，而我們就是證據。

我在自己身為環境記者的生涯裡，就可以看到這一點的明確例子。幾年前，我到底特律一個環繞在煉油廠、燃煤發電廠與垃圾焚化爐之間的鄰里採訪了其中的居民。那裡的人口罹患氣喘以及其他呼吸疾病的比例高得令人咋舌。這種情形相當合理，因為那個地方的空氣顯然不適合呼吸。我很快就被告知那裡的嬰兒經常天生就患有氣喘，醫生有時也會向新生兒的父母提供霧化器。我得知了懷孕婦女吸入的空污粒子可以如何進入她們的血流裡，並且滲入流向胎兒的血球內，從而延緩以及損害胎兒的肺臟發育。胎兒在誕生前就受到了污染。不過，我接著又得知了另一件更令人震驚的事情。我和卡麗．納鐸（Kari Nadeau）通了電話，她是史丹佛大學的一位內科醫師暨研究者，專門研究空氣污染的危害如何會波及多個世代。她對我說，流過胎盤的那些污染粒子也可能對根本沒有懷孕的人造成改變。那些粒子可能會滲入流向卵巢與睪丸的血液裡，從而改變基因表現。基因表現如果受到改變，那些器官產生的卵子與精子所造就出來的後代也同樣會出現改變。實際上，納鐸能夠做出這樣的推測：由於她自己的父母住在加州中央谷地的弗雷斯諾（Fresno）——那是加州污染最嚴重的城市，原因是柴油廢氣與農藥的致命結合——因此他們的基因已受到根本性的改變，而比較容易產生氣喘與過敏的症狀。此外，那些基因變化也可能會遺傳給他們的子女，以及他們子女的子女。就算那些後代已遷居他處，不再暴露於那樣的污染之下，也還是擺脫不了那些變化。

我們所處的特定環境能夠改變我們體內基因的運作方式，而那些改變又有可能遺傳給我們的子女、孫子女乃至更遠的後代——這就是人類的表觀遺傳，而納鐸所談的乃是一個極為悲慘的表觀遺傳例子。不過，另外可能還有許多例子能夠幫助填補我們對於自身生命基礎的理解。舉例而言，關於子女的身高為何通常與父母相差不大的這項「遺傳知識缺口」，也許有一天能夠被消除。另一方面，數十種看來極易在家族當中傳遞的疾病也是屬於遺傳失落的問題，包括第二型糖尿病（只有百分之六似乎可由遺傳基因解釋）、早發型心臟病（不到百分之三）、狼瘡（百分之十五），以及克隆氏症（百分之二十）。也許這些疾病的肇因實際上是患者所處的環境，以及他們父母所處的環境等等。

我也想到吉亞諾利為了解釋智利的變形藤，如何能夠擬態所有那些物種而提出的微生物感染理論。他認為變形藤體內的微生物世界所出現的變化，造成變形藤的形狀跟著變化，儘管我們認為形狀是一個物種的根本特性，是其核心本質。我們的「本質」也許比我們以為的還要更有彈性。也許我們的本質和我們所處的環境是個連續體，無法區分開來。吉亞諾利的理論不論終究是否證實為真，都只是依附於一項遠遠更加確立無疑，但仍然在相當晚近才獲得的啟示：每個生物，不論是植物、魚類還是人類，都徹底受到大量的微生物滲透。這些微生物經常也有更小的微生物棲息在它們內部，每個微生物也同樣受到環境變化的影響。它們本身難道不是一種群落，而它們生存於其中的那個身體不也是一種生態系統？因此，我們如果把規模放大到一整株植物或是一個人，自然也不該忽略這種基本結構，也就是一群生物因應著自己置身其中的世界所出現的變化。如此一來，在每個生命層次上的所有生物，從微生物乃至一整座雨林，都是一個生態系統。我們比較像是一套系統，而不是一個單元。所有的生物學都是生態學。

植物提醒了我們，我們和自己所處的環境是個連續體，環境的一切變動都會影響我們，而且這種影響會迴盪波及許多個世代。我們的環境會形塑我們的人生以及我們後代的人生，我們以肉身形式承繼了先人的環境。我們可以說是承繼了地球。

當然，生物的可塑性有其限制。不是所有的變化都能夠被克服。以野火為例，如果不是在演化上已經適應了火的植物，絕對不可能採取行動而突然變得具有防火性。此外，不同物種的可塑程度可能也會有巨大差異；有時候，這樣的差異將會取決於那個物種演化於何處。有些物種，例如夏威夷的許多「原生」本土植物，由於是在一個沒有天敵的環境裡演化而成，因此非常欠缺因應變化的能力，很容易就會遭到入侵物種打敗。那些植物的可塑性就是不高。

不過，另外有些植物則是極具可塑性；它們的可塑性似乎沒有侷限。新環境會促使它們鼓起勇氣產生新形狀。入侵物種就是這樣的植物，它們是未嘗敗績的植物能動性明星。

入侵物種具有超強的可塑性，並且極度善於把這樣的可塑性傳遞給它們的後代。「我仰慕它們的能力，就生物學的層面而言。」索騰說。生物學裡有一種觀點，認定自然汰擇整體上會造就出高度特化的物種。那些物種在自己的專長方面——例如生長在特定的棲地——表現非常傑出，但對其他的一切都不擅長。其他物種可能是通才，能夠生存在更多不同的地方，但沒有任何特別的長處——它們能夠生存，但不是生長得特別茂盛。「樣樣都會，必定樣樣都不精通。」索騰說。生活在世界上必然不免有所取捨，一般普遍都是這麼認為。不過，有些入侵物種對於這種概念卻是嗤之以鼻。「它們什麼都擅長，」她說。樣樣都會，而且樣樣都精通。「這種情形應該不可能會發生。」

索騰研究花蓼（Polygonum cespitosum）——這種植物還有一個俗名，稱為「聰明雜草」（smartweed），如果你能夠相信的話（我沒辦法）。索騰對我說，這種植物之所以會有這個俗名，原因是它們會產生一種酸液，如果碰到眼睛會造成刺痛。[150]無論如何，我覺得這仍然是個很妙的名稱。

花蓼最早從亞洲引進，目前在北美洲東北部已經成了極為強勢的入侵物種。這種植物顯然是典型的雜草，沒有任何花俏之處，沒有什麼特別引人注目的地方。花蓼是尋常至極的雜草，而她欣賞的正是這一點。此外，花蓼也很容易複製。你如果想要觀察在基因不變而其他一切都出現改變的情況下會發生什麼事，那麼有許多基因相同的植物就會是一件很有幫助的事情。

索騰的實驗室網站指稱，他們的團隊在研究植物當中的「怪物」。我得到的理解是，這些怪物是它們自己造成的結果。「我們以這個用語表達仰慕之意。」索騰說。花蓼很快就演化適應了自己的新環境。在北美洲的這個新家裡，它們發展出了能夠在各種棲地當中生長的能力。它們發展出快速的生命週期，並且達成極高的繁殖成效。在這方面表現最傑出的個體，無疑會成為此一物種的未來，造就出繁殖速度更快而且成效更好的世代。結果呢？花蓼正迅速演化出愈來愈強大的侵略性。

在被引進到新地點的植物裡，每一百種大概只有一種能夠發展成入侵物種。入侵物種最常見的定義，就是散播迅速而且恐怕會造成生態或經濟損害的非本土植物。植物與動物都總是不斷被引進新地方，其中大部分都存活不了多久。這些動植物缺乏自己在這個新地方真正需要的東西，像是特定的授粉者或者一定的溫度範圍。這些動植物就是適應不了當地的環境。不過，這些物種當中有一小部分能夠存活下來。這個新地方的溫度範圍也許和它們的故鄉類似；也許它們對於自己被什麼生物授粉不是太挑剔。總之，這些物種撐了下來。

在新家得以存活下來的那些物種當中，有極小的一部分甚至生長得比本土物種更成功。它們排擠掉先前生長在當地的物種，並且擴張自己的範圍。一種植物抵達一個新地方之後，通常會蟄伏很長一段時間，大概五十或一百年，然後才突然開始暴增，變得到處可見。舉例而言，花蓼在二十一世紀初被宣告為入侵物種，但這種植物大概引進於二十世紀早期。為什麼會有這麼一段蟄伏期？索騰認為，

150 譯註：英文的「smart」一詞有「聰明」與「刺痛」這兩種意思。

這點顯示這種植物剛抵達北美洲的時候，不必然擁有其所需要的技能。花蓼不是一出現在這裡就立刻占領了這個新環境。在那為期數十年的時間裡，究竟發生了什麼事情？花蓼有可能是在迅速演化——原因是有些具備非凡可塑性的個體，特別善於把自己因應當下狀況而學到的東西傳遞給下一代，也特別善於依據新環境而改變自己的身體。這是看待入侵生物學[151]的一種不同方式。並不是說這整個物種必然深具入侵性，而是有些個體擁有非常高的彈性，能夠依據自己置身的新家而調整自己的身體，並且非常善於把這樣的彈性傳遞給它們的下一代，從而造成這整個物種轉變為能夠善加利用新情境的理想植物。就生物上而言，習知一個新地方需要花費不少時間。

當然，不是所有的花蓼個體都是這場表演當中的明星。透過精心從事的溫室研究，索騰發現正如同她的預期，每個花蓼個體對於環境變化的反應都有些微的不同。不過，有些是適應的神童，是可塑性的頂尖運動員。它們也許偏好潮濕的環境，但在乾燥環境裡也生長得一樣好，立刻就從生長葉子改為生長更長更細的根，藉此找尋任何一點點的水分。它們也許喜歡大太陽，但在陰影裡也會湊合著過，生長出更大的葉子。最厲害的是，它們會把這些適應結果傳遞給下一代。這些善於適應的植物所產生的下一代，如果生長在乾旱的土壤裡，適應速度又會比自己的親代植物更快，立刻就採取行動而長出又長又細的根，因為這麼一株植物早就已經知道該怎麼做。索騰也同樣發現，花蔘如果必須和鄰居競爭光線，其下一代就會長出比較大的葉子，已經做好了和鄰居競逐陽光的準備。此外，一株花蔘如果生長在陰影裡，其產生的下一代就會迅速發展出適合在陰影裡生長的身體，不但長得比親代植物高，以便獲得更多光線，也長出更大的葉子，以捕捉更多的光線。不僅如此，它們還會更快開花，表示生殖能力更強。更重要的是，生長在陰影裡的植物所產生的下一代如果必須和生長在陽光下的植物所產生的下一代互相競爭，而且雙方都生長在陰影裡，那麼陰影植物的下一代就會在爭搶空間的競爭當中輕鬆獲勝。這些幼苗擁有一種世代財富：它們遺傳了一項有用的技能。它們一旦遭遇親代植物遭遇過的艱困處境，就會擁有勝過同儕的優勢。

這些個體是其所屬物種的未來，它們會活得更好，並且產生更多的下一代。它們的下一代也會活得更好，甚至可能比它們自己活得更好，原因是下一代具備這種遺傳而來的可塑性，就像是一種在艱困時期也能夠茂盛生長的超能力。入侵物種向來被抹黑為凶猛好鬥、殘酷無情的競爭者，但如果認真想想，把這種道德概念套用

151 譯註：invasion biology，一門研究外來物種如何在新環境中生存、繁殖、擴散，以及對當地生態系統影響的學科，並探討生物入侵的過程與機制，以及如何應對和管理這些入侵物種，以減少對生態環境、經濟和人類健康的潛在危害。

在植物身上實在是很奇怪的事情。我們用來描述入侵物種的言語經常帶有毫不遮掩的排外色彩，與本土主義的語言毫無二致。我們把它們稱為「外來者」（aliens），並以相同的套路指稱它們擁有不自然的能力、好鬥的本性，就像是陸地上的疾病。不過，它們如果只是比較足智多謀、比較具有可塑性、比較善於因應改變並且把智慧傳遞給下一代呢？在我們截至目前為止於地球上經歷的這段短暫演化歷史當中，它們確實擾亂了我們的地貌、並且取代了我們經過長久相處而喜愛上的物種。然而，我們是地球上這個大家庭裡年紀最小的小弟，我們出現在這個世界上的時間並沒有那麼長。改變本來就會發生，植物群落也會變動。當然，此處有個轉折。當今這個時代之所以獨特，原因是把植物移動到世界各地的力量是**我們**。大多數的入侵物種之所以會出現在新的地方，而適應了新的情境與地點，是我們造成的結果——而且我們仍然持續不斷造就這樣的狀況！實際上就是我們把入侵物種帶到那些地方去。只要想到這一點，那麼因為一種植物在生存上的成功而責怪它們就不免更顯奇怪。

以虎杖（Japanese knotweed）為例，虎杖可能是地球上最成功的植物，也可能是最受厭惡的植物。虎杖與索騰研究的花蓼是近親。虎杖最早在一八六〇年代引進北美洲，原因是當時的植物收藏家想要為自己的私人苗圃添加迷人的異國物種。歐洲在幾年前就曾經進口虎杖，結果這種植物因其白色花朵與生長的稠密程度而廣受喜愛；虎杖生長得又快又濃密，正適合做為路邊的樹籬。美國至今似乎仍有些人刻意在自己的花園裡種植虎杖。不過，這些人顯然完全不知道自己接下來會面臨什麼樣的狀況。你只要看到虎杖，就會明確意識到植物能夠任意把自己的身體變形。它們的能動性具體得幾乎可以觸摸得到。任何人為控制的幻想都會因此消失。我第一次遇到虎杖，是在四月底的某一天。

我在大雨過後走到我的門廊上，看見泛紅的肥厚綠色植物冒出於庭院邊緣，就在木圍籬旁邊。我們剛開始分租一個朋友的公寓，而我對於在生長季節有個後院所帶來的各種可能性感到興奮不已。畢竟，這在紐約可是一項難以想像的奢侈。在屋裡，我們把淺紙盒放在窗臺上，種植了辣椒、小蘿蔔與芥菜的幼苗，等著仍然冰冷的天氣回溫，以便把它們種到庭院裡的一個架高植床。我們在塑膠水瓶的蓋子上鑽孔，藉此為它們澆水，每次只澆一點點。這些蔬菜幼苗顯得脆弱不已。另一方面，庭院裡那些泛紅的幼苗看起來則是恰恰相反。它們看起來健壯剛強，顯然毫不懼怕寒冷或者大雨，尤其不怕鋪在木屑底下那層厚重的黑色防水布，儘管那層防水布就是為了壓抑它們而鋪。不必多費力氣了，我想像著虎杖這麼對那層防水布說。

我拔起那株幼苗，其空心的莖「啪」的一聲在基部斷裂，聽起來汁液飽滿。我看過文章說虎杖的幼苗在一年裡的這個時節正適合食用，而且相當營養，味道像是把大黃與酸模混合在一起。不過，我瞥了一眼堆在隔壁院子裡的建材廢料——那個院子裡也冒出了不少虎杖幼苗，甚至比我這株幼苗還要高——而決定還是不要冒險把這株虎杖吃下肚；畢竟，這地方充滿了太多未知的化學物質。

兩天後，我在院子裡又發現了新冒出的幼苗，已經有幾吋的高度，生長位置就在四十八小時前被我拔除的那株虎杖旁邊。在那個時候，我完全沒有看到這些幼苗的蹤影。種在窗臺上的那些蔬菜，雖然受到我的細心照顧，生長情形卻是慢得不合理；相較之下，這些虎杖的生長速度則是像吹氣球一樣快。

根據我的閱讀，虎杖採取地下莖的生長方式，擁有在地面下持續不斷生長的根狀莖。虎杖一旦開始生長，就會在土壤底下擴散出一套複雜的根狀莖網絡，一套由走莖與嫩枝構成的地下通道系統，一套沒有明確中心的連續網絡。要挖出並且移除這種龐大的根狀莖網絡，是幾乎不可能的事情，而只要沒有做到這一點，這種植物就絕對不可能根除。只要有一塊指甲大小的殘根留下來，就能夠重新長出一整株植物。而且，曾經有覆蓋面積達半個美式足球場的虎杖被發現只是單一株植物，一個巨大的根狀莖怪物。我的拔除舉動根本是徒勞。我望向圍籬的另一側，我們院子裡的幼苗很可能是隔壁那些植物的前哨，很可能是它們生長出來的走莖，鑽過隔壁的路面磚以及我們院子的黑色防水布底下，一找到任何一個小裂縫就從中冒出，或者也許是自己製造破口，我不知道。

到了五月，虎杖已侵入了我的種植箱，也攀上了五呎高圍籬的下半部。在圍籬彼側，虎杖已完全占據那棟施工中建築的廢棄院子。到了六月，隔壁的院子已長成一座虎杖森林，其所形成的草叢不但極為濃密，而且和我一樣高，在圍籬頂端隨著微風搖動。我坐在院子裡，感覺自己彷彿身在一座叢林的林間空地裡。我必須承認，虎杖確實相當美麗。這種植物有著亮綠色的圓形葉子，和我的手掌一樣大。其汁液飽滿的粗厚莖稈上分布著紅色斑點，顯得極為健康。在那一整個月裡，我在鄰里當中四處遊走，而看到不少建築物之間圍著鐵絲網圍籬的空地，都變成了虎杖盡情生長的烏托邦。我想到自己看見的這些可能只不過是實情的一半，而不禁感到一絲恐懼。有什麼肉眼看不見的植物建築正擴張於地面之下？這些根狀莖有多快就會在那些舒適的空地裡占滿所有的空間，而開始鑽進兩旁那些連棟住宅的地基？

虎杖確實能夠找出地基裡的裂縫，而藉此從路面上冒出來。它們不但鑽進那些裂縫裡，也依據自己的需求而將其撐大。如果找不到適當的生長地點，虎杖就會自己創造這麼一個地點。然而，它們創造出來的那個生長地點，卻正是我們希望任何物體都不可能穿透的地方：也就是我們為自己打造的生活地點。

單是一根綠色卷鬚鑽過水泥的現象，就足以破除植物在我們眼中那種脆弱而又靜止不動的印象。這種沒有眼睛也沒有嘴巴的柔軟生物，對於人類為了把自己與土壤隔開而鋪設的那層堅硬界線不斷施加壓力，結果竟然能夠獲勝？對於認定人類的心靈手巧具有至高主宰力的觀點而言，這種現象實在令人不安。人類也許不握有主導權的念頭不禁在腦海中閃過。權力其實是觀點的問題。

虎杖究竟能夠對一棟房屋造成多少破壞仍然有些爭論，但其卷鬚確實曾被發現鑽過牆壁而冒出於室內。在英國，不動產當中只要存在虎杖，就會因此無法抵押貸款。英國規定買賣不動產必須揭露虎杖的存在，而且只要有虎杖生長在不動產的土地上或者三公尺範圍內，銀行就不會對這件不動產核發貸款，除非持有人已有處理計畫。不過，鑒於要根除虎杖的根狀莖網絡必須挖開多少土壤，大多數人在財務上都負擔不起這樣的處理計畫。

在美國，國家公園管理局的土地管理員，滿懷焦慮地看著虎杖在短短一季就生長十英尺，增生的速度極快，因此不會遭遇許多本土物種的那種命運。也就是遭到像是鹿這樣的植食動物啃食而死，或是還來不及生長成熟就遭到那些植食動物踐踏而死。在緬因州的阿卡迪亞國家公園（Acadia National Park），成群的志工分散前往森林裡各處，砍下虎杖的莖稈，而對殘株施加除草劑，希望虎杖會把除草劑吸入其根狀莖，而造成整株植物死亡。

現在，虎杖已是全世界入侵能力最強的植物之一——或者，如果從虎杖本身的角度來看，則是最成功的植物之一。這種植物據信已繁茂生長於每一座大陸之上，唯一的例外只有南極洲。根據《紐約時報》的報導，在紐約市的布朗克斯河與哈德遜河沿岸，還有該市全部的五個行政區裡，都生長了範圍長達好幾英里的虎杖。毫無疑問，這種植物將會在這裡長久存續。虎杖的未來穩固無虞，原因是這種植物擁有難以置信的可塑性，每個新長出的嫩芽都展現了充分的能動性。是我們把這種植物帶到這裡來，它們只是在自己被放置的地方善於發揮自己身為植物的能力而已。

索騰的研究有可能在幾個方面對世界有益。我們如果明白物種如何產生入侵性，也許就可以藉著分析物種的潛在可塑性，而更能夠預測哪些物種會大量增生。此外，我們知道自己改變地球的速度非常快，以致許多植物的演化速度都跟不上。不過，我們如果能夠進一步了解，是什麼原因造成某些植物比其他植物更具可塑性，我們就有可能幫助生物在氣候變遷，「以及我們害它們必須承受的其他一切破事」中存活下來，索騰說。我們早已知道其中許多變化會怎麼出現：什麼地方會變得更熱更乾燥，或是更熱更潮濕。我們可以想像這麼一個未來：例如能夠在任何一個物種身上辨識出對於任何一種結果而言最具可塑性的基因型，而種植這些個體，藉此提振脆弱的族群。

現在，認為植物具有能動性的觀念已在文獻裡逐漸冒出，由索騰帶頭（還有吉爾羅伊與特瓦伐斯）。**能動性**（agency）是一個背負了許多情感包袱的詞語。索騰使用這個詞語其實冒了一定程度的風險。這個詞語立刻就會讓人聯想到心智的存在，聯想到意圖和渴望的存在。不過，她說我們必須克服這樣的想法。「這和大多數人以這個詞語代表的意圖和智力無關，但仍然是能動性。」她說，顯然想要盡可能和那些試圖把植物描繪成小型人類的人士保持距離。能動性是生物的一種能力，能夠評估自己所處的情境，並且改變自己以因應那樣的情境。沒錯，我們無時無刻不這麼做，而植物也是如此。

根據我們先天對於自己的理解，我們乃是一種充滿無可化約的複雜性與細膩性的個體，而認為人類只受到預先編程的基因所控制的這種機械觀，並不滿足我們擁有的那種理解。我們也像植物一樣，雖有皮膚這層薄膜把我們和我們生活於其中的這個世界分隔開來，但仍然會吸收體外的資訊。在每個生物的表面之下，都潛藏著一種，我們還不知道該怎麼徹底加以分析或者複製的活力。複雜性不但沒有降低，而且還愈來愈高。但是沒有關係，這大概才是正確的方向。這種認知也許會針對所有生物為我們帶來新啟示。

我們的談話轉到了索騰自己的花園，在她位於附近不遠的住處。她種植了大蒜、香草和一些蔬菜，但都不怎麼成功，原因是她狠不下心使用除草劑或是拔除太多的雜草。「我的後院滿是雜草，也就是說不管什麼東西生長在那裡，我都認為它們有權身在那裡。」她說：「它們想要生長，這就是它們該做的事情。我憑什麼一再踐踏它們、打擊它們，把它們拔出地面？我的感覺是，給它們一點空間吧。」由於這樣，她說她的後院裡生長了幾種當今在康乃狄克州並不常見的野花。「你如果翻開土壤，檢視挖出來的結果，就會看到以前比較常見的東西。」

我問她後院裡的那些雜草有沒有入侵物種。她停頓了一下，然後微微一笑。「我確實有一片花蓼，我想那可能是我造成的結果。我是說，我可能是藉由我的衣服把它們帶到了那裡去，所以我覺得把它們除掉好像不太公平。」她說：「可是我也不會讓它們擴散得太廣。我以人工的方式維持某種平衡，這倒是真的。人就是這樣嘛，對不對？總是沒辦法對任何事情袖手旁觀。」

11 CHAPTER 植物的未來

語言有其侷限，
無法充分描述樹木所做的事情。

羅伯特・哈斯（Robert Hass）
〈描述樹木之難〉（The Problem of Describing Trees）
二〇一五

從演化生物學家的觀點來看，把植物與細菌所從事的那種敏感而且具體的行為，和造就出我們最受尊崇的心理特質的那些知覺與行動視為屬於同一個連續體，其實相當合理。「心智」可能是細胞互動造成的結果。心智與肉體，知覺與生存，同樣都是一種自我指涉與自我省思的過程，在最早的細菌身上就已經存在。

琳恩・馬古利斯與多里昂・薩根（Lynn Margulis & Dorion Sagan）
〈生命是什麼？〉（What is Life?）
一九九五

安東尼・特瓦伐斯的職業生涯已接近尾聲，而根據他的估計，未來的前景並不看好。我來到他位於愛丁堡城外的十九世紀農舍，原因是我想要聆聽他的意見——他思考植物本質的時間比任何人都還要長，所以說不定能夠回答我心裡那個縈繞不去的問題，也就是我們該怎麼思考植物。這時是九月底，從城裡搭乘計程車來到這裡的路程上經過了不少乾枯的山丘，看起來一片貧瘠，只有地面上鋪著一層淡綠色的短草，彷彿剃了平頭一樣。相較之下，特瓦伐斯的車道有如一座綠洲，種滿濃密的灌木叢，在秋季的寒冷氣溫下仍然開滿了花，其高度幾乎及於那棟低矮石屋的石板屋頂。至少有一扇窗戶被灌木叢完全遮擋了起來。

到了這個時候，我已經和許多研究者見過面，其中有些人研究植物的特定部位，有些則是研究植物具備的特定能力。他們的研究對於理解植物的生活雖然重要，但範圍很小。而從我所讀到的一切來看，特瓦伐斯則是偏好寬廣的觀點。他把比較多的時間投注於從整體的角度思考植物，認為整株植物不僅是其各個部位的總和。我心想，也許他已經明白了植物在我們的腦子裡應該占據什麼地位，以及那樣的思考對於我們在這個世界上的生活方式應該造成什麼改變。特瓦伐斯已經八十三歲，而他身為植物生物學家已有六十四年之久，在現存的植物生物學家當中想必是最資深的一位。他在二十年前退休，但至今仍持續不斷產出書籍與論文。他在植物荷爾蒙與植物訊號傳遞方面貢獻了重大發現，當今也是嚴謹看待植物智力概念最重要的倡導者之一。

不過，我們開始談話之後，我感受到的卻是他在看待人類的觀點上已然成了一名不折不扣的悲觀主義者。特瓦伐斯已經針對自己那個世代，以及更早之前的世代所造就出來的這個世界，而向他成年的兒子道過歉。人類已經證明自己是一項失敗的演化計畫，並且選擇了一條全面毀滅的道路。植物非常聰明，他在書籍與論文裡一再指出這一點。然而，我們卻太過遲緩而未能注意到。現在，那項知識恐怕已經來不及對人類文化造成任何改變了。

在一個陰鬱的九月天，坐在他的客廳裡聽到這樣的話語，讓我忍不住想要直接結束我們的談話。我拒絕相信目前不管做什麼都已經太遲，更遑論是喚醒世人認知到植物的奧妙。我自己就受到了喚醒，而且整體而言並沒有花費太長的時間。不過，我才剛抵達他家，所以沒有立刻離開，而是待下來享用他的太太瓦萊莉（Valerie）為我們準備的咖啡，還伴隨一盤餅乾與甜點。特瓦伐斯與瓦萊莉身上都穿著深淺不一的藍色衣物。他們談及特瓦伐斯熱愛的藍罌粟（blue poppy），提到他每年都會在車道兩旁種植這種植物。瓦萊莉說，藍罌粟藍得令人難以置信，「像是一抹藍天」。我開始意識到特瓦伐斯其實不是徹底的悲觀主義者，至少不是針對所有的生物類群，他對植物以及植物的美仍然懷有強烈的熱情。他語帶崇敬地談到一趟加州之旅，指稱他在那裡看到了巨杉（giant sequoias）。「嘆服，驚奇，不可置信的敬意。你就只能站在那裡瞪著眼看，無法理解自己眼前的這幅景象，」他說：「和許多人一樣，我也覺得觸摸這種巨大的怪物是極為非凡的體驗。」

特瓦伐斯之所以成為植物學家，原因是他無法忍受為了從事生物化學研究而必須殺害老鼠。在他剛起步的那個時候，科學家都被預期要殺害自己的實驗室動物，通常是以鐵尺重擊。瓦萊莉與特瓦伐斯就是因此而認識；瓦萊莉是他的學生，而在她遭到一隻實驗鼠咬了手之後，特瓦伐斯即主動提議幫她殺她的老鼠。「我的白馬王子。」瓦萊莉說。不過，特瓦伐斯向來都厭惡做這件事。「有些人不介意，可是我沒辦法了解那些人。這就是為什麼我研究植物。」特瓦伐斯說。我已經從許多植物學家口中聽過類似的說法；他們之所以研究植物，原因是他們無法忍受動物研究工作的黑暗面：在大部分的情況下，你都必須殺死自己的研究對象。

不過，他現在當然懷抱了另一種感受：對於植物的敬重。儘管遭到比較保守的同儕提出許多批評，但他發表主張植物智力的論點已有數十年之久。然而，經過數十年來在極度細微的層次上檢視植物之後——植物荷爾蒙的複雜程度令人難以置信——特瓦伐斯產生了一種信念，認為我們不論多麼仔細探究植物生理的單獨一個面向，都無法對植物是什麼獲得完整的認知。一九七〇年代，他在無意間發現了《一般系統理論》（*General System Theory*）這本由路德維希·馮貝塔蘭菲（Ludwig von Bertalanffy）所寫的小書，其中概述了這項觀念：生物學其實是許多系統或網絡的聚合，而那些系統或網絡全都互相連結。他把他那本已經翻爛了的書拿給我看，至今仍然放在他書桌旁邊最近的一個書架上。這本書是網絡理論的開端。生物和族群的性質產生自這些連結，馮貝塔蘭菲寫道——由許多個別部分的互動構成一種整體。植物就是像這樣的湧現系統，特瓦伐斯在當時即這麼認定。植物是網絡。這種觀點在當時被視為異端邪說，因為那時的生物學家都聚焦於針對植物的個別部位得出機械性的發現。從整體生物體的角度思考植物，促使他認定植物可能擁有智力，而且那種智力可能是所有生物共有的特質。[152]畢竟，大腦只是建構網絡的其中一種方式而已。

我針對他先前的那句話向他提出疑問。他說現在要改變人類的方向已經太晚了，因為要做到這一點，就必須徹底改變人類看待植物的方式，以致根本不可能。可是，如果有可能呢？我忍不住問他。如果真的這樣，那麼會造成什麼改變？「我們如果改變了大家對於植物的觀點，我不知道會發生什麼事情。」他沉吟著說。我深感訝異，他在這麼多年來竟然不曾考慮過這種變化所帶有的倫理意涵。我猜這就是悲觀的本質；悲觀會阻擋帶有希望的想像力。

「我希望這樣至少能夠阻止砍伐雨林的行為，那種行為實在是短視到了極點。」瓦萊莉說。

「沒錯，他們把雨林叫做地球之肺。」特瓦伐斯說，語氣充滿挫折：「我不知道人為什麼會這樣。重點在於尊重，我們只要能夠對植物多點尊重……」特瓦伐斯的聲音低了下去。過了一會兒之後，他才再度開口：「我們不容易感受到自己實際上生活於其中的系統。」

我認為我們其實可以稍微感受到那套系統，儘管我們可能沒有說出來。這種感受有可能很簡單，像是覺得砍倒一棵四百歲的樹木製作板材——或者甚至是砍倒一棵三十歲的松樹製作廁紙——似乎是種不敬的行為。那棵樹必須花費多少精力，才能夠活過那麼多年，在每年春天生長出數以千計的葉子、貯存糖分以度過冬天，並且把光線與水分轉變為一層又一層的木質？一棵樹或者任何一株植物在生命中面臨的艱困挑戰實在是難以低估。每一株植物的存在，都是運氣和智謀不可想像的成就。你一旦知道了這一點，就不可能會忘卻。你的心智會因此開啟一個新的道德區塊。

152 原註：特瓦伐斯：「萬物都擁有智力。一般人說他們看不出這一點，他們指的其實是學術智力。他們認定自己在學校裡學到的智商與人類智力就是智力的一切。他們長久以來都不斷抱著這種想法。那是學術成就，和生存無關。我談的不是學術智力，而是生物智力。這句話我不管說幾次，他們似乎都聽不進去。這實在很蠢，因為這種智力並不是植物獨有。地球上的每個生物都會從事有智力的行為。一頭斑馬逃離獅子，是不是有智力的行為？當然是，因為那是求生行為！一般人理解這一點都沒有問題。可是，如果是一隻昆蟲咬了一片葉子，然後那株植物就產生一種天然殺蟲劑擊退對方，那麼這算不算智力？這種行為並沒有不同。這種做法雖然不是逃離威脅，但還是求生的一種方式。一般人不會把這兩者連結起來。」

我們的談話轉向部分科學家為何會那麼強烈排斥植物智力的想法。這種態度很愚蠢，特瓦伐斯說。「實際上，科學家對於植物的理解根本不足以提出任何武斷的陳述。」他說，我們以為植物都一定會行光合作用，可是後來我們卻發現了寄生植物；這種植物比較像是蕈菇，而且根本不行光合作用。即便是最基本的陳述也有可能淪為錯誤。沒有所謂的必然結論，唯一的例外，也許是演化絕對會找出方法推翻我們提出的任何結論。

特瓦伐斯對於植物智力這項主題雖然擁有深入理解，也發表了許多著作，但我還是很訝異，他居然沒有認真思考過植物如果真的被視為具有智力，將會對社會造成什麼影響。我因此想到，植物科學家也許不是回答植物倫理問題的合適人選。哲學與科學被視為兩種不同的技能已經太久，所以這種情形並不令人意外。歸根結柢，植物是否擁有智力其實是一項社會問題，而不是科學問題。科學將會持續發現植物的能力超出我們的想像，但我們其他人將必須看著那些資料而得出自己的結論。我們會怎麼解讀這種新知識？我們會怎麼把這種新知識納入我們對於地球上的生物所懷有的認知？這才是令人興奮的部分。鑒於這一切關於植物本質的新資訊，我們也許會決定，不該再堅守自己過往對於植物的認知。我們也許會把它們視為活力充沛的生物，也就是它們真實的樣貌。

可是，接下來呢？在這一切底下，潛藏著一個更深層的問題，一個最重要的問題：我們會拿這項新理解怎麼辦？我們有兩種選擇：一種是什麼都不做，一切照舊；另一種則是改變我們與植物的關係。植物要怎麼樣才會受到我們關注？它們在什麼狀況下才會獲得納入我們的倫理考量當中？是要擁有語言嗎？還是要有家庭結構？還是我們必須要發現它們具有記憶能力？實際上，這些特質植物看起來全部都有，所以現在是我們必須選擇要不要接納這項事實，接納植物真實的面貌。

經過幾年來拜訪植物科學家以及閱讀植物學著作之後，我最深切的思緒全都轉到了植物身上。植物已徹底迷倒了我——不過，事實當然是它們向來都深深令我著迷。畢竟，植物造就了我。我體內的每一束肌肉，都是由植物利用水分與空氣產生的糖所編織而成。像水流過植物根部一樣而在我的血管裡流動的血球，是因為植物產生的氧才會呈現出寶紅色的色澤。我肺臟裡的分支結構也充滿了氧，我吸入的每一口氣，都是植物所呼出的空氣。就此一物質層面，就植物對我的肉身所做出的貢獻而言，植物其實是我的親屬，和我的緊密關係絲毫不亞於我的任何一名家族成員。

現在，我如果看到一根卷鬚從人行道的裂縫裡竄出，就會在內心讚許其足智多謀。我覺得，我對於植物必須花費多少心力才能做到這一點，擁有了一定程度的理解——包括發芽這項小小的奇蹟、莖部的伸長，以及發展出數以百計甚至可能是數以千計的細小根毛，當下就在地面下找尋著養分。我想到植物每個生長尖端裡的幹細胞，已經準備好要發育成這株植物所需要的任何一種組織。一整株植物乃是一套敏感的決策網絡，分布於數百個枝條與數千條根裡。植物的身體處於動態當中，即時因應著每一項細微的變化，像水一樣流動於所處的環境當中，並且注意著周遭一切事物的形狀、氣味以及質地。

我默默的認知只是一項微小的表態，但我認為這項舉動代表了我的人生裡有什麼東西已然改變。我已經把植物視為具有活力的生物；我在自己的腦子裡已經把它們納入了動物性的範疇當中。

就實務上而言，我們不難找到堅實的證據證明植物的首要地位，比較難的是感受到這一點。要開始把植物納入我們心目中這個不停移動、而且活生生的世界裡，並且把植物視為具有活動力的個體，是必須花費心力的事情。我們也許會察覺到這一點，但我們許多人都沒有被賦予看出這一點的方法，也沒有言詞能夠把這種感覺轉化為事實。

有一派哲學家主張，我們應該把植物以及其他有機體視為擁有意識的存在，而且我們之所以做不到這一點，是因為我們刻意缺乏想像力。他們問道，如果一切的有機體都在我們的社會裡占有一席之地，那會是什麼模樣？哲學家布魯諾・拉圖（Bruno Latour）曾經寫道：「為了把動物、植物、蛋白質納入這個新興的集體當中，我們首先必須為它們賦予社會性質，因為這是它們要融入其中的必要條件。」不過，那些「社會性質」可能不需要由我們賦予。植物知道誰是自己的親屬，它們會互相合作以及互相鬥爭，也會調節自己和他者的關係，包括別的植物以及架構了它們生命的其他生物。也許這不只是一種哲學練習。也許社會性質原本就已經存在。現在，我認為那些性質確實存在。

有些人想像了有可能存在於這種心理藩籬之外的世界。娥蘇拉·勒瑰恩在一九七四年出版了《相思樹種的作者》（*The Author of the Acacia Seeds*）這部短篇故事，其中描寫了可能是二二〇〇年或者二三〇〇年的世界。人類的知識出現了重大躍進：各種動物都被發現其實擁有語言，而且不是只有語言，還有文學乃至藝術。一個新的語言學領域也因此興起，藉以翻譯動物的語言。藉由精心研究，動物語言學家發現了蚯蚓以隧道書寫的傳奇故事、以鼬文（Weasel）寫成的謀殺推理故事，以及鯨豚群在水裡藉著集體舞動而構成的「團體運動文章」。有些方言，像是螞蟻以排列種子為表達方式的語言，可以直接翻譯成人類文字。而阿德利企鵝[153]表達的意義則是無法言喻，最好的翻譯方式似乎是編排一段芭蕾群舞。人類已經知道了數以千計的魚類文學作品，而青蛙則似乎特別喜歡書寫情色作品。當然，這些語言原本就存在，

153 編註：Adélie Penguin，南極海岸及其附近島嶼常見的企鵝，得名於「阿德利地」（Adélie Land），而阿德利地則是法國探險家儒勒·迪蒙·迪維爾（Jules Dumont d'Urville）以自己的妻子 Adélie 命名。

只是後來出現了一項至關緊要的變化：人類學會了怎麼看出那些語言的存在。

不過，動物語言學協會的會長希望喚起眾人注意一項巨大的疏漏。為什麼至今還沒有動物語言學家嘗試翻譯植物的語言？紅杉和櫛瓜說著什麼話？動物語言學家將會需要新的工具，因為植物看待世界的方式很可能完全不同。「但我們不該感到絕望。」那名會長在一篇向這個領域的從業者所寫的社論當中表示：「別忘了，遲至二十世紀中葉，大多數的科學家以及許多藝術家都不相信人腦有可能理解海豚語——甚至認為海豚語根本不值得理解！」那名會長認為，未來的語言學家想必也會對茄子的語言在當今這個時代所遭到的忽視感到可笑，「然後背起他們的背包，爬上派克峰[154]的北面，閱讀那裡的地衣在最近剛被解譯的歌詞。」

我覺得有趣的是，勒瑰恩出版這則故事之後不到十年，大衛・羅德斯就發表了他對於華盛頓州的赤楊與錫特卡柳會互相對話的發現。[155]我們現在已知道植物確實會說話，只不過是以化學物質這麼做。它們的健康狀態、它們對於風險的即時評估，甚至是花蜜的品質，現在我們都可藉由採樣植物釋出的揮發化學物質而加以解讀。植物會互相溝通，必要的時候也會和其他物種的成員溝通。要到什麼程度，我們才會認定植物的溝通算是語言？而我們若是這麼認定，又會對我們自己的心智造成什麼影響？

說不定植物也會以其他方式溝通，像是移動、電力，或甚至是體內液體的流動所產生的那種人耳可聞的嗶啵聲，儘管我們對這一切都還不了解。我想到萊拉柯·哈達尼把麥克風架在葡萄與小麥旁邊。我們知道動物能夠藉由皮膚的圖案變化、身體的擺動、毛髮的豎起以及姿勢等各種方式溝通。只要我們能夠把眼光擴展到人類的表達模式之外，即可用開放的心胸看待其他生物的世界。我們每年都獲得更多的學習。對於植物而言，語言可能早已存在。我們可能只是還不知道怎麼聆聽而已。

科學也許永遠不會全然得出植物擁有智力的結論，至少不是我們直覺認知的那種智力。我已開始納悶，鑒於我們現在對於植物的理解，這點到了什麼時候會不再重要。**智力**是個承載了許多附加意義的詞語，也許過度連結於我們的學術成就觀念。人類在數千年來都一再把這個詞語當成武器對付其他人，用來把人的價值與權力區分成不同的階層。我不會想要把這種模式套用在所有的生物身上。然而，就其本身

154 編註：Pike's Peak，美國洛磯山脈的一座山峰，山頂有眾多碳酸泉，因此發展為一個療養地，同時也是派克峰國際爬山賽的舉辦地點。

155 原註：在勒瑰恩寫下這則故事的半個世紀之後，現在已廣泛認為科學家即將翻譯出鯨魚的語言。像勒瑰恩所寫的這類科幻小說，向來都是一種工具，用來探索他性、翻轉權力階級，以及質疑我們認為自己所知的事物。植物正是終極的他者，因此長久以來它們都在科幻作品裡占有特殊地位。關於這方面的延伸讀物，見 *Plants in Science Fiction: Speculative Vegetation*, edited by Katherine E. Bishop, David Higgins, and Jerry Määttä (Cardiff: University of Wales Press, 2020)。

的定義而言，這個詞語仍然涵蓋了我們所謂的機警、充滿覺察、主動自發、反應靈敏，以及決策。智力的英語「intelligence」乃是由拉丁文的「interlegere」演變而來，其意思是分辨、選擇。

所以，科學不一定會願意把這個詞語套用在植物身上，原因就在於這麼做所可能帶來的社會影響；人類已經以他們身為人的性質污染了這個詞語。不過，詞語只是符號而已，其用處在於為一個沒有語言可以代表的感受畫出界線。就這個意義而言，**智力**可能是我們用來描述植物所作所為最緊縮的詞語界線。我們可以選擇把這個詞語推回其原本在拉丁文裡那種較為廣泛的意義。不過，如果不使用這個詞語是一項社會決定，主要是因為膽怯的科學家希望避免造成傷害，那麼相反的做法同樣也可以是一項社會決定。我們可以盡力清楚表達其意義，不要被帶有過多人類色彩的類別模糊了焦點。畢竟，把植物智力染上太多的人類色彩是一種想像力的失能。植物有它們自己的豐沛活力，有它們自己令人難解的謎，也有它們自己的智力。

該使用哪些詞語的這個問題一再出現，已令我幾乎感到厭煩。[156]這項辯論的核心，在於擬人化的問題，也就是以人類的方式描述植物的生活。有些人，像是生態學家卡爾·沙芬納（Carl Safina），主張這種做法是我們對於非人生物的體驗所能夠提出的「最佳初步猜測」。這種做法能夠引誘我們的感官採取不同的觀點，是一種幫助我們理解非人類生活的橋梁。創造出「心材」這個字眼以描述樹木核心部位的希臘哲學家泰奧弗拉斯托斯，所提倡的正是這種做法：「我們必須藉著比較廣為人知的事物理解未知。」

採取其他任何做法，都會隨即變得荒謬可笑。在二〇一五年的一篇論文裡，人類學家娜塔莎・麥爾斯提到植物學家極為害怕使用任何帶有擬人意味的用語，而只好採用荒謬的說法描述植物的生活。他們不說植物在夜裡「儲存」澱粉並且「調動糖分」，而是指稱「在一天當中的這段時間裡，澱粉降解[157]狀況會出現改變」。植物

156 原註：意識是另一個相關的問題。意識無法受到描述，也無法在實驗室裡受到觀察。這一切都取決於我們選擇使用的定義，全都是語言的發明。我們知道自己是機敏而具有主體性的個體，但語言雖然已經做出了令人欽佩的努力，卻不可能涵蓋身為這種個體的一切意義。所以，如果意識是對於自我的覺察，那麼植物確實擁有這種能力。單一細胞也是。如果意識代表能夠陷入失去意識的狀態，那麼植物從外表看來顯然也有這種能力。智力有沒有可能不搭配任何形式的意識而獨立存在？我的直覺認知是不可能。我們也許可以把意識分成許多片段與程度，每種個體各自擁有比較多或比較少，也就是把意識視為一種光譜。但這麼一來，這個詞語又會令人覺得不滿意，而必須採用其他的詞語。詞語終究無法充分涵蓋生物創意。

在理解意識的歷史上，我們正處於一段奇特的時期。聊天機器人已開始顯得相當近似於人，而且我們也開始打造出能夠與人互動的智慧機器，讓人覺得它們彷彿具有意識。新聞裡充斥著這些無生命的程式是否擁有意識的問題。我們如果認定人工智慧在某些方面具有意識，那麼我們就是把這種無生命的東西賦予了生命性。這樣的觀點代表心智可以藉由編碼建構而成，所以頗為令人幻滅。這樣的觀點表示心智是一種預先決定而且全然順服的東西，而無助於解釋我們在內心裡感到的主體性，不論這種主體性是否能夠受到測量或者解釋。

157 編註：degradation，意指經過一系列的化學作用，使複雜的分子逐漸分解成簡單的分子的過程。

不會「做出反應」，而是「被影響」。植物學論文裡充斥了被動語態這種文法大忌，看起來令人不忍卒睹。要表達這些程序，卻又不承認植物具有能動性，其實相當困難，呈現出來的結果也會顯得拙劣而含糊。[158]麥爾斯找上一名研究者，問她是否認為植物結構可以比擬為人類神經系統，結果她的回答是否定的。她認為利用人類語言描述植物是「貶低植物」的做法，因為這麼做「假設了我們是終極的生物」。實際上，植物在許多範疇當中都遠比人類更先進。以一項驚人的事實為例，它們能夠產生像是咖啡因這樣的複雜化學物質。「這些都是我們沒有的技能。」那名研究者說。把植物比擬為人類會抹除掉那些能力。

但我不禁納悶，與其把植物人類化，我們難道不能把我們的語言植物化嗎？我們可以把那些特徵稱為植物記憶、植物語言、植物感受。在這些詞語當中，專屬於植物的本質將會像背後靈一樣依附於其上。植物如果有屬於它們自己的智力，那麼我們也許可以稱之為植物智力。這個詞說起來也很順口。

對我而言清楚可見的是，把植物納入我們的倫理想像必須要是一項社會選擇。想想看，才不久之前，對於活生生而且沒有被麻醉的狗兒進行示範手術還是普遍的常態。醫生與科學家都把這種做法合理化，原因是他們認為動物沒有體驗痛楚的能力。在今天看來，這種想法顯得荒謬無比又殘忍至極，但當時的科學就是那麼主張。活體解剖後來之所以終於被捨棄，不是因為外科行業改變了想法，而是因為社會潮流在最早的人道協會領導下開始反對這種做法。[159]

對某些人而言，在動物權都還沒被確保的情況下，就要考慮植物的倫理問題，未免是一種分散注意力的荒謬做法。傑佛瑞・尼倫（Jeffrey T. Nealon）因為提議植物在倫理上可能也會是個引人入勝的思考對象，而遭到朋友以及動物研究學界的同僚斥責之後，不禁認為這種情形「看起來像是一項老舊習慣的一種表現：也就是在你挑選的群體擺脫了歷來所遭到的忽視之後，就立刻想要關閉倫理考量的大門」。這是一種一再反覆出現的情形。不過，道德注意力不是有限資源。

畫出界線區分哪些東西值得我們的尊重與關注，而哪些東西又不然的這種做法，

158 原註：我也注意到了這一點，論文總是一再使用被動式談論植物的行為。不過，我到實驗室或者實地研究處所訪問科學家的時候，他們卻都興致勃勃地把植物擬人化，談論植物「討厭那樣」，或者提及某種做法會「讓它們開心」。我知道這些科學家說這些話的時候，心裡並沒有把植物想像成小型的人。他們比任何人都更清楚知道植物完全是自成一格的生物。他們只是已經在自己的腦子裡化解了這種差別，並且擴大那些詞語的涵蓋範圍以適用於其他類別的個體身上。

159 原註：成員主要都是女性的組織成立了最早的人道協會，倡導動物權利。這些女性訴諸了夠多人的情感與理智，因而使得活體解剖成為社會上不可接受的行為。她們許多人都成了婦女參政運動人士，倡導女性的投票權。女性投票權原本也被視為一種在制度上荒誕不經的觀念，後來才因為婦女參政運動人士的努力，而對於何謂可以接受扭轉了社會的看法。實際上，活體解剖的終結與婦女投票權的開端是相連的：隨著權利的涵蓋範圍擴大，就會很難認為其範圍為什麼不該繼續擴大。

可能會讓人覺得是一種荒謬的行為。現在，我就覺得這種做法會令我感到嚴重的認知失調。我不禁納悶，如果植物在我們的社會裡占有一席之地，那會怎麼樣？一套把植物涵蓋在內的倫理學，看起來會是什麼模樣？

思考這個問題的一個起點是在法律方面。一九六九年，山巒協會（Sierra Club）提起告訴，希望阻止華特迪士尼公司在鄰接於巨杉國家公園（Sequoia National Park）的一座亞高山帶冰河谷，興建滑雪度假村的計畫。那座度假村的建造成本預計會是第一座迪士尼樂園的兩倍，而且還必須興建一條二十英里的公路，以供每天一萬四千名遊客前往那座谷地。這項訴訟案一路打到最高法院，可是在一九七二年遭到駁回，理由是山巒協會不適格[160]：那座度假村無論如何都不會損及山巒協會成員的權益。大法官威廉·道格拉斯（William O. Douglas）提出不同意見書，而在其中寫下一段令人難忘的文字，主張植物與生態實體應當要能夠為了自我保護而提起訴訟：

> 無生命物體有時也會是訴訟中的當事人。一艘船擁有法律人格，這種虛構性質在海洋事務當中頗有用處……所以，會遭受到現代科技與現代生活的破壞壓力所影響的谷地、高山草地、河流、湖泊、河口、海灘、山脊、一叢樹木、沼澤地，或甚至是空氣，也都應當如此……因此，無生命物體的聲音不該遭到壓制。

同一年，法學家克里斯多福・史東（Christopher Stone）發表了一篇標題為〈樹木應否擁有當事人適格？〉（Should Trees Have Standing?）的文章，提到植物擁有法律權利的想法在當前可能會讓人覺得「不可想像」，但人類從古至今總是一再把法律權利擴展到新的群體身上。一個群體在獲得賦予法律權利之前，通常都會先經歷一段遭到排除於這種權利之外的漫長時期，而且這種排除現象還會被主張是「自然」的情形。在美國，諸如黑人、華人、猶太人以及女性等人類群體的法律權利，也曾經被許多人視為「不可想像」。有些非人類實體，像是企業、信託、民族國家，甚至是船隻——「直到今天，船隻在法院裡仍然被以女性代名詞稱呼」——擁有法律適格的時間甚至比那些人類群體還長。儘管如此，看著企業在法院裡獲得權利的法學家卻也主張這種情形「不可想像」。史東指出，如果企業能夠被賦予權利，那麼樹木也應當如此。不可想像根本不是理由。

「我在此認真提議我們為森林、海洋、河流，以及環境裡其他所謂的『自然物體』賦予法律權利——實際上，應該對整個自然環境賦予法律權利。」史東寫道。在歷史上的不同時期，我們的社會「事實」都曾經有所不同，而那些「事實」通常是法律的

160 編註：eligible，「適格」意指某個主體（人或組織）或某個行為、文件等是否符合法律所規定的資格、條件或要求，使其能夠合法地參與某項活動、行使某種權利或承擔某種義務。

基礎。他寫道，我們為自己以及世界創造了一項集體「神話」，不但反映我們當前的常規，也載入我們的法律裡。不過，我們經常忘卻這些常規其實是人為捏造出來的結果。「我們傾向於認定無權『物品』的無權利性是自然的結果，而不是支持部分現狀的一種法律慣例，」史東寫道。隨著我們對於「地球物理學、生物學以及宇宙」的知識增長，我們的集體「神話」以及法律也應該隨之擴張。現狀已經過時，該是尋求一些新事物的時候了。我不禁納悶史東對於植物學近來的進展會有什麼感想，因為這些進展揭露了許多關於植物的事實，在將近二十年前都是不可想像的。我相信他一定會更加熱切認為植物應當擁有法律人格。實際上，植物早就應該得到這樣的待遇。

我就是懷著這樣的想法看著野米對明尼蘇達州提告。這項二〇二一年的訴訟，是由奧吉布韋人白土部族（White Earth Band of Ojibwe）的一名律師提起，代表生長在明尼蘇達州北部濕地岸上的野米，原因是那裡的野米（wild rice）遭到一條預計將穿越其生長地的油管所威脅。白土族擁有在該區收割野米的條約權利，但州政府卻沒有事先諮詢白土族，就准許加拿大的安橋公司（Enbridge）興建油管。那個地區的野米在奧吉布韋人的生活中占有核心地位，野米收割人每年九月都會划獨木舟穿越淺水去收割野米。

野米需要大量非常潔淨的水才能生長，那條油管將會使加拿大的焦油砂原油流過此處，從而帶來外洩的風險。於是，奧吉布韋人白土部族為野米賦予法律適格，承認其「存在、茁壯、再生與演化等與生俱來的權利」。演化的權利！我從來沒有在司法訴訟裡看過在生物學上包含如此廣泛的語言，這看起來像是為植物賦予法律人格的一個歷史時刻。不過，該部落本身的法院卻在二〇二二年以缺乏法律先例為由駁回這起案件。

植物可能暫時還無法取得法律人格，[161]但植物人格這種概念其實早自人類有文化以來就已經存在。如同我們已經看過的，全球各地的原住民哲學經常都把植物視為親屬、祖先，或是自成一格的人格個體。這不是說植物是人，而是說人只是人格個體的其中一種，包含動物也是如此。個體擁有人格，表示此一個體具有能動性與意志，而且有權為了自己而存在。傷害動物人格個體（或是植物人格個體）對於個人的生存能力也許具有關鍵重要性，但絕不能被忽視。沒錯，你必須吃東西，你也必須縫製衣物以及興建房屋。你必須殺害植物人格個體和動物人格個體才能滿足那些需求，這是生活現實。不過，我們不能以此為藉口而從事不分青紅皂白的殺戮或者恣意妄為的破壞。

在原住民的哲學和宇宙學裡，植物經常是真實無虛的親屬與祖先。在當今的墨

161 原註：另一方面，薩拉耶古區的克奇瓦族（Kichiwa of Sarayeku）這個厄瓜多的原住民群體，則是正在爭取聯合國把他們在亞馬遜雨林裡的森林區域，承認為一個擁有普世權利的有意識個體。

西哥，原住民馬雅人認為最早的人是由玉米造成。在幾乎所有的宇宙學裡，植物與人都是源自相同的生態祖先。當然，我們現在已知道這是演化事實。我們確實與植物擁有共同的祖先，儘管那是很久以前的事情了。這項事實要是能夠讓人覺得不那麼遙遠，而是與個人的生活關聯頗為密切，那將會如何呢？如此一來，所有人就都會以某種相關性連結在一起，一種廣泛的親屬關係。植物如果是人格個體，就有權擁有自主性。和一株植物相遇，就是兩個個體的相遇。黛博拉·羅斯（Deborah Bird Rose）稱之為「主體之間的相遇」（intersubjective encounter）。你如果以這種方式思考植物，一股深刻的道德力量就會流入你們之間，像蜘蛛絲一樣黏附在一切事物上，讓人無法忽視，也無法擺脫。我們也許可以稱之為尊重。

尊重帶有某種程度的關懷責任，某種維繫良好關係的責任。植物人格可能是一種我們必須教導自己的東西，而且我們起初也許難以看出這一點。不過，一旦看出之後，這種新認知的關懷部分就會自然浮現。你可能會發現自己尊重植物的自主性，不是因為你知道自己「應該」這麼做，而是因為你知道自己不能不這麼做。因為如果不這麼做，你就會侵犯自己的道德人格。這是一道你必須跨越的橋梁，從漠視植物轉變為重視植物。這兩者之間的距離，取決於個人對這個主題所採取的立場。

當然，我們經過如此漫長的旅程，才達到許多人早已抵達的地方。不過，植物學裡的新發現已開啟了一個新的機會，可讓我們重塑自己對於非人類世界以及我們在其中所處地位的看待方式。我因此想到，科學家對於該怎麼稱呼植物如此焦慮不安，其實是對大眾的想像力缺乏信心的表現。他們擔心大眾會過度解讀，會從中吸收過於簡單的訊息，會開始把植物視為卡通人物，或是某種無所不知並且帶有神性的小生物。這樣的擔憂並非不合理。我明白，有時候最簡單的訊息，就是會被大眾吸收的訊息。但身為記者，我也深切體認到另一種做法的危險性，也就是因為擔心自己傳達的訊息難以讓人消化，而消除其中所有的細膩度與複雜度。

正是因為這種對於大眾的缺乏信心，所以公共論述的層次才會降低。對於大眾缺乏信心，是一種自我實現的預言。一旦把複雜度移除，理解複雜度的能力就會進一步下降。我認為我們可以信賴大眾具有消化複雜真相的能力。植物不是無所不能的超凡生物，而且也不像我們，但它們也並非都不是這兩者。這兩種形象都各自帶有若干的真實性，也有若干的謬誤。這是很難的事情：我們必須欣然面對模糊性，並以缺乏簡易的刻板形象為樂。畢竟，複雜性是自然界的常態。思考這一點必須處於一種介於其間的心智空間當中，而當今這個習於重視線性敘事和已知實體的時代已極少能夠容忍這種狀態。

約魯巴人[162]詩人暨哲學家巴約．阿科莫萊夫（Báyò Akómoláfé）書寫過這種介於

162 編註：Yoruba，西非主要民族之一，大部分分布在奈及利亞西南部的薩赫勒草原與熱帶雨林地帶。

其間的狀態，思索一切生物如何在實際上都是複合有機體。自然的狀態充滿了互相滲透與混合，難以被簡單的分類。自然狀態處於一種中間地位，不論是在世界的物質現實還是我們對於自然的理解當中都是如此。「我所謂的中間不是兩個極端之間的中央，而是一種滲漏性，使得區隔的概念成為笑話。」他寫道。阿科莫萊夫把我們的集體生物現實概述為一種「絕妙的中間」狀態，「挫敗了一切，侵蝕了所有邊界，溢入被畫定的領域，並且抹除每一條明確的界線」。我聯想起特瓦伐斯，在他位於愛丁堡城外的住家客廳裡，向我談到科學家對於植物的理解不足以提出任何武斷的陳述。科學家對於植物擁有非常多的了解，但他們也可能還不知道植物究竟是什麼。

阿科莫萊夫對於絕妙的中間狀態所提出的描述，適用於我對植物還有我們自己所了解的一切。我們對於植物的觀念，必須存在於腦子裡那個閃閃發光而且充滿滲漏的地方。那是個難以觸及的地方，也許你自從童年以來就不曾碰觸過自己腦子裡的那個地方。要處於那個介於中間的地方很不容易，但不是不可能。我跨越過那道大門，而我相信其他人也一樣做得到。

有些人會認為這是涉及哲學與信仰的問題，而且可能會說這種問題總是偏離科學。不過，這種做法並不是把科學扯得愈來愈遠，而是科學與倫理意義之間的空間被交織的網連接起來。細瘦的卷鬚逐漸構成一座脆弱的橋梁。

這點的奧妙之處，在於全世界有可能因此變得不同。認為植物有資格擁有權利，將會開啟一種與植物相處的不同方式，將會徹底改變我們的道德體系、我們的法律制度，以及我們在地球上生活的方式。

在我的蘇格蘭之旅過後不久，我來到了波多黎各的一座洞穴深處。這座島嶼的內陸滿是山丘，而且地表覆蓋著茂密的叢林。由於枝葉緊密交織，因此穿透到森林地面的光線也都染成了綠色。不過，這座叢林有許多開口，就像葉子背面的氣孔一樣，只要你知道該往哪邊找，就可以找得到。那些石壁上的開口內部一片漆黑，通往這座島嶼地底下一套巨大的洞穴系統，其中的地底河流與洞室有如這座島嶼的維管結構。

所幸，我在這個地方的朋友確實知道該往哪邊找。拉蒙（Ramón）與歐瑪（Omar）找到了他們的目標洞穴，然後我們就開始深入寒冷漆黑的洞穴內部，把正午時分地面上的暖和氣溫拋在身後。我們經過泰諾人[163]在鐘乳石上留下的古老岩刻，包括許許多多的圓臉、蜥蜴，以及螺旋圖案；而透入洞穴裡的綠色光線也在這裡達到盡頭，再繼續往前就是一片伸手不見五指的黑暗。我們點亮頭燈。我們不斷深入，而來自地面上的樹根也一路伴隨著我們。在一個寬廣的洞室裡，和我的前臂一樣粗的主根從地面往下鑽過厚達數呎的堅硬岩石，而在這個有如大教堂般的漆黑空間裡

163 編註：Taino，隸屬阿拉瓦克人（Arawak），是加勒比地區主要原住民之一。

冒出於我們頭頂上方的岩壁，接著又在空氣中伸展了三、四十呎，而終於找到了它們尋求的目標：我們腳邊這條輕柔流淌的地底河流。付出如此巨大的努力，就只是為了喝一口水。這樣的付出與收穫看來似乎不合比例。不過，我相信這種費力的滲透行為背後應該有什麼邏輯，是我這雙人眼所無法理解的。

我們遠離了那條河流。我們在地底下已經行走了三、四個小時，有時還必須趴在地面上爬行，以便鑽過差不多只和我們的臀部一樣寬的岩壁開口。不過，全然的漆黑會以怪異的方式延展時間，以致我覺得自己彷彿已經在洞穴裡待了一輩子，彷彿我永遠不會再見到日光。這裡不是屬於人類的領域，儘管我知道人類在數千年來曾經斷斷續續造訪過這個地方，其中有些現代人還在洞壁上留下了塗鴉，署名標記的時間包括一九一四、一九三九以及一九七四年。洞壁上也攀附著古怪的昆蟲，其中一隻擁有黑色的大爪子，拉蒙說這種昆蟲會把卵攜帶在背上的小袋子裡。幼蟲一旦孵化出來，就會從親蟲的背部鑽出，導致親蟲粉身碎骨。我在行走的過程中，頭燈一度照到一隻蠍子。我選擇假裝沒看到。

我們爬進下一個洞室，然後站了起來。我的運動鞋立刻就陷入軟泥裡。空氣中飄盪著霉味以及淡淡的甜味。有什麼東西發出了尖細的叫聲。我抬起頭。數以百計的果蝠[164]倒吊在洞穴頂端的凹陷處，全部擠在一起，身軀不時抖動，有如一頭焦躁不安的刺蝟身上的剛毛，只不過牠們長得圓滾滾又毛茸茸，看起來非常可愛。一隻果蝠展開一側的翅膀，然後又收了起來。牠翅膀上的皮膜薄得能夠讓我的頭燈所射出的光線穿透過去。我終於知道腳下的軟泥是什麼了。我們站在蝙蝠的糞便上。

我環顧了鋪滿地面的蝙蝠糞便。在洞室正中央，也就是最大群蝙蝠聚集處的下方，似乎有數以百計的白色筷子從地上的糞便裡長了出來。那些纖細的莖高約一呎，呈現雪白色，而且頂端都有一片白色葉子，也有些是兩片，就像是玩具帆船上方的旗子一樣。我意識到這是那些果蝠造成的結果：這些以果子為食的蝙蝠在地面上的森林裡大啖了一夜的果實之後，回到洞穴裡，而把種子排泄在地上，也許多達好幾千顆。果蝠是這個生態系統當中最重要的種子散播者之一，但只有在果蝠把種子排泄在地面上的時候，這種散播方式才會達到植物想要的效果。在洞穴裡，植物注定難以存活，因為這裡沒有光線，所以無法行光合作用，沒有機會產生能夠給予生命的綠色。這裡只有全世界最強效的肥料所提供的迷人肥力：也就是一層厚達一呎的蝙蝠糞便。

這是一座幽靈森林，因其終究的徒勞而令人難以忘懷。它們種子內的燃料不久就會用完，而它們也將隨之死亡。它們為什麼要白費心力發芽？我在心裡納悶著。經過我對於植物絕佳的明智判斷力所得知的一切之後，我不禁覺得自己現在目睹的

164 編註：fruit bat，蝙蝠的一個亞目，主要以水果為食，也有些種類會食用花蜜和花粉。

乃是植物的一項愚蠢表現。

然而，它們這樣的行為卻又有種能夠令人感同身受之處。我又看了一眼，它們顯然已經竭盡了全力。它們在自身結構的可能範圍內盡可能生長得又高又細，把它們有限的能量全部投注於尋求任何一絲一毫的光線。它們只長出一片或兩片葉子，盼望著終究會有些光子灑落在它們身上。它們的策略極為明智。我不知道這裡的種子是不是全都來自同一種植物；果蝠通常會吃許多不同的果實，所以應該不太可能。然而，這些白色幼苗看起來卻是全都長得一模一樣。也許它們全都一致採取了相同的形態，原因是這種形態最適合生存。它們盡力適應自己的處境，而把自己擁有的一切資源投注於讓自己生長成最明智的形狀。

這樣還是不夠，但那不是重點。也許任何一種智力的衡量標準都不在於其成果，而是在於其做法。我們任何一個人如果是身在這種處境之下的植物，有可能會採取不同的做法嗎？在這個不宜居的環境裡，它們以自己所知道最好的方法嘗試生存下來。這點令我心生感動。這是一種對於生命的追求，即便面對無可克服的困境也不放棄。

我們本身的人性，除了可見於我們在這個嚴酷而又複雜的世界裡所達到的成就，也同樣可見於我們的侷限、我們的脆弱，以及我們的缺陷裡。這些不足絲毫無損於我們的人性。我在「植物智力」當中試圖理解的這種無定形的性質——也就是植物毫無疑問擁有的這種活力與存在性——也許和植物的努力、試驗以及失敗脫不了關係。畢竟，我們是什麼樣的人，不只體現於我們對於目標的追求所達到的結果，也體現於我們達到那個結果所採取的途徑。比起成果，嘗試過程更能夠代表我們的內在特質。

同樣的，在這方面也沒有所謂的必然結論。如果說我學到了什麼，那麼就是生物創造力乃是我們承繼而得的特質。當初，在辦公室裡鎮日撰寫新聞而心中深懷不滿的我，眼裡所見乃是一個朝著滅亡邁進的世界，但現在我看到的卻是一片無窮無盡的變化。生命只要獲得機會，就會找到出路。

不過，那樣的機會如果是由我們給予或者剝奪呢？現在，全球植物社群的福祉乃是取決於人類對待它們的態度。我們目前既已能夠把植物視為個體，就是學會了以它們的本色加以看待。也許，我們現在已能夠把那種特殊的欽佩感受，重新納入更寬廣的整體當中。就生物上而言，植物的價值存在於它們身為相互關聯的社群當中的一員，也就是構成這個世界的那種豐富的物種間互動，而我們所有人也都是其中的一部分。

單獨一株植物是一項令人驚嘆的奇蹟，而一個植物社群則是生命本身。植物社群是由演化的過往與未來所交纏而成的一個喧鬧當下，包括我們本身也交纏於其中。這樣的想法能夠擴展我們的心智。植物為我們賦予了一個機會，讓我們能夠看見自己生活於其中的這套系統。

致謝

二〇一八年的一個冬日下午，我和我交情最久的老朋友莎拉．格羅斯（Sarah Grose）一起坐在愛爾蘭西岸一家酒吧的角落包廂裡。當時是四點半，但外面已經天黑了。我覺得自己正即將展開某件新事物。我對她說，我覺得我想寫一本書，一本關於植物的書。那是我第一次把這個想法說出口。莎拉要我把這個想法寫下來，就在當下，在那家酒吧裡面。她說，因為妳真的會做這件事。謝謝妳總是比我更早知道我內心的想法。

在後續的那些年裡，有許多人進入到我的人生形塑這本書。只有在純粹機械性的意義上，一本書才是個人獨自努力的成果。好幾十位科學家都為我撥出了好幾個小時的寶貴時間，有些橫跨數年之久，而且有幾位還歡迎我進入他們的工作地點。在這些交流當中，我總是意識到這項令人肅然起敬的事實：一名科學家所知的一切，都是在實驗室裡待上不曉得多少個小時，以及在學術界裡磨練了數十年的結果。至於本書裡提及的那些科學家，都是為了植物而承受那一切。我要向你們每一位對我的慷慨協助致上最深的謝意。尤其要感謝瑞克・卡班（Rick Karban）、莉滋・范・瓦肯伯格（Liz Van Volkenburgh）、埃內斯托・賈諾利（Ernesto Gianoli）與J. C.卡希爾（JC Cahill），我們的長期通信對我實在是受用無比。

感謝我的經紀人亞當・伊格林（Adam Eaglin）從一開始就支撐著這本書：身為新手作者，我從來沒想過能夠獲得這種程度的專業支持，更遑論你在過程中還能夠展現出如此優雅的姿態。你是寫作者心目中的英雄。能夠和你合作，是我還有你其他所有客戶的福氣。此外，也感謝Cheney Agency整個團隊，包括了不起的伊莉絲・切尼（Elyse Cheney）本身，為我提供如此徹底而且堅定的支持。

我深深感激我在Harper Books出版社的編輯莎拉・霍根（Sarah Haugen），妳提出的問題與批評無可估量地提升了本書，而妳的鼓勵文字也支持著我撐過了每一次的改稿，謝謝妳對本書的真正理解。也感謝最早對這項寫作計畫抱持信心的蓋爾・溫斯頓（Gail Winston）：你在本書寫作初期提供的明智忠告，以及對於寫作技藝的深刻理解，讓我覺得自己得到了最佳的引導。謝謝你最早讓我覺得自己是個作家。感謝米蘭・博齊克（Milan Bozic）設計了這個帶有異星生物色彩的完美封面，感謝瑪雅・巴蘭（Maya Baran）的宣傳長才，以及Harper出版社那個傑出團隊的其他所有成員，他們都從一開始就為本書提供了不可置信的支持。感謝艾蜜利・克里格

（Emily Krieger）這位絕佳的事實查核者：能夠獲得同是植物愛好者的她為本書查對資訊的正確性，對我而言實在是無比幸運。

我對各項藝術家駐留計畫懷有恆久的感激。那些計畫讓我得以在許多美麗的地點寫作，而其中部分地點也出現在本書裡。每一個地點都讓我學到如何更仔細聆聽地景與我自己內心的聲音，並且認真看待其中蘊含的意義。感謝加州雷耶斯岬的梅薩庇護所（The Mesa Refuge）、華盛頓州班布里治島的布洛德爾自然保護區（Bloedel Reserve）、紐約州西肖坎（West Shokan）的奇異基金會（The Strange Foundation）、佛蒙特州多塞特的大理石屋計畫（The Marble House Project）、紐約州東漢普頓的愚樹植物園（The Folly Tree Arboretum）、維吉尼亞州的橡樹泉花園基金會（Oak Spring Garden Foundation），以及國家公園藝術基金會（National Parks Arts Foundation）讓我在夏威夷大島的夏威夷火山國家公園（Hawaii Volcanoes National Park）待了一個月。尤其要感謝我在那裡遇到的公園管理局植物學家與生態學家；我從你們身上學到了好多。也謝謝考艾島上的國家熱帶植物園（National Tropical Botanical Garden），其環境新聞獎助金最早讓我結識了史蒂夫・佩爾曼（Steve Perlman），而促使我踏上一條新道路。林肯（Lincoln）、科迪（Cody）、蘿拉（Laura）以及農夫比爾・希爾（Bill Hill），我想對你們說：在你們的農場上度過的那幾個月，是我人生中數一數二快樂的時光。

露西・麥基翁（Lucy McKeon）、茱莉亞・辛普森（Julia Simpson）、娜迪亞・史匹格曼（Nadja Spiegelman）與卡琳娜・德瓦萊・休斯克（Carina del Valle Schorske）：妳們在創意和友誼方面的表現都傑出不已，而我能夠身為這兩方面的受益者實在是幸運無比。感謝妳們的仔細閱讀、妳們在寫作方面的指導、妳們提出的犀利批評，以及我從妳們身上學到的一切。

感謝我的好友莉莉・孔蘇埃洛・薩波爾塔・塔久里（Lily Consuelo Saporta Tagiuri）、賈弗・科爾布（Jaffer Kolb）、萊恩・莫里茲（Ryan Moritz）、尼希爾・索納德（Nikhil Sonnad）、艾爾西亞・薩利科爾（Althea SullyCole）、蘇珊娜・皮耶爾（Suzanne Pierre）、蘿絲・伊芙蕾斯（Rose Eveleth）、奧莉維亞・格柏（Olivia Gerber）、安娜貝爾・馬洛尼（Annabelle Maroney）、約瑟夫・查格（Joseph Chugg）、奧拉雅・巴爾（Olaya Barr），以及其他許多的新朋友和老朋友。在我從事這項寫作計畫的這些年間，甚至在更早之前，和你們的談話就深深充實了我的思考。由於和你們所有人相處，才會有今天的我。

感謝我的母親D，妳是我最大的支持者。妳知道怎麼在世界上的萬物找出其中的神奇奧妙。我不設限的好奇心全都是來自於妳。感謝我的父親拉夫（Rafe），在我很小的時候就向我展示了物理學與生物學可以有多麼奇妙；你對於世界的運作方式所感到的驚奇讚嘆，顯然對我造成了影響。謝謝我的兄弟米科洛（Mikolo），你溫和的開放心胸與創新思維啟發了我。我愛你。

謝謝我的小學老師瑪琳．德格蘭德（Marleen DeGrande），妳教導我讀詩，也教導我堅持不懈，以及如何把想法轉化為行動。妳曾經對我說我應該要成為藝術家，我希望寫這本書也算數。

我要把本書獻給安妮．胡曼菲爾德（Anne Humanfeld）與傑夫．施蘭格（Jeff Schlanger）：謝謝你們投注一生的時間學習如何以最好的方式愛這個世界，也就是懷著崇敬的心欣賞這個世界的美。你們對於一切事物的觀點，都深深形塑了我看待萬物的方式。

最重要的是，我要感謝莎拉．賽克斯（Sarah Sax）。每個作者都知道寫一本書所必須經歷的劇烈情緒起伏。我堅信沒有人像我這麼幸運，能夠回到家裡就迎來莎拉令人療癒的樂觀以及無所不包的關懷。她陪我一同經歷了這項寫作計畫，並且以她自己的好奇心與智力為其授粉。我們對於自然界的共同興趣是一項不停再生的樂趣，一口不斷被泉水挹注的活井。本書當中的許多想法，最早都是源自於和她的談話，而她建議的許多讀物，也擴展了我的思考，並且盤繞延伸而對本書造成影響。

莎拉，妳是我的第一位讀者，也是我最喜愛的編輯。我們共同的生活是我有幸參與其中最迷人的長期對話。和妳在一起，感覺什麼都有可能，而且新事物也隨時都會出現。

【參考文獻】

國家圖書館出版品預行編目資料

食光者：讀懂植物，就能讀懂這個世界 / 柔伊・施蘭格 著；陳信宏 譯. --初版.--臺北市：平安文化, 2025.9
面；公分. --(平安叢書；第861種)(我在；03)
譯自：The Light Eaters: How the Unseen World of Plant Intelligence Offers a New Understanding of Life on Earth
ISBN 978-626-7650-70-7 (平裝)

1.CST: 植物生理學 2.CST: 環境心理學

373 114010743

平安叢書第0861種
我在 03

食光者

讀懂植物，就能讀懂這個世界

The Light Eaters: How the Unseen World of Plant Intelligence Offers a New Understanding of Life on Earth

作　　者—柔伊・施蘭格
譯　　者—陳信宏
發 行 人—平　雲
出版發行—平安文化有限公司
台北市敦化北路120巷50號
電話◎02-27168888
郵撥帳號◎18420815號
皇冠出版社(香港)有限公司
香港銅鑼灣道180號百樂商業中心
19樓1903室
電話◎2529-1778　傳真◎2527-0904
總 編 輯—許婷婷
責任編輯—蔡維鋼
行銷企劃—薛晴方
美術設計—謝佳穎、李偉涵
著作完成日期—2024年
初版一刷日期—2025年9月

法律顧問—王惠光律師

讀者服務傳真專線◎02-27150507
電腦編號◎597003
ISBN◎978-626-7650-70-7
Printed in Taiwan
本書定價◎新台幣580元/港幣193元